U0227236

国家出版基金项目
青海省科学技术学术著作出版资金出版

冰水堆积物工程地质特性及建坝适宜性研究

白　云　赵志祥　王有林　祁　军　等著

黄河水利出版社
·郑州·

内容提要

本书充分收集查阅国内外深厚冰水堆积物地质勘察、钻探、试验、水文地质测试等理论研究现状和工程应用资料，依托多年来有关单位在青藏高原深厚冰水堆积物建坝工程实例，分析了青藏高原区域深厚冰水堆积物的成因类型和分布特征，凝练并形成了适宜于冰水堆积物的勘探方法、物理力学特性试验、渗透特性测试、勘察要点等关键技术，对典型工程冰水堆积物主要工程地质问题、工程处理措施、筑坝适宜性及应用进行了详细叙述，建立了深厚冰水堆积物勘察技术和评价方法体系。

本书可供水利水电行业的工程勘察、试验研究、勘探测试、工程设计等人员参考使用。

图书在版编目(CIP)数据

冰水堆积物工程地质特性及建坝适宜性研究/白云等著. —郑州：黄河水利出版社，2020.4

ISBN 978-7-5509-2616-5

Ⅰ. 冰… Ⅱ. ①白… Ⅲ. ①大坝-堆积区-工程地质-研究②大坝-水利工程-适宜性评价-研究 Ⅳ. ①P642 ②TV64

中国版本图书馆 CIP 数据核字(2020)第 047959 号

策划编辑：李洪良　电话：0371-66026352　E-mail：hongliang0013@163.com

出 版 社：黄河水利出版社　　网址：www.yrcp.com

地址：河南省郑州市顺河路黄委会综合楼 14 层　　邮政编码：450003

发行单位：黄河水利出版社

发行部电话：0371-66026940、66020550、66028024、66022620(传真)

E-mail：hhslcbs@126.com

承印单位：河南匠之心印刷有限公司

开本：787 mm×1 092 mm　1/16

印张：14.75

字数：340 千字

版次：2020 年 4 月第 1 版　　印次：2020 年 4 月第 1 次印刷

定价：150.00 元

前　言

青藏高原地区水利水电工程地处高寒、高海拔、高地震烈度等恶劣地质环境，给工程勘察与设计工作带来了极大的难度。

在我国青藏高原的一些大江大河的河谷地带广泛分布着形成于第四纪更新世的冰水堆积体，这些冰水堆积体大多规模巨大，体积动辄数百万立方米，甚至数千万立方米，河床堆积厚度达数十米甚至600多米。在漫长的形成演化过程中，受沉积环境变化影响，这些冰水堆积体大多具有复杂的沉积和结构特征。随着国民经济的持续发展，青藏高原及其梯度过渡带地区各类大型基础建设陆续上马，这些大型冰水堆积体常常构成了工程建设的地质背景条件，成为制约工程建设活动一个重要因素，因此针对该类冰水堆积体的工程特性以及工程中面临的突出问题展开专门深入研究显得尤为迫切。

深厚冰水堆积物是指厚度大于40 m的第四纪河床松散堆(沉)积物，其成因主要有冰水堆积、冰碛等。这些冰水堆积物具有结构松散、分布不连续、成因类型复杂、物理力学性质不均匀等特点。因此，深厚冰水堆积物是一种地质条件差且复杂的地质体。

我国的青藏高原地区及其西南、西北第一梯度与第二梯度过渡带的高山峡谷河流中深厚冰水堆积物分布广泛，表现为河谷深切，堆积物厚度一般为数十米，部分可达数百米，如青海省哇沿、黑泉、哇洪、香日德、黄河源、温泉、那棱格勒、引大济湟，西藏多布、老虎嘴和雪卡等水电站均遇到深厚冰水堆积物问题。西藏雅鲁藏布江米林坝址河床冰水堆积物深达520 m，帕隆藏布松宗冰水堆积物深达420 m，尼洋河多布水电站堆积物厚达360 m、尼洋河支流老虎嘴电站堆积物厚达180 m，西藏雅鲁藏布江河床堆积物最大厚度超过500 m，黄河源水电站和那棱格勒水库冰水堆积物厚度在150 m以上，察汗乌苏河哇沿堆积物厚度在95 m以上。

自20世纪80年代以来，根据水利水电工程筑坝技术的需要，虽然国内外许多学者、工程技术人员对第四纪全新世一般的河流碎砾石层的勘察技术、工程特性、分析方法等方面进行了较为深入的研究，取得了众多成功的工程经验，然而对青藏高原冰水堆积物勘察技术、分析方法、成因类型、筑坝应用等方面还缺乏深入、系统性的研究，给水利水电工程建设的规划、选址、勘察设计等带来了诸多不利影响。因此，深厚冰水堆积物勘察关键技术的总结研究是非常有必要的，具有重要的工程实际意义。

本书将理论与实践相结合，主要依托青海省水利水电勘测规划设计研究院有限公司、中国电建集团西北勘测设计研究院有限公司近年来在青海、西藏、新疆、川西等地所承担的数十座水利水电工程实例，围绕目前深(巨)厚冰水堆积物上筑坝所面临的勘察技术共性和相似的工程地质问题，根据不同地区河床堆积物的特点，在系统应用新理论、新技术、新工艺等基础上，对冰水堆积物的成因分类、分布规律、岩土特性、岩组划分、物理力学特性、渗透性质、岩土体质量工程地质分级、力学参数的选取以及堆积物筑坝的工程地质问题等诸多方面进行了分析研究，对现有的深厚冰水堆积物的地质调查、勘探试验、物探测试、分析评价等勘察技术进行了较为系统的总结分析、凝练和提升,提高了水利水电工程深厚冰水堆积物的勘察评价技术水平。

本书结合20多年来十余个工程多项专题研究成果,通过开展一系列前瞻性、基础性技术攻关,取得了多项技术创新、研究成果和行业领先技术,成功地解决了深厚冰水堆积物勘探、试验、测试、评价等技术性难题,保证了诸多水利水电工程的施工和运行安全,社会效益和经济效益显著,具有良好的科研价值和推广应用意义。本书旨在全面叙述深厚冰水堆积物地质勘察关键技术等内容基础上,主要针对目前的勘察新技术、新方法、新理论及工程应用实例进行系统的归纳总结与分析研究。

本书结合研究者多年来在十余个工程的专题研究成果,依托青海省察汗乌苏河哇沿水库、黑泉水库,西藏尼洋河多布水电站、巴河老虎嘴水电站等工程深厚冰水堆积物筑坝具有领先技术水平的勘察实例,系统地总结深厚冰水堆积物勘察技术所取得的成就、经验和教训,大力推广和应用深厚冰水堆积物勘察的新理论、新技术和新方法。通过广泛调研和系统研究,总结了冰水堆积物勘察要点、岩组工程地质划分、物理力学性质及特征、力学参数选择、主要工程地质问题评价等方面的工程经验,提升了堆积物勘察技术研究水平,对新理论、新技术、新方法等研究成果进行凝练提高,具有重要工程应用价值和同类工程参考意义。

本书是青海省水利水电勘测规划设计研究院有限公司与中国电建集团西北勘测设计研究院有限公司多年研究成果的结晶。除主要作者白云、赵志祥、王有林、祁军外,杨晓辉、陈楠、唐兴江、何小亮、赵悦、樊冬梅、王文革、乔玉强等同志也做了大量的现场调查、勘探试验、资料分析、成果整编等工作,为提高本书的内容及质量付出了艰苦的劳动,在此表示感谢。

本书研究成果直接服务于青藏高原地区水利水电工程设计建设,既可以解决深厚冰水堆积物有效勘察、评价等方面的关键性技术问题,又可以节省勘察费用投入、缩短勘察周期、提高勘察成果质量水平,为设计方案的选择提供可靠的地质资料,为深厚冰水堆积物上的200~300 m级高土石坝工程设计提供理论依据和工程经验,对减少坝基开挖量、简化施工导流与布置、缩短工期、降低工程造价等有着重大的工程实际意义。所以,本书内容具有重要的理论价值、工程实际意义和推广应用价值。

本书研究成果,除全部适用于水利水电工程外,对火电、工业与民用建筑、铁路、公路、地铁、码头、桥梁、机场等行业和工程,其建筑物布置在松散、深厚冰水堆积层地区等,均有较强的参考应用价值。

虽然本书对水利水电工程中的冰水堆积物勘察、应用进行了较为系统的叙述,但由于冰水堆积物的成因复杂性和地质问题的特殊性,因此本书对该问题的论述仍显粗浅,谬误之处在所难免,恳请广大同行批评指正。

作　者

2019年5月

目 录

第 1 章　绪　论

1.1　冰水堆积物的形成环境和分布

第四纪更新世是我国青藏高原山区地质历史上一个重要的时期，其间发生的多起地质事件至今仍对西南和青藏高原地区的人类生产生活构成影响，该地区更新世的冰川形成、运动及其消融就是这些众多地质事件中的一个典型事件。

已有研究成果表明，我国第四纪以来共经历了 5 次冰期，其时代初步定为：小冰期Ⅲ(1 871±20 A. D.)，小冰期Ⅱ(1 777±20 A. D.)，小冰期Ⅰ(1 528±20 A. D.)；新冰期Ⅲ(1 550±70 a B. P.，1 580±60 a B. P.)，新冰期Ⅱ(2. 8~2. 5 ka B. P.)，新冰期Ⅰ(3. 1 ka B. P.)；末次冰期Ⅳ(YD)(11. 5~10. 4 ka B. P.)，末次冰期Ⅲ(24~16 ka B. P.)，末次冰期Ⅱ(56~40 ka B. P.)，末次冰期Ⅰ(73~72 ka B. P.)；倒数第二次冰期(相当于 MIS6-10)，Ⅲ阶段(154~136 ka B. P.)，Ⅱ阶段(277~266 ka B. P.)，Ⅰ阶段(333~316 ka B. P.)；倒数第三冰期(相当于 MIS12-16)，Ⅱ阶段(520~460 ka B. P.)，Ⅰ阶段(710~593 ka B. P.)。其中，发生在更新世的主要是末次冰期、倒数第二次冰期和倒数第三次冰期。这些冰期时代在我国西部山区发育众多山岳冰川，冰川内部挟带大量地表松散物质。

我国青藏高原距今最近 3 次大规模抬升运动也是发生在第四纪更新世。据彭建兵教授等的研究成果，在更新世期间，青藏高原发生了 3 次大规模的抬升运动，分别是青藏运动、昆黄运动和共和运动，如图 1-1 所示，受此影响，西南地区主要河流的现代河谷特征也大多形成于这一时期。

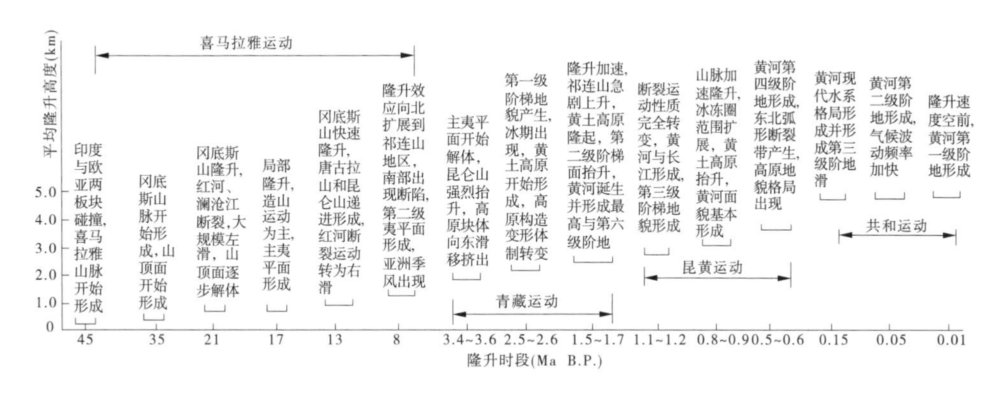

图 1-1　青藏高原隆升过程示意图　(据彭建兵)

冰水堆积物是指冰川消融时冰下径流和冰川前缘水流的堆积物，大多数是原有冰碛物经过冰融水的再搬运、再堆积而成的，因此冰水堆积物的分布与冰川分布和活动密切相关。

我国冰水堆积物主要分布于西部地区，包括天山、昆仑山、念青唐古拉山、喜马拉雅山、喀喇昆仑山、冈底斯山、祁连山、横断山、唐古拉山等山脉，同时羌塘高原、帕米尔山地、阿尔泰山、准噶尔西部山地等区域也有分布，且以青藏高原分布集中，主要分布于藏东南即念青唐古拉山东南段、喜马拉雅山脉东段、横断山脉的贡嘎山等冰川的前缘、沟谷和现代河床中。

西北地区气候严酷、干燥、降水少，冰川物质补给少，但消融作用也弱；而西南地区，特别是藏东南地区，却深受印度洋季风的影响，富于海洋性气候特征，气候湿润，降水丰富，雪线海拔低，补给物质丰富，冰川活跃，消融量也大，冰水堆积物厚度大。

1.2　冰水堆积物的工程特性及应用

第四纪以来我国大陆主要经历了4次大的冰期，冰期与间冰期时河流表现出了明显的侵蚀与堆积特征，见表1-1和表1-2。

表1-1　第四纪4次大的冰期与河流堆积特征

<table>
<tr><th>冰期</th><th>形成时代(ka. B. P.)</th><th>特征</th></tr>
<tr><td>贡兹</td><td>300</td><td rowspan="4">历次低海面与冰期时间对应，在4次大的冰期期间，全球海平面明显下降(最低海平面出现在玉木冰期)，最大下降幅度超过100 m，在此期间河流主要为侵蚀切割。历次高海面与间冰期时间对应，河流主要以堆积为主</td></tr>
<tr><td>民德</td><td>200</td></tr>
<tr><td>里斯</td><td>100</td></tr>
<tr><td>玉木(武木)</td><td>25</td></tr>
</table>

表1-2　末次冰期(玉木)以来我国西南地区河流演化阶段划分

阶段	时代(ka. B. P.)	河流特征
末次冰期	25~15	河谷深切成谷
冰后期早期海侵	15~7.5	河谷堆积开始
最大海侵	7.5~6	河谷大量堆积形成深厚冰水堆积物
海面相对稳定期	6~至今	现代河床发展演化

在间冰期时期，青藏高原山岳冰川挟带的大量松散物质被冰川融水搬运至河谷地带，形成了大量冰水堆积体。这些冰水堆积体往往规模巨大，其体积动辄数百万立方米，甚至数千万立方米，受第四纪气候环境、冰川运动及构造运动复杂性的影响，大多具有复杂的物质组成和多变的沉积特征，且与河流相覆盖层(尤其是高阶地物质)等第四纪全新世堆积物存在非常复杂的接触关系，具体表现在以下几个方面：

(1)颗粒粒径分布范围广、物质成分复杂。组成冰水堆积体的颗粒大小悬殊，既有直径2 m以上的巨大漂砾，也有黏粒和粉粒，粒径从巨颗粒到细颗粒均有分布，其中主要以巨颗粒和60~2 mm的粗颗粒为主，土体不均匀系数高，组成堆积体的物质成分复杂，且大多属远源物质。

(2)结构密实,少见架空现象。由于冰水堆积体形成时期较早,经过了较长期的固结作用,因而颗粒之间嵌合较为紧密,一般呈中密—密实状,大多还具有一定程度的泥质或弱钙质胶结,试验测定其天然重度可达 21.2~23.8 kN/m^3。

(3)独特的沉积特征。由于冰水堆积体主要是冰川融水搬运堆积而成的产物,因而其结构上仍保留有一定程度的水流作用痕迹(如成层性),但由于水流作用时间相对较短,搬运距离较短,因而其颗粒大多磨圆较差,呈次棱角—亚磨圆状,堆积体中往往含有呈透镜体状展布的黏土条带。

(4)特殊的工程特性。研究成果表明,这类冰水堆积体的结构特征、工程特性(物理性质、力学性质以及渗透性质)等诸多方面与一般第四纪全新统松散堆积体存在较大差别,其力学强度一般较普通松散堆积体高,而渗透能力一般较低。因此,自然界中该类冰水堆积体天然状态下大多具有较好的稳定性,自然坡度一般为 30°~50°,局部甚至为直立状。

由于这些高原冰川消融后形成的冰水堆积体多处于人类活动或工程建设活动稀少的中高海拔地区,因而 21 世纪以前工程学术界对其结构特征、成因、演化过程以及工程特性研究较少。21 世纪以来,随着上述地区各类大型基础建设的陆续上马,上述大型冰水堆积体常常构成了人类工程建设的地质背景条件,成为制约人类工程建设活动一个重要因素。

1.3　冰水堆积物勘察技术研究及应用现状

1.3.1　理论研究现状

1.3.1.1　国内外冰水堆积物筑坝技术应用现状

深冰水堆积物是指厚度大于 40 m 的第四纪河床松散沉(堆)积物。这些深厚的冰水堆积物具有结构松散、分布不连续、成因类型复杂、物理力学性质不均匀等特点。因此,深厚冰水堆积物是一种地质条件差且复杂的地质体。

我国的深厚冰水覆盖堆积物多分布于青藏高原西南、西北的高山峡谷河流及其第一梯度与第二梯度的过渡带上,而这些地区又是我国水能资源最为丰富的地区。已建成或在建的黑泉、哇沿、黄河源、温泉、多布、雪卡以及正在建设的那棱格勒、引大济湟、哇洪、香日德等水利水电工程均遇到厚达数十米甚至数百米的河床深厚冰水堆积物。如黄河源和那棱格勒的冰水堆积物厚度均在 150 m 以上,西藏雅鲁藏布江米林水电站堆积物厚达 520 m,帕隆藏布松宗坝址堆积物厚达 420 m,西藏尼洋河多布水电站堆积物厚达 360 m,西藏巴河老虎嘴左岸防渗体堆积物厚达 180 m。

表 1-3 为作者参与的工程项目中所见的或据相关工程统计所得的主要河流河谷地带发育的典型冰水堆积体分布情况。

表 1-3　典型河流河谷地带冰水堆积体分布情况

流域	名称	所属省(区)	堆积体体积(万 m^3)	最大深度(m)	形成时期	备注
察汗乌苏河	哇沿水库	青海		84.4	Q_3	正在建设
哇洪河	哇洪水库	青海		49	Q_3	
香日德河(托索河)	盘道水库	青海			$Q_2 \sim Q_3$	
	香日德水库	青海		110	$Q_2 \sim Q_3$	
格尔木河支流雪水河	温泉水库	青海			$Q_2 \sim Q_3$	
黄河源	黄河源水电站	青海		>150	Q_3	已运行
那棱格勒河	那棱格勒水库	青海		140.88	$Q_1 \sim Q_4$	
尼洋河	多布水电站	西藏		360	$Q_2 \sim Q_3$	已发电
	老虎嘴水电站	西藏		180	$Q_2 \sim Q_3$	已发电
	冲久水电站	西藏		110	$Q_2 \sim Q_3$	已发电
雅鲁藏布江	里龙水电站	西藏		260.5	$Q_2 \sim Q_3$	规划阶段
	本宗水电站	西藏		115.5	$Q_2 \sim Q_3$	规划阶段
	米林水电站	西藏		520	$Q_2 \sim Q_3$	规划阶段
大通河	黑泉水库	青海		35	Q_3	已运行
	引大济湟	青海	大于 2 000		Q_3	正在建设
沃卡河	沃卡水电站	西藏	大于 2 000		$Q_2 \sim Q_3$	已发电
	白堆水电站	西藏	大于 2 000		$Q_2 \sim Q_3$	已发电
大渡河	冶勒水电站	四川		>420	$Q_2 \sim Q_3$	已竣工发电
	瀑布沟水电站	四川		63	$Q_2 \sim Q_3$	已发电
	深溪沟水电站	四川		49.53	$Q_2 \sim Q_3$	
金沙江	巴塘水电站	西藏与四川		55.5	$Q_2 \sim Q_3$	正在建设
	龙街水电站	四川		60	$Q_2 \sim Q_3$	
	新庄街水电站	四川		37.7	$Q_2 \sim Q_3$	
	乌东德水电站	云南与四川		99.9	$Q_2 \sim Q_3$	正在建设
	溪洛渡水电站	云南与四川		40	$Q_2 \sim Q_3$	已发电
	向家坝水电站	云南与四川		81.8	$Q_2 \sim Q_3$	正在建设
	虎跳峡水电站	云南		250	$Q_2 \sim Q_3$	

由于深厚冰水堆积物结构松散、工程地质性状差等多方面因素，在堆积物上修建大坝特别是高坝时易产生坝基承载变形、渗漏与渗透变形、沉降与差异沉降、固结、抗滑稳定、

砂土液化、软土震陷等许多工程地质问题。冰水堆积物不仅严重影响和制约了水利水电工程坝址的选择、流域水电资源的规划与开发利用,同时也给水工设计(如坝型选择、枢纽布置、防渗措施等方案确定)带来巨大的困难。因此,利用冰水堆积物筑坝技术一直是水利水电行业研究的重点技术问题。

20世纪,国外筑坝多分布在河流冲积相的砂卵砾石上,且以重力式溢流坝与闸坝工程实例较多,坝基防渗多采用金属板桩,最大深度达20余m。建于黏土层上的普利亚文水电站厂顶溢流混凝土坝,最高达58 m;巴基斯坦147 m高的塔贝拉土斜墙堆石坝,建基于最厚达230 m的堆积物上,坝前采用了长1 432 m、厚1.5~12 m的黏土铺盖防渗,同时下游坝趾设置井距15 m、井深45 m的减压井,每8个井中有一个加深到75 m,蓄水后坝基渗透量大,1974年蓄水后曾发生100多个塌坑,经抛土处理1978年后趋于稳定;埃及的阿斯旺土斜墙坝,最大坝高122 m,堆积物厚225~250 m,采用悬挂式灌浆帷幕,上游设铺盖,下游设减井等综合渗控措施,帷幕灌浆最大深度达170 m,帷幕厚20~40 m;加拿大的马尼克3号黏土心墙坝,堆积物最大厚度为126 m,采用两道净距2.4 m、厚61 cm的混凝土防渗墙,墙顶伸入冰碛土心墙12 m,墙深105 m,其上支承高度为3.1 m的观测灌浆廊道和钢板隔水层,建成后槽孔段观测结果表明,两道墙削减的水头约为90%;坝高113 m的智利圣塔扬娜面板砂砾石坝建基于30 m厚的堆积物上,是较早在堆积物上修建的100 m以上混凝土面板坝。

国内自古就有在河流松散堆积物上筑坝的历史,近年来我国在利用堆积物筑坝方面已取得的成就令人瞩目,相继在堆积物上修建了土心墙堆石坝、沥青混凝土心墙堆石坝、混凝土面板堆石坝、闸坝等各种类型的大坝。改革开放后,特别是21世纪以来,随着我国水利水电事业向青藏高原发展,利用冰水堆积物筑坝技术得到了进一步提高。被誉为“西藏三峡”的旁多水利枢纽工程大坝为碾压式沥青混凝土心墙砂砾石坝,坝顶高程4 100.00 m,最大坝高72.30 m,坝基冰水堆积物最大厚度150 m。冶勒水电站大坝为沥青混凝土心墙,坝高124.5 m,坝基冰水堆积物最大厚度超过420 m。

冰水堆积物上的闸坝受闸门挡水高度限制,一般小于35 m。多布水电站混凝土闸坝高达52 m,为目前国内外深厚冰水堆积物上的最高闸坝。随着水利水电工程建设和筑坝技术的进一步发展,今后将对深厚冰水堆积物勘察技术提出更高的要求。

就青海省境内而言,黑泉水库属于高坝大库,坝体断面大,坝基范围大,坝基冰水堆积物覆盖层厚度大,成因复杂,为了查明其工程特性,前期做了大量勘探试验工作,取得了一定的成果。根据蓄水前坝体沉降观测:坝体最大沉降值为412 mm,相应的沉降率为0.448%,与设计三维计算结果对比,最大沉降值为653.3 mm,相差较大,根据已有观测值推算工程竣工和蓄水后最大沉降值为500 mm,小于大坝最终沉降量为最大坝高1%的预计量。为高山峡谷,高寒、高海拔地区深厚冰水堆水堆积物上修建面板砂砾石坝积累了经验。青海引大济湟西干渠工程是国家开工建设的20项重大水利工程之一,也是青海省“一号水利工程”,主要解决湟水两岸山区和干流资源型缺水问题,对于推动当地工业、农业发展及改善民生具有重要的价值和意义。

1.3.1.2 深厚冰水堆积物勘察技术理论研究现状

经资料检索和查询,国内外对河床深厚冰水堆积物研究方面的科技论文尚多,但专门的书籍甚少。

由石金良等编著的《砂砾石地基工程地质》(1991年)一书,深入总结了砂砾石地基工程实践,以砂砾石的成因类型、地质特征、分布规律为主导,对砂砾石坝基的勘探、试验、坝基工程地质评价、地基处理与观测等进行了较为全面的总结归纳,填补了我国河床松散堆积物坝基工程地质研究方面的空白。

2009年,由中国水利水电出版社出版的《利用覆盖层建坝的实践与发展》论文集,共收录科技论文46篇。总体来看,该书是一本涉及坝工设计、岩土工程以及施工技术等内容的跨学科论文集。从专业角度看,该书涉及水工建筑物布置、结构分析、渗流控制、施工方法等诸多方面的内容;尤其是论文集提供的我国以深厚覆盖层为筑坝基础的工程实例,如黑泉水库、多布水电站、察汗乌苏水电站等,对深厚覆盖层筑坝技术具有较强的指导和借鉴意义。

2011年12月,国家"十二五"重点出版图书《水力发电工程地质手册》(彭土标、袁建新、王惠明主编),相关专业技术人员对水利水电工程深厚覆盖层筑坝的勘察技术与评价方法进行了全面叙述,对水利水电工程河床堆积物同类工程的勘察设计起到了积极的指导和推动作用。

综上可知,现今国内外对河床深厚覆盖层筑坝的设计方案、工程处理措施等内容研究较多,但对诸如冰川型、冰碛型、冰水型堆积物的勘察技术、评价方法等方面的研究成果甚少,工程实例较多而理论的凝练与提升内容较少,科技论文成果也缺乏系统性和基本理论支撑。针对上述问题,本次重点研究深厚冰水堆积物的勘察技术与评价方法,以期得到基础理论的提升。

1.3.1.3 深厚冰水堆积物工程地质特性研究现状

国内针对冰水堆积物工程地质特性的研究始于20世纪90年代,目前仅有的一些零星探索、研究工作也仅局限于某些特定的条件。1989年屈智炯等较早对瀑布沟水电站的冰川、冰水沉积物的力学性质进行了探索,认为其应力应变特性属于非线性弹塑性,在50~3 500 kN/m^{2}压力范围内其破坏包线近似于直线。在低压下,呈直线变化且体积剪胀;在高压下,呈应变硬化且体积剪胀,成都科技大学建议的简化K-G模型比其他模型更适用于该类堆积物。1997~1998年范适生针对冶勒水电站冰川、冰水成因半胶结型河床覆盖层的物理力学性质进行了较为深入的探索,认为冶勒盆地半胶结砾石层颗粒组成级配较好,骨架孔隙填料充填密实,结构连结具明显的钙质胶结特征,结构强度较高。在前期固结压力作用下,土层密度值较大,孔隙比较小,孔隙连通性差,具有承载能力高、压缩性低、渗透性弱、抗渗性好、抗剪强度高、抗液化能力强的特性,作为堆石坝地基较为理想。

2004年金仁祥对西南某电站坝基下伏的冰水堆积层的渗流稳定性进行了研究,提出了冰水堆积物的渗透变形类型、临界水力梯度。

2007年于洪翔等通过对旁多水电站冰水堆积物的研究认为:其结构表现为分选差,磨圆差,砾卵石有强风化现象,黏性土透镜体、冰漂砾及泥砾发育,局部存在粉土质砂透镜体、第四纪冲积物捕虏体,连续性差,含泥量明显高于现代河床冲积物,随着深度的增加,孔隙变小,密度增大。渗透性具有整体上随深度增加而变小、在平面上和剖面上有不均一性、在空间上各个方向渗透性具有明显差异的特征。允许水力坡降具有明显的不均一性,破坏形式为管涌型。

2009年,袁广祥、尚彦军、林达明对帕隆藏布流域的冰碛物、冰水堆积物进行了研究,认为其具有粒度分布范围广、粗粒含量多等与其他沉积物不同的粒度特征。冰碛物粒度分布范围广的特征导致随着研究尺度的不同,其结构特征也不相同,具有明显的尺度效应。冰碛土的力学强度一般强于其他堆积体,但受不同粒径颗粒的含量及分布、形成时代的影响,其力学特征也有所差异。

涂国祥、邓辉等对澜沧江古水水电站坝前的冰水堆积体渗流特性、强度特性进行了较为深入的研究,认为:冰水堆积体的透水能力较差,渗流系数一般为 $10^{-3} \sim 10^{-5}$cm/s,表现出一定程度的层流—紊流过渡状态的特点,其抗剪强度较高,在剪切破坏过程中存在较明显的应变强化和剪胀现象,其强度包络线在低应力水平下呈直线状,在高应力水平下呈非线性下凹形。

2017年杨彬等在充分调查林芝地区冰水堆积物分布和结构特征的基础上,开展了冰水堆积物隧洞开挖物理模拟和数值模拟研究,探讨了冰水堆积体隧洞形成稳定压力拱的埋置深度,并以地表沉降为判断依据,对比分析了各种支护措施在隧洞支护中的应用效果。

综上所述,不同学者针对冰水堆积物的某一方面或某一个问题开展了相对深入的研究,取得了可喜的研究成果。但尚未有人在冰水堆积物水利水电工程筑坝应用方面开展系统、全面的应用研究。

1.3.2　钻探技术应用现状

由于取芯、水上作业、取样及试样制件困难等原因,多年来深厚冰水堆积物的勘探一直是工程地质界比较棘手的问题之一。主要集中在如何采用有效手段来解决冰水堆积物的分层、取样、试验等问题方面。

从钻探技术角度,冰水堆积物属于结构松散、复杂、局部架空、颗粒级配无规律的混杂堆积物,以致冰水堆积物钻探取芯、取样比较困难,钻探时容易发生坍塌、掉块、漏失或膨胀、缩径、涌砂等现象,孔壁稳定性差,给深厚冰水堆积物正常钻进造成很大困难。

1.3.2.1　钻探设备

1985年以前,水利水电系统勘测设计单位在河床砂卵石层中基本上都采用钻粒钻进、清水冲洗、跟管护孔的常规钻进方法,或采用泥浆循环来保护孔壁。当存在孤石、漂石时须采用孔内爆破法进行处理,有时几个台班都无进尺。取样采用回转钻进干钻、管钻冲击钻等钻进方法。这些方法钻机负荷大、管材消耗多、孔内事故频发、工序复杂、钻进效率低、取样质量差、劳动强度大、勘探周期长。泥浆循环钻进虽然能够保护堵漏,提高钻进效率,但是取样质量问题仍无法解决。这对于以深厚冰水堆积物为地基的水利水电工程,则要查明坝基地层结构、物理力学性质、主要工程地质问题等,需要质量很高的Ⅰ、Ⅱ级试验样品,而常规钻探工艺远不能满足地质与试验要求。

随着高土石坝筑坝技术迅速发展,为提高深厚冰水堆积物勘探质量的要求,查明堆积物地层的基本地质条件,成都勘测设计研究院有限公司承担完成了"六五"国家科技攻关项目"覆盖层筑坝技术"中的一个很重要的课题,专门针对深厚冰水堆积物的钻进和取样技术进行研究,成功研制了 SM 植物胶无固相冲洗液和 SD 系列金刚石钻具,总结出一套较完整的操作技术,冰水堆积物取芯率由常规钻进的 50%左右提高到 90%以上,而且可以取出砂卵石层原状样,薄砂层可以取出 100%的原状岩样,钻进效率比常规钻进提高了 1~2 倍,节约了大量的钢材和动力消耗,减轻了劳动强度,减少了孔内事故,缩短了勘探周期,降低了生产成本,研究成果具有良好的经济价值和工程实际意义。

1.3.2.2 绳索取芯钻探技术

绳索取芯钻探技术最初用于石油、天然气钻探。1947 年美国长年公司(Longyear Co.)研究将绳索取芯钻探技术用于金刚石地质岩芯钻探,到 20 世纪 50 年代形成系列,目前已成为世界范围内应用最广的一种岩芯钻探方法。绳索取芯钻探技术既用于地表岩芯钻探,也用于坑道内岩芯钻探,并发展用于海底钻探取样。

美国长年公司系列绳索取芯钻探钻孔直径分为 AQ(48 mm)、BQ(60 mm)、NQ(75.7 mm)、HQ(96 mm)、PQ(122.6 mm)、SQ(145.3 mm)等规格,即所谓 Q 系列,被欧美国家广泛仿制与采用。美国在 20 世纪 70 年代又开发了 CQ 系列(接头与钻杆采用焊接方式连接)绳索取芯钻具;80 年代进一步开发了重型绳索取芯钻具系列,如 CHD-76、CHD-101 和 CHD-134 等,以专门用于深孔、超深孔条件下的绳索取芯。

1972 年,中国地质矿产部开始研究绳索取芯钻探技术。目前,已研制出系列钻具:S46 mm、S59 mm、S75 mm、S91 mm 和水文水井钻探用 S130 mm 的绳索取芯钻具。此外,还有用于坑道钻探的 KS-46 和 KS-59 绳索取芯钻具。为了进一步提高钻速,已成功研制了带液动冲击器的绳索取芯钻具。绳索取芯钻探现已在地质、冶金、有色金属、煤炭、化工、核工业、建材、水利水电等系统的钻探部门推广。钻孔愈深,绳索取芯钻探技术的经济效益愈显著。

绳索取芯钻具的应用范围很广,它不受钻孔深度的影响,从几十米的浅孔直至超万米的超深孔均可使用,而且钻孔越深其优越性越强,在深厚冰水堆积物中效果尤为显著。

1.3.2.3 钻孔护壁与堵漏

钻孔护壁与堵漏方面也取得了长足的进步和发展。泥浆护壁的推广、低固相泥浆、无固相冲洗液(如 MY、SM 植物胶等)、硫铝酸盐地勘水泥、速凝早强剂、化学浆液等护壁堵漏方法和材料的应用,有效地提高了护壁堵漏的效果,加快了深厚冰水堆积物的勘探进度,减少了孔内事故,对推动勘探技术进步发挥了重要作用,较好地解决了多年来砂卵石层和薄砂层钻进和取样的这一技术难题。

1.3.3 测试与试验应用现状

1.3.3.1 物探测试技术

目前,对深厚冰水堆积体的厚度、形态和规模探测的物探方法较多,国内外同行(特别是水电勘测单位)采用的物探方法主要有电测深法、浅层地震反射波法、浅层地震折射波法、高密度电法、面波勘探法、探地雷达法、高频大地电磁法、瞬变电磁法、地震层析成像法(地震 CT)等。另外,还有诸如综合测井等辅助方法。在实际工作中一般采用单一物探方法进行探测,其探测成果的可靠程度和精度都相对较低。有关采用综合物探方法探测堆积体的研究相关报道相对较少,而系统的研究和总结则未见到。

1.3.3.2 原位测试技术

动力触探是在静力触探试验的基础上发展而来的。对于粗颗粒土或贯入阻力大的地基土，需要采用动力才易于将探头贯入。从20世纪50年代后期开始使用动力触探，主要是锤重10 kg的轻型动力触探，多用于基坑检验。70年代初，为确定粗颗粒土地基的基本承载力，开展重型动力触探与卵石土地基承载力的对比试验研究，并利用大型真模试验坑对动力触探贯入破坏机制和影响因素进行观察分析，并纳入《铁路工程地质原位测试规程》(TB 10018—2018)，试验成果可用于评价地基土的密实度、承载力、变形模量等。

载荷试验是天然地基上通过承压板向地基施加竖向荷载，观察所研究地基土的变形和强度规律的一种原位试验，被公认为试验结果最准确、最可靠，被列入各国桩基工程规范或规定中。木勋等(2016)以康定机场为例，通过载荷试验，获取了冰碛土中碎石承载力特性和变形模量。

旁压仪试验在20世纪50年代研制成功的基础上，60年代已开始推广，并在70年代又研制成功了自钻式动功能横压仪，这一新技术在国际上领先3~5年。70年代，我国开始探索用冲击能量修正法对旁压试验设备进行改进。20世纪后20年中，我国自主研制开发了DBM型动态变形模量测试仪，用于测试土的承载能力，该设备能够直接综合测试压实土层力学参数，是一种全新的堆积物地基土层力学特性测试技术；通过不断改进又自主研制了自钻式原位摩擦剪切试验方法，该方法较好地保持了土中的应力，尽可能地避免了对土体的扰动，直接测出不同深度土的抗剪强度、变形模量等力学参数。扁铲测胀试验仪(DMT)出现后，我国将其应用于密实的冰水堆积物、黏土和砂土等土体应力状态、变形特性和抗剪强度的测试分析中。

现场直剪试验可用于岩土体本身、岩土体沿软弱结构面和岩体与其他材料接触面的剪切试验，目前国内外用原位剪切试验对土体强度进行了广泛研究，但是对于冰水堆积体强度的研究还比较少。王琦等(2016)以欢喜坡冰水堆积体为研究对象，采用大剪仪对在不同土石性质下、不同含水率下的冰水堆积体进行现场大剪试验，得出该冰水堆积体应力和应变曲线具有明显的弹性变形和塑性变形阶段，没有明显的应力屈服特征，土石性质与含水率是影响冰水堆积体强度特性的重要因素的结论。徐文杰等(2006)基于现场水平推剪试验，提出了浸水条件下土石混合体的水平推剪试验方法。王彪等(2011)对西北某地第四纪冰川堆积物的工程地质特性展开了原位力学试验，研究表明其具有较高于一般第四纪松散沉积物的变形模量和抗剪强度值。王献礼(2009)通过原位直剪试验对冰川堆积物的基本工程地质性质的研究结果表明，冰川堆积物内摩擦角变化范围较大；王自高等(2013)基于现场试验，对冰水堆积体的物理力学特性、强度进行了全面分析。

1.3.3.3 室内试验技术

从20世纪50年代的简单物理力学试验，发展到现在很多单位已能掌握土动三轴试验技术，用以测定土的动强度、液化和动应变等动力工程特性。目前，国内有较多的实验室拥有动三轴和共振柱仪，此两种仪器国内均可生产制造。此外，电液伺服控制动单剪仪也已于近年试制成功。

20世纪五六十年代，我国相继自主开发研制出一批土流变学测试仪器，如单剪仪、压缩仪、三轴仪、现场十字板流变仪、渗压仪等，而后又开发了多力扭转流变仪、土壤疲劳剪切仪、土大三轴、土动三轴仪及孔隙水压力测量系统等;90 年代在土的细观力学研究中,研制了一种可配装在光学显微镜下的小型剪切仪,提出了用热针法测定土的热导率,在普通大三轴仪上进行土的应力路径试验等。

1.3.3.4 动力特性测试与试验技术

基于冰水堆积物的动力特性测试和试验技术在过去几十年中发展较快,可以分为室内和原位测试技术两大类,其中目前国内常用的室内测试手段主要有动三轴试验、振动扭剪和振动单剪试验、共振柱试验、振动台试验和离心模型试验等五种试验。

1. 振动三轴和周期扭剪耦合的新型多功能三轴仪

振动三轴和周期扭剪耦合的新型多功能三轴仪近年来分别在河海大学和大连理工大学研制成功。该仪器的特点是能够模拟复杂应力条件下的土体动力特性,特别是能够模拟地震作用下动主应力轴偏转的影响。

2. 振动台试验

振动台试验是 20 世纪 70 年代发展起来的专用于液化性状研究的室内大型动力试验。目前可制备模拟现场 K_0 状态饱和砂土的大型均匀试样,可测量出液化时砂土中实际孔隙水压力的分布和地震残余位移,而且在振动时能够用肉眼观察试样。目前,国内外常用的主要是单向振动和双向振动的振动台。

3. 离心模型试验

离心模型试验是一种研究土体动力特性的重要方法,目前美国、英国和日本等国家已能够在离心机上模拟单向地震运动,模拟双向振动的离心机最近已在香港科技大学研制成功,并投入使用。

1.3.4 水文地质测试技术应用现状

水文地质作为工程地质条件的一个重要方面,其测试和试验技术在过去的几十年中也取得了长足的发展。通过多年的研究,新的测试仪器相继问世,如适用于观测地下水动态的钻孔地下水长期监测系统、钻孔水位压力的测量和确定渗透压力的来源及部位的新型钻孔渗压计等仪器设备的研制成功,有效地解决了地下水自动观测问题。

1.3.4.1 常规观测试验技术

为确定堆积物的水文地质参数,通常需要进行大量测试研究。常规的方法和项目主要有现场钻孔(井)抽水试验、注水试验、微水试验和地下水水压、水量、水质、水温及水位动态观测等。

1.3.4.2 环境同位素测龄技术

利用放射性同位素可测定地下水年龄,利用稳定环境同位素可研究地下水起源与形成过程以及水中化学组成的来源,采用示踪试验及人工放射源可测定河床地下水的流向、渗透流速、渗透系数、导水系数等水文地质参数。

1.3.4.3 渗流场模拟试验

近年来,渗流场模拟方式多采用电阻网络模拟,是一种简易有效的方法,该方法不仅可以清晰地反映渗流场,还可以反求解其中一个水文地质参数或修正某一个边界条件,具有较好的适应性。

1.4　主要研究成果

本次研究取得的主要成果如下:

(1)通过大量工程资料汇总,对我国河床深厚冰水堆积物的分布规律、成因类型、堆积物物理力学特性和筑坝的适宜性进行了详细的叙述。

(2)对深厚冰水堆积物钻探技术、物探测试技术的适用范围、优缺点进行了分析,总结出了不同仪器、设备的性能和操作方法,论述了冰水堆积物勘探布置要点和适宜的勘探技术与方法体系。

(3)归纳凝练并总结提出了深厚冰水堆积物物质组成、粒度特征等基本特征。在提出冰水堆积物岩土体物理力学参数取值原则的基础上,对深埋岩组的物理力学参数取值方法进行了深入研究,为水利水电枢纽建筑物设计方案的选择提供了地质依据。

(4)在叙述堆积物常规物理力学性质室内外试验的同时,对旁压试验、动(静)三轴试验、黏土层测年、示踪法同位素水文地质测试等方法进行了分析对比和论述。

(5)总结提出了适宜的岩组划分标准和堆积物岩土体质量分类、分级方法,提出深厚冰水堆积物特性分析、评价方法和不同类型参数等级划分标准。

(6)针对不同工程深厚冰水堆积物分布和组合类型,采用数值模拟与常规计算方法,对堆积物筑坝的承载变形、沉降固结、砂土液化、渗透稳定等工程地质问题进行分析研究,为堆积物应力应变特性影响评价及工程处理措施研究提供了理论依据。

(7)运用ANSYS软件APDL语言模块,编写相应程序,在压缩沉降分析中,实现了邓肯-张模型的建立和模拟;在渗流分析中,确定了坝体内部的浸润线和下游坡面的逸出点,满足了均质坝体和堆积物的渗流模拟的研究需要。

(8)对河床深厚冰水堆积物勘察评价新理论、新技术、新方法及研究方向进行了探索和展望。

第2章 冰水堆积物成因类型及特征

2.1 我国深厚冰水堆积物特征

根据已有资料统计,我国冰水堆积物主要分布于西部地区,包括天山、昆仑山、念青唐古拉山、喜马拉雅山、喀喇昆仑山、冈底斯山、祁连山、横断山、唐古拉山等山脉,同时羌塘高原、帕米尔山地、阿尔泰山、准噶尔西部山地等区域也有分布。青藏高原分布集中,主要分布于藏东南即念青唐古拉山东南段、喜马拉雅山脉东段、横断山脉的贡嘎山等冰川的前缘、沟谷和现代河床中。另外,在东北地区长白山一带也有大量冰水堆积物分布。

2.1.1 深厚冰水堆积物的分布特征

受地形地质背景、水文条件等影响,不同地区深厚冰水堆积物的结构也不尽一致。总体上,我国深厚冰水堆积物按成因、成分结构、分布地区等因素可归纳为如下区域:

(1)在雅鲁藏布江流域,河流深厚冰水堆积物主要分布于宽谷河段。分别为达居—大竹卡宽谷河段(简称日喀则宽谷河段),长约272 km;约居—增嘎的宽谷河段(简称泽当宽谷河段),河段长约200 km;尼娜—派(乡)(雪卡)的宽窄相间河谷段(简称米林宽谷河段),全段达331 km。与雅鲁藏布江宽谷河段相对应,其主要支流下游河段或河口亦形成宽谷河段,如尼洋河、拉萨河、雅若河、湘曲等。河床深厚冰水堆积物分布呈现分段分布的特点,分布河段长达数百千米。

(2)在藏东地区及青藏高原东部的康滇高原地带,主要为峡谷型河流,流水湍急,除局部分布宽谷河段外(如金沙江石鼓一带河段)河谷较窄,穿流于高山峡谷,是我国水力资源最为富集的地区。深厚河床冰水堆积物分布具有区段性特点,岩性、岩相多样,结构复杂,如金沙江乌东德坝址达99.8 m、上虎跳峡龙蟠坝址(宽谷)深近200 m、红岩坝址(宽谷)达250 m、雅砻江普遍达40 m左右、大渡河可达70~150 m、岷江60~80 m。

2.1.2 不同区域深厚冰水堆积物结构特征

近年来随着水利水电工程建设的发展,越来越多的钻孔资料揭示河流深厚冰水堆积物的存在,尤其是青藏高原东部的长江上游金沙江及其重要支流雅砻江、大渡河、岷江等地研究资料较为丰富,许多国内学者对其成因进行了研究。目前,随着西藏地区大江大河上水利水电工程勘探资料的增加,也揭露了大量的河床深厚冰水堆积物结构特征。综合已有的资料,大致有以下几种典型结构特征。

2.1.2.1 杂乱型堆积

以雅鲁藏布江派区一带的河床覆盖层为代表,钻探揭示派区一带雅鲁藏布江河床覆盖层厚172.6 m,层状分布特征不明显,以块石(漂石)砾石土为主,夹砂砾石层透镜体,块石(漂石)砾石以棱角状、次棱角状为主,少量次圆状。钻孔部位为冰水积台地(雅鲁藏布江Ⅱ级阶地),台地位于南迦巴瓦峰现代冰川沟谷出口附近,台地后部堆积厚 200~400 m 的弱胶结冰碛物。可见雅鲁藏布江派区一带的河床覆盖层是以冰水堆积物为主的杂乱型河流冲积物。在然乌湖湖口堰塞体、帕隆臧布及其支流波堆臧布河谷,冰水堆积层均为此类堆积。此类河床深厚覆盖层是以崩塌、滑坡、泥石流、冰碛物等淤塞河道形成的。该类堆积物的特点是物质成分的界线往往不明显,颗粒组成偏粗大,块石、碎石、砾石磨圆度较差,常夹有砂、块石、碎石与填土类相互充填等。该类堆积物也是目前国内水利水电工程界在西部水电站工程建设中常遇到的主要工程地质问题之一,如哇沿水库、黑泉水库、瀑布沟水电站、双江口水电站、冶勒水电站等,均遇到该类河床深厚冰水堆积物问题。

2.1.2.2　层状多成因型

以雅鲁藏布江宽谷河段及该河段内主要支流拉萨河、尼洋河、湘曲、沃卡河等宽谷支流或支沟为代表。雅鲁藏布江支流拉萨河旁多坝址的河床堆积物厚度达 150 余 m,上部为现代河流冲积砂砾卵石层,厚 20~50 m;下部为厚度 100 余 m 冰水堆积层,棱角状碎石土层。在贡嘎机场一带的支沟沟口钻探揭示覆盖层厚度大于 100 m,上部 20 m 为现代河流冲洪积物;中部为含砾粉质黏土层(静水沉积),厚 5~20 m;下部为碎石土与砂卵石互层,碎石、砾磨圆度较差。该类是青藏高原东部河流河床覆盖层层序结构的典型特征,岩相组构大致具有“三分”特点。自下至上依次为:

第Ⅰ层,位于河床底部,往往埋藏着晚更新世晚期阶地相关沉积物或冰缘冰水沉积物,由漂(块)卵(碎)砾石组成,以粗粒为主,局部含砂层透镜体,厚度一般为 10~40 m,与晚更新世晚期冰缘泥石流加积有关。

第Ⅱ层,位于河床中部,成因类型复杂,除冲积外尚有近源泥石流洪积、堰塞湖积等,该层组构多变,除卵砾石外,或有块、碎石,夹多层砂层透镜体或粉质黏土、黏质粉土等细粒土,沉积时代为晚更新世末至全新世初期,可与 1 级阶地堆积对应。其厚度变化大,数米至数十米不等。

第Ⅲ层,位于河床表部,成因类型多以现代冲积为主,全新世以来沉积,以粗粒漂卵砾石为主,局部夹砂层透镜体,堆积时间短,粗粒土中时有架空现象。厚度一般为数米至 20 余米,可与河流现代漫滩堆积对应。典型例子如西藏尼洋河多布水电站、新疆下坂地水利枢纽工程等。

2.1.2.3　层状冲积、湖积型

在青藏高原东部的金沙江石鼓、巨甸一带揭示该类型堆积。

2.1.3　深厚冰水堆积物物质组成和特征

一般来说堆积物的颗粒组成可归为以下四类:①颗粒粗大、磨圆度较好的漂石、卵砾石类;②块、碎石类;③颗粒细小的中粗—粉细砂类(层);④黏土、粉质黏土、粉土类。各种颗粒的组成界限往往不明显,漂石、卵砾石类常夹有砂层;块、碎石与细土相互填充。

通过对诸多河流冰水堆积物特性的分析总结,其主要物质组成与特征分述如下:

2.1.3.1　颗粒组成的不均一性和多元性

由于冰水堆积物尤其是冰碛物属非重力分异沉积,因而常表现为巨粒土、粗粒土和细

粒土的混杂堆积,其颗粒组成具有显著的不均一性。冰水堆积物中大漂石(块石)大者直径可达 10 m,而其中细粒填充物的黏土颗粒直径可小于 1 μm,两者之比高达数百万倍。冰碛物的不均匀系数非常之高,有效粒径之小,是其他第四纪沉积物无法比的,这就是饱水的冰水堆积物工程性质差和地质灾害不断发生的原因所在。

高度的不均一性还决定了颗粒组成的多元性。按颗粒大小,冰水堆积物实际上包括了直径大于 200 mm 的漂石(块石)、直径为 60~200 mm 的卵石(碎石)、直径为 2~60 mm 的砾石、直径为 0.075~2 mm 的砂粒、直径为 0.005~0.075 mm 的粉粒和直径小于 0.005 mm 的黏粒等 6 种粒级,这是其他沉积物所没有的。颗粒组成的多元性决定了冰水堆积物的工程特性取决于多种粒组的叠加效应,尤其是直径小于 0.075 mm 的粉粒和黏粒的作用,而非仅取决于含量大于 50%粒组性质。

2.1.3.2 结构单元的双源性

尽管冰川堆积物在颗粒组成上具有多元性和不均一性,但在粗碎屑沉积物的组构单元上仅为骨架和杂基两个单元。前者包括粗粒组(碎石、角砾)、巨粒组(漂石、块石、巨石)的所有碎屑颗粒;后者即杂基,为砂、粉粒、黏粒等填隙物质。对于弱胶结—无胶结的冰水堆积物,可按照细观组构分为骨架结构(骨架支撑)、悬浮结构(杂基支撑)和过渡结构。不同的细观组构在空间上可以组合成不同的宏观地质结构。在贡嘎山东麓的磨西台地,骨架结构和悬浮结构在剖面上呈似层状分布,构成宏观上的似层状结构。冰水堆积物工程性质除与骨架颗粒的颗粒级配有关外,更与杂基的多少和成分密切相关。

2.1.3.3 结构的无序性和胶结性

冰碛物是冰川融化过程中巨粒的漂石和碎石、粗粒的砂砾、细粒的粉土和黏土在毫无分选的条件下快速混杂堆积的产物,其宏观特征是无分选、无定向、无磨圆、无层理。巨大的漂石、巨石(结构体)无序地混杂在碎石、砂、砾泥质物中呈紧密的镶嵌状,在纵向上无明显的变化趋势。这种结构特征决定了土体在非饱和状态下具有很高的强度和很强的承载力。而冰水堆积物中粗大的漂石、块石常有一定的磨蚀(次圆、次棱角状)和分选现象,且粗粒的砂、砾和细粒的粉泥含量常因物源区岩石类型及运动堆积条件的不同而有较大变化。

2.1.3.4 成因类型多样

由于第四纪气候、外动力和地貌多种多样,形成了多种成因的陆地、河流等冰水堆积物。

2.1.3.5 厚度差异大

深厚冰水堆积物堆积厚度受构造、岩性、河流地貌、地质灾害发育程度等因素影响,不同河流堆积物厚度差异大,可以从数米到数百米不等。

2.2 冰水堆积物的成因类型

冰水堆积物是冰川融水搬运堆积的沉积物,冰川的沉积作用有两种:一种是冰体融化,碎屑物直接堆积,称为冰碛土(物);另一种是冰川表面、底部和两侧的冰水将碎屑物质(冰碛物)进行再托运而后再堆积,即融化后的冰水将冰碛物冲刷、淘洗,按颗粒的大小堆积成层而形成冰水堆积物。冰水堆积物是冰期的冰蚀作用和冰积作用、冰蚀作用和堆积作用及间冰期的冲蚀、冲积作用的共同结果,包括冰川和冰融水所形成的地形和堆积物,经历第四纪地质历史上冰期和间冰期的交替,形成原因复杂。因其中包含底碛和受上部较厚第四纪冲积物盖重的影响,较为致密。冰水堆积物的成因决定了它具有河流堆积物的特点,如有一定的分选性、成层性和磨圆度,其中砾石磨圆度较好;但同时又保存着条痕石等部分冰川作用痕迹,故又有学者称之为层状冰碛。

2.2.1 深厚冰水堆积物的成因

根据统计资料,冰水堆积物的成因类型分类见表2-1。

表2-1 河床冰水堆积物的成因类型分类

成因	成因类型	代号	主导地质作用
冰水堆积	冰碛堆积	Q^{gl}	固体状态冰川的搬运、堆积作用
	冰水堆积	Q^{fgl}	冰川中冰下水的搬运、堆积作用
	冰碛湖堆积		
	冰缘堆积	Q^{prgl}	冰川地区的静水堆积作用
			冰川边缘冻融作用

(1)冰川堆积型成因:河谷强烈切割、冰川对河谷剧烈的深切作用形成河流相深厚冰水堆积物。如岷江河谷谷底纵坡(平均约5%),略缓于现代河床纵坡(平均约7%),谷底堆积物自盆地边缘山口向上游逐渐加厚,与接近冰川上源强烈刨蚀有关。

(2)构造"加积型"成因:如果河流跨越不同的构造单元,构造单元之间的差异运动尤其是升降运动将会导致河流在纵剖面上产生差异运动,从而影响河流侵蚀和堆积特性,形成"构造型"的加积层。大渡河支流南桠河冶勒水电站深厚冰水堆积物研究结果表明,该区属于第四纪构造断陷盆地,与安宁河断裂的现今活动有关。金沙江虎跳峡的深厚堆积物也主要与断陷盆地有关。梁宗仁对甘肃九甸峡水利枢纽深厚冰水堆积物成因进行了研究,认为由于该区在第四系晚更新世末期时,地壳上升,在水流冲刷和溶蚀作用下,河床下切形成河床深槽,之后该区地壳又开始相对缓慢下降,河床以沉积为主,因而形成深厚冰水堆积物。

(3)气候成因:罗守成认为,冰川对高原河谷的剧烈刨蚀作用,产生大量的碎屑物质,后被搬运到河谷中堆积,形成"气候型"加积层。如岷江等河流堆积物自下游向上游依次增厚,此类堆积物正是来源于冰川对上游河谷强烈的刨蚀作用所致。

2.2.2 深厚冰水堆积物的堆积时代

由第四系地层所组成的深厚冰水堆积物按堆积形成的时期一般分为中更新统(Q_2)、上更新统(Q_3)和全新统(Q_4)。通过对尼洋河、察汗乌苏河、哇洪河、雅鲁藏布江、大渡河、岷江、金沙江、雅砻江河谷深厚冰水堆积物基本特征的分析研究,得出各条河流大多数河段堆积物在纵向上可分为三层:底部为中更新世冲积、冰水漂卵砾石层;中间为晚更新世以冰水、崩积、坡积、堰塞堆积与冲积混合为主的加积层,厚度相对较大;上部为全新世正常河流相堆积。其中,中间加积层成因各异,在形成时间上具有阶段性和周期性的特点。

2.3 哇洪水库冰水堆积物成因分析

哇洪水库位于青海省海南州共和县切吉乡境内。拟选坝型为混凝土面板砂砾石坝,坝高 46.0 m,坝顶高程 3 599.50 m。坝址出露地层主要为第四系冰水松散堆积物,最大厚度 49 m。

根据勘测资料分析,本工程冰水堆积物的成因类型和物理地质现象主要有冰川作用、风化作用、泥石流和崩塌等。

2.3.1 冰川作用

多见于海拔 4 000 m 以上的山区沟谷中,构成谷中谷地形,在较高级的沟谷上堆积宽几十米至数百米、厚几米到数十米的冰碛物。在山区沟谷中,还经常见到中更新世冰期所形成的终碛垄,为横在沟谷中的长梁地形,下游一侧高 30~50 m,上游一侧高约 10 m,由块石、碎石组成,保存完整。这期冰川主要发生在山区,为冰斗冰川。但个别冰流也延展到山前倾斜平原和山间谷底,组成物为泥质漂卵砾石,漂、卵石磨圆较好。

2.3.2 风化作用

岩体风化受地形和构造影响明显,地形较平缓处的岩石风化程度要强于地形陡峻处;谷坡处的岩石风化程度要强于河床。断层带附近,风化深度有明显的加深。侵入岩体沿构造带风化显著,全风化层厚度可达 20~30 m。

2.3.3 泥石流

区内山体陡峻,大型沟谷的上游段早期冰川作用下冲沟内堆积有大量的冰川堆积物,一般坡降都较陡,且在高位斜坡上有残坡积松散堆积物,雨季易产生水土流失,形成泥石流的物源,沟口形成大的洪积扇或堆积扇,因此区内泥石流沟较发育,一般规模较大。

2.3.4 崩塌

区内山体高峻,岩石风化破碎,重力作用显著。在构造裂隙和卸荷裂隙的共同作用下,在地形陡峻的岩石出露地段常发生崩塌现象,在沿沟谷两岸较为普遍,而且崩塌岩体块度都比较大。

2.4 九龙河溪古水电站河谷发育史及冰水堆积物沉积时代

2.4.1 河流发育史

溪古水电站位于四川九龙河上,所在的雅砻江地区经历了多期构造抬升,有夷平面的形成，整体上有三级夷平面，分别对应4 000 m、3 000 m、2 200 m。在夷平面相近的高程上，有小平台形成，不同夷平面之间受河流快速下切作用的影响形成陡峭的深切河谷。据前人研究资料（见图2-1），本区自白垩纪以来一直处于夷平过程，到早第三纪形成了统一的Ⅰ级夷平面（现今对应高程4 000～4 500 m）；中更新世末期，川西地区整体抬升，Ⅰ级夷平面被破坏，分解成次一级的阶梯状Ⅱ级夷平面（现今对应高程3 000～3 300 m）；上更新世末期，本区继续抬升，形成了Ⅲ级夷平面（现今对应高程2 200～2 400 m）。第四纪后期以来，地壳急剧抬升，河流下切形成高陡河谷岸坡。

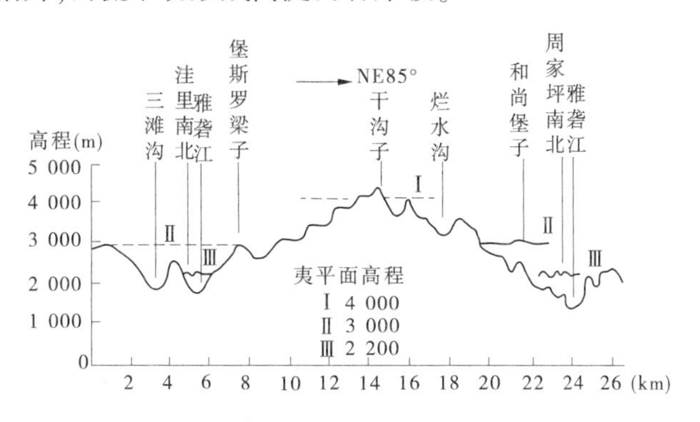

图2-1　九龙河及附近地区的夷平面特征

据工程区九龙河谷岸坡下部特征分析，河流下切速度明显大于侧蚀和风化剥蚀速度，河谷以上岸坡岩体抗风化剥蚀能力较强，主要以卸荷变形破裂和周期性崩滑破坏来适应河流快速下切。由于青藏高原差异性隆升和河流快速下切的侵蚀切割，两岸残留的河谷阶地不发育，仅在县城以南的华邱和溪古—察尔一带发育两级阶地，海拔分别为10 m和25 m，前者为基座阶地，后者为侵蚀阶地。由重力地质灾害形成的地貌主要是崩塌、滑坡和泥石流。

九龙河河道较为狭窄，历史上曾发生过滑坡和泥石流堵江事件，沿河两岸均可见堵江后静水环境下形成的纹泥层（海拔超过现代河床约10 m，厚1～1.5 m），纹泥分布连续性较好。在河床钻孔中，也发现了相对较新的沉积纹泥层，埋藏于现代河床以下约20 m，纹泥厚度超过20 cm，而在华邱村的高高程（海拔超过现代河床约250 m以上）出露的纹泥层厚度超过1.5 m。

2.4.2　冰水堆积物沉积时代

为了确定溪古坝址河床冰水堆积物细粒土形成的地质年代，研究过程中采集代表性样品委托国土资源部桂林岩溶地质研究所对堆积物细粒土（粉质黏土）进行了地质年代测试。

根据中华人民共和国能源行业标准《水电工程区域构造稳定性勘察规程》（NB/T 35098—2017），常用的第四纪堆积物和断层年龄测定方法见表2-2、表2-3。

2.4.2.1　^{14}C 测年原理

提高样品测定年龄的精度和可靠性一直是同位素年代学研究的重要课题。目前，已有20余种方法被应用和有可能用来测定第四纪地层的年龄或年代，其理论严格完整、技术成熟，而且适用于^{14}C 法测年的样品品种多且容易找到。

表 2-2　常用的年轻地(断)层年龄测定方法

方法	测定对象(矿物、岩石)	可测年限(万年)	年龄分析和应用
放射性碳(^{14}C)	含碳淤泥、方解石、骨骼、碳化木、贝壳等	0~6	断层活动年龄区间
热发(释)光(TL)	石英、方解石、碳酸钙沉淀物、烘烤层、陶瓷	0.1~300	断层活动年龄区间、断层最晚一次强烈活动近似年龄
铀系法(U 系)	方解石、火山岩、碳酸钙沉淀物	1~60	断层活动年龄区间
电子自旋共振(ESR)	碳酸钙类、贝壳、石英、长石、磷灰石、火山灰、石膏	0.1~150	断层活动年龄区间、断层最晚一次强烈活动近似年龄
石英表面显微结构	石英颗粒	中更新世—全新世	断层最晚一次强烈活动近似年龄

表 2-3　各种测试方法适用条件

<table>
<tr><th>方法名称</th><th>技术本身误差(%)</th><th>适用条件</th><th>应用和解释</th><th>可信度</th></tr>
<tr><td>^{14}C</td><td>1.5~2.5</td><td rowspan="2">堆积物、沉淀结晶物、断层充填物</td><td rowspan="2">断层活动年龄区间，适合松散土(^{14}C)和有 $CaCO_3$ 地带(^{14}C、U 系)</td><td>可信度高，接近真实年龄</td></tr>
<tr><td>U 系</td><td>±5</td><td>可信度高</td></tr>
<tr><td>TL</td><td>10~20</td><td rowspan="2">沉积或沉淀结晶物、断层带物质</td><td rowspan="2">断层活动年龄区间，断层显著(最新)活动地质年龄</td><td>可信，与其他方法结合</td></tr>
<tr><td>ESR</td><td>25~30</td><td>可信，与其他方法校核</td></tr>
</table>

^{14}C 是宇宙射线和大气中氮素相互作用的产物，它与大气中氮核发生核反应产生^{14}C，新生^{14}C 被氧化成 CO_2 参加自然界碳循环扩散到整个生物界以及一切与大气相交换的含碳物质中去。一旦含碳物质停止与外界发生交换如生物死亡，将与大气及水中的 CO_2 停止交换，这些物质中^{14}C 含量得不到新的补充，则含碳物质原始的^{14}C 将按放射性衰变定律而减少，按衰变规律计算出样品停止交换的年代，即样品形成后距今的年代。因此，通过^{14}C 测年方法可以计算出该物质的年龄。^{14}C 测年方法由于其假设前提经受过严格的检验，测年精确度极高，在全新世范围可达±50 年。因此，在建立晚更新世以来的气候年表、各种地层年表、史前考古年表以及研究晚更新世以来的地壳运动、地貌及植被变化等方面起了重要作用。

^{14}C 测年技术的进展主要表现为 3 个方面：①^{14}C 常规测定技术向高精度发展比较成熟，目前已普及；②加速器质谱技术的建立和普及，使测定要求的样品碳量减少到毫克级，甚至微克级，由于所需样品量极少，测定时间短而工效高，大大拓宽了应用范围；③高精度^{14}C 树轮年龄校正曲线的建立，不但可将样品的^{14}C 年龄转换到日历年龄，而且对有时序的系列样品的^{14}C 年龄数据通过曲线拟合方法转换到日历年龄时年龄误差大为缩小。

2.4.2.2　^{14}C 分析方法

^{14}C 分析方法分为以下步骤：

第一步：燃烧制 CO_2：$C(\text{有机样品}) + O_2 \xlongequal{\text{燃烧}} CO_2$；

第二步：合成碳化锂 Li_2C_2：$2CO_2+10Li \xlongequal{900\ ℃} 4Li_2O+Li_2C_2$；

第三步：水解制 C_2H_2：$Li_2C_2+H_2O \xlongequal{} C_2H_2+LiOH$；

第四步：合成苯 C_6H_6：$C_2H_2 \xlongequal{\text{催化剂}} C_6H_6$。

2.4.2.3　年代测定

国土资源部桂林岩溶地质研究所^{14}C 年代测年采用日本 Aloka LSC-LB1 低本底液闪仪（见图 2-2），标准采用中国糖碳，^{14}C 的半衰期取 5 730 年，年龄资料（BP）以 1950 年为起点，测年资料未做 $\delta^{13}C$ 校正，不确定度±1%。

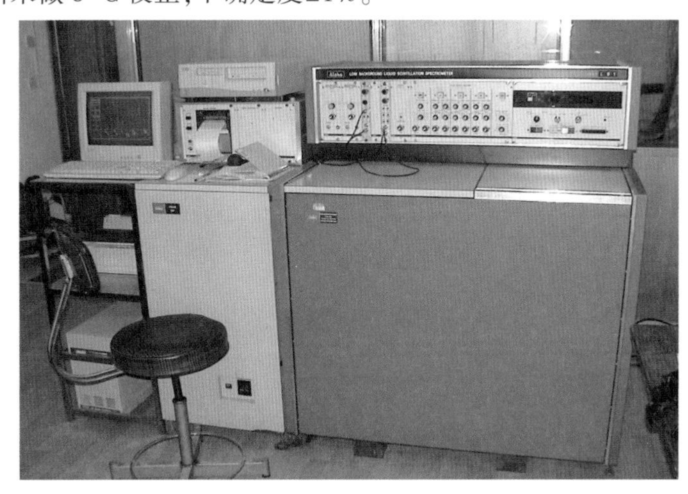

图 2-2　用于^{14}C 年代测年的日本 Aloka LSC-LB1 低本底液闪仪

测试结果表明，在一般工作环境下，液闪仪的本底低于 0.5 次/min，最大可测^{14}C 年龄估计值为 4.8 万年；由猝灭因素引起的年龄偏差不超过 100 年，新液闪仪经过 10 个月的运行后，所测定的^{14}C 年龄具有可对比性。

为了详细了解现代河床及右岸古河道形成时间，分别在梅铺堆积体 B 区 PD2、右岸出隆沟下游、出隆沟滑坡前缘、坝址区 ZK330、ZK329 等钻孔进行了取样，采用 C^{14} 同位素测年方法进行了测年试验。根据测年结果可知，古河道范围内的堆积物形成时间在 2.1 万~2.5 万年；发育在较高高程的堰塞堆积物形成时间为 1.4 万~1.6 万年，钻孔揭示的河床多层堰塞堆积物形成时间在 1.2 万~1.3 万年，说明黏土层的形成时代约为 Q_3 末期。这说明工程所在的九龙河段曾遭受过多次堵河事件，所发育的不同高程的堰塞堆积物是多次不同地点堰塞的结果。

2.4.3　古河道位置及形态探测

结合详细的现场调查及勘探成果，在坝址下游右岸公路内侧，梅铺堆积体上游区基岩山脊之后—梅铺村吊桥一带发育有一定规模的古河道。

2.4.3.1 古河道的进口位置

资料表明,古河道进口位于坝址下游右岸公路内侧—梅铺堆积体上游区基岩梁子上游之间,该部位地貌表现为负地形,前缘低、后缘高,前缘河水面高程大致在2 760 m,进口顺公路宽50~60 m;进口两侧岸坡分别为较完整的上三叠系上统侏倭组(T_3zh)的砂岩夹泥钙质、砂质板岩(见图2-3)。

图2-3 梅铺堆积体上游古河道部位的地貌特征

2.4.3.2 古河道出口位置

古河道出口位于梅铺村吊桥下游PD2#平硐附近(见图2-4),该部位同样为一槽状负地形,上游侧为基岩梁子、下游侧为较破碎的岩体,出口宽约60 m,出口地带的物质组成主要为碎石土。

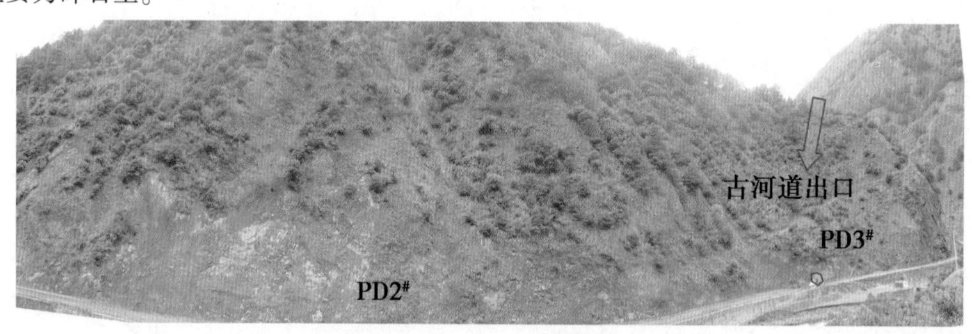

图2-4 古河道出口处特征

2.4.3.3 古河道发育的方向、形态特征

古河道走向为NW—SE向,总体方位为NW310°,勘探揭示的古河道长约400 m,谷底宽20~30 m,谷底最低高程为2 720.58 m。

与古河道大角度相交的Z8、Z9物探剖面(见图2-5、图2-6)揭示,Z8剖面古河道总体呈V形,谷底高程为2 720.58 m(见图2-7、表2-4);Z9剖面在距剖面起点约40 m处开始经过钻孔 ZK326 到 140 m，基岩顶板由高程 2 830 m 左右逐渐降低至 2 765. 87 m。与梅铺堆积体前缘基岩山脊近平行布置的 H9 物探剖面，获得的古河床基岩顶板的最低高程为 2 717. 75 m。

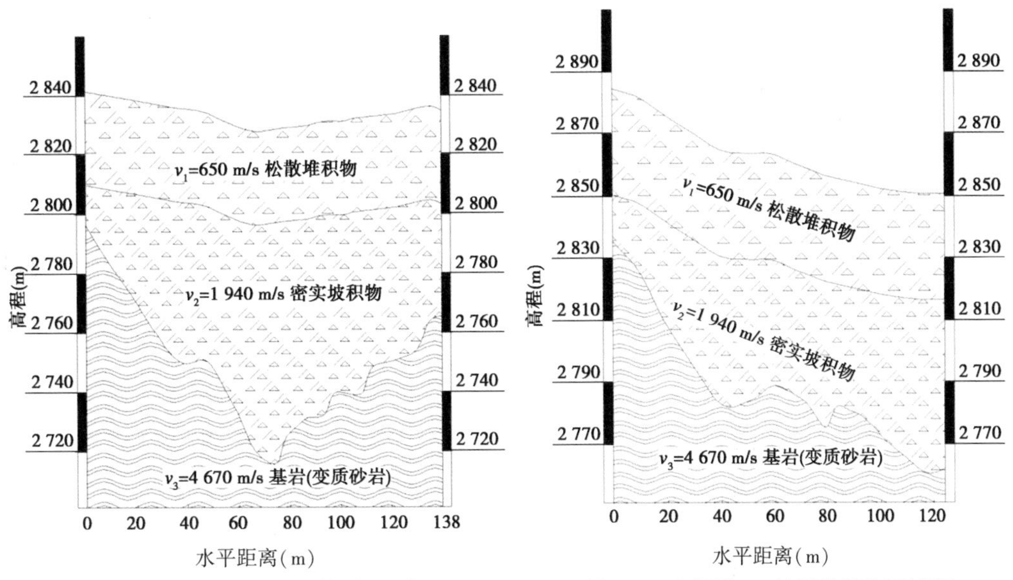

图 2-5　古河道 Z8 地震勘探剖面成果　　图 2-6　古河道 Z9 地震勘探剖面成果

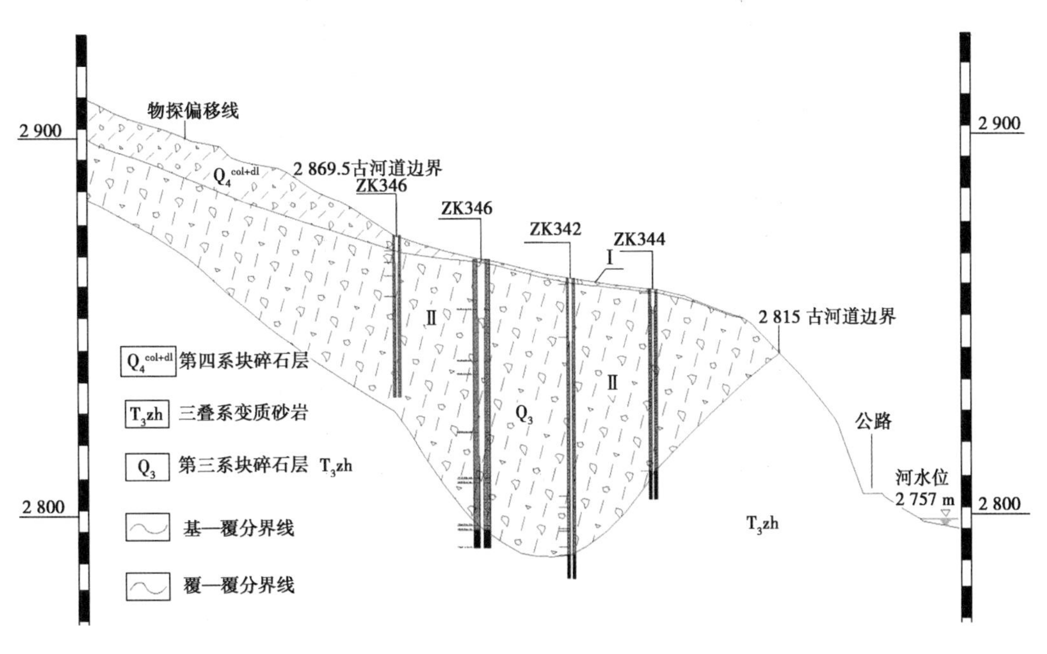

图 2-7　古河道 A—A 横剖面图

根据钻探成果，沿古河道延伸方向在接近河谷中心部位的勘探数据表明，古河道河床底板高程基本在 2 720 m 左右。

表 2-4 古河道堆积物厚度及基岩顶板高程特征

钻孔编号	位置	孔口高程(m)	堆积物厚度(m)	基岩顶板高程(m)
ZK350	公路外侧	2 775.834	54.6	2 721.234
ZK342	公路平台前缘	2 815.64	95.9	2 719.74
ZK346	古河道中段	2 849.949	97.0	2 752.943
ZK348	下游出口部位	2 795.10	55.0	2 740.1

2.4.3.4 现代河床的基本形态

为了了解现代河床的基本形态,利用坝址区勘探揭示的现代河床的基本特征进行分析,现代河床地质剖面如图 2-8 所示。

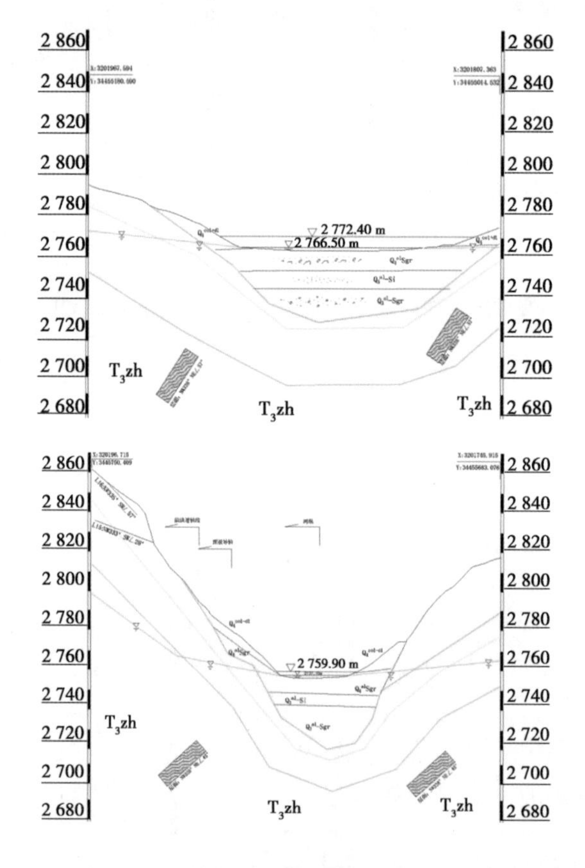

图 2-8 心墙坝上、下围堰轴线工程地质剖面

勘探数据表明,坝址现代河床基岩顶板高程多为 2 712.47~2 745.47 m,平均为 2 726.36 m。结合坝址基岩顶板等值线图(见图 2-9)的分析表明:河床基岩顶板高程多为 2 720~ 2 740 m,进一步分析后认为,河床基岩顶板的总体展布特征如下:

(1)基岩顶板总体是上游高、下游低。

(2)堆积物厚度横向变化较大,纵向变化较小;河床中心附近基岩顶板最低,两侧相对较高。

(3)基岩顶板形态均呈 U 形,局部有不规则的串珠状凹槽分布,纵向上有一定起伏的鞍状地形。

2.4.3.5　**坝址区现代河床与古河床基岩顶板特征对比分析**

根据古河道以及现代河床的勘探成果绘制的古河床、现代河床总体形态趋势拟合图如图 2-10、图 2-11 所示。

图 2-10 表明,在梅铺村吊桥上游公路内侧基岩山脊之后,有一较深的槽状地形,基岩顶板最低高程为 2 720 m 左右,其高程与现代河床基岩顶板高程是一致的(见图 2-11),且上游侧河床总体较宽,下游较窄。坝址区上游的 ZK329、ZK331 钻孔揭露的现代河床基岩顶板高程一般为 2 730~2 735 m,即对现代河床采用同样的分析方法与精度绘制的基岩顶板等值线与古河道的规律是一致的。

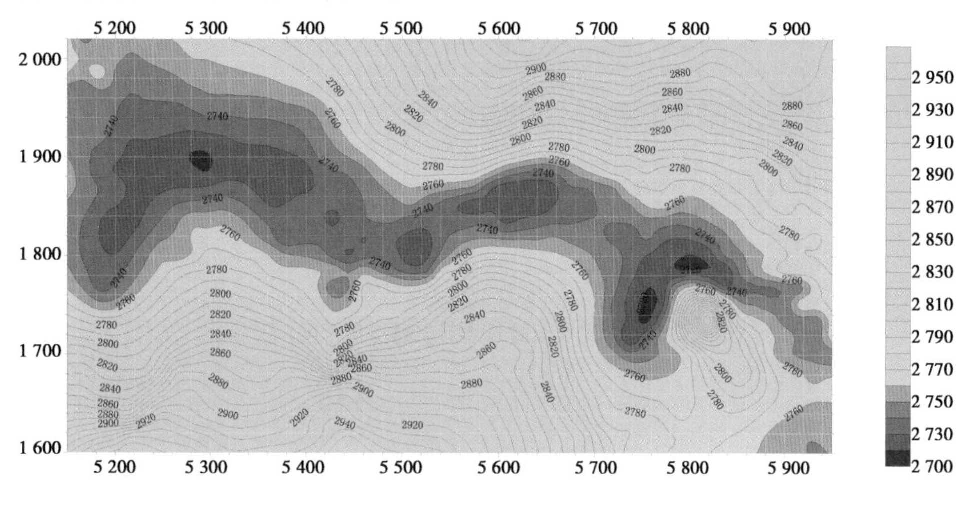

图 2-9　古河道部位基岩顶板等值线图

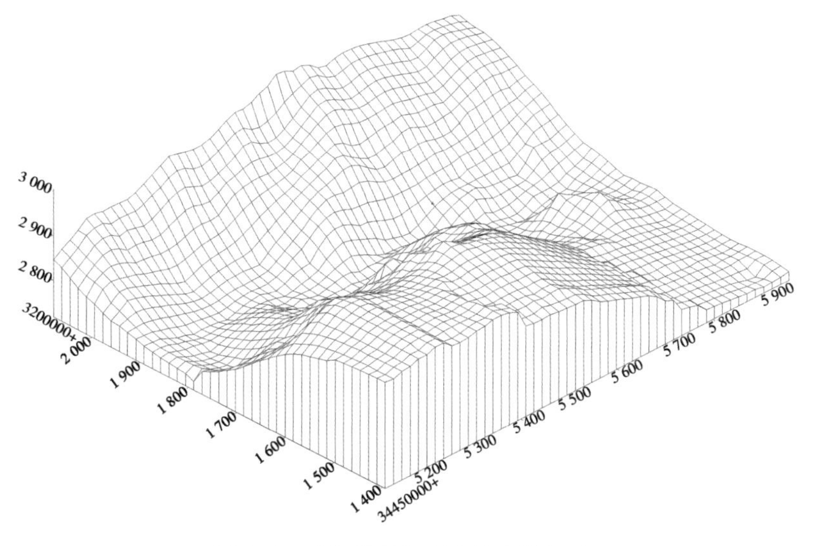

图 2-10　古河道总体形态趋势拟合图

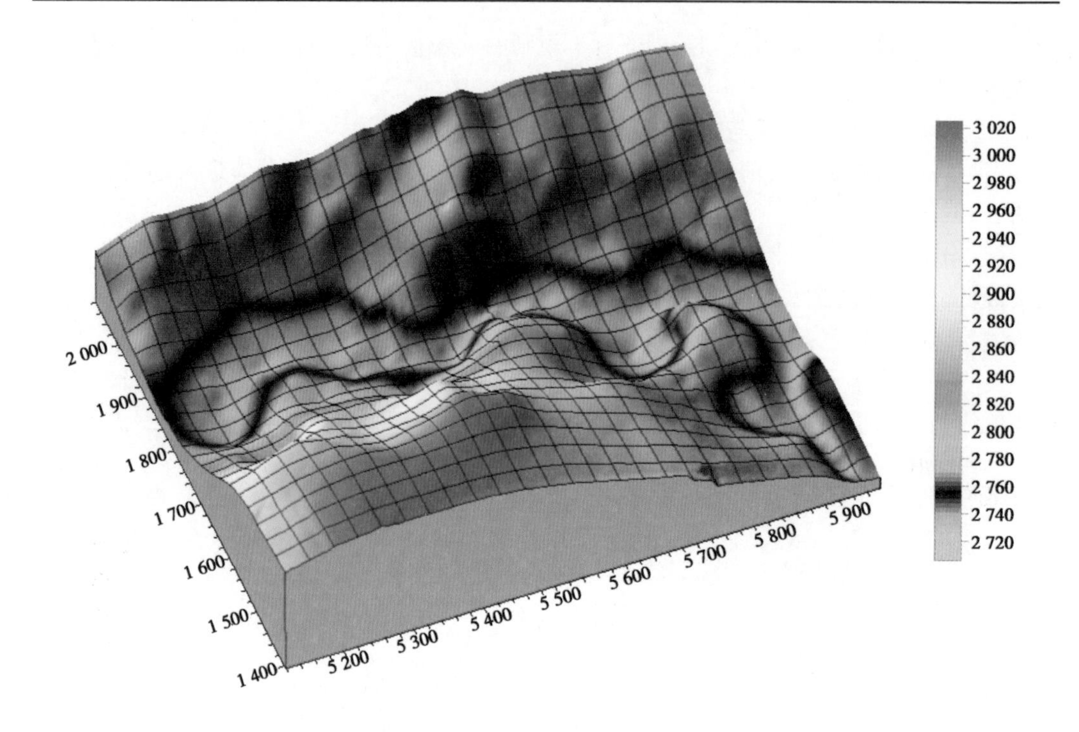

图 2-11　现代河道总体形态趋势拟合图

第 3 章　冰水堆积物钻探

3.1　钻探方法及适用性

根据深厚冰水堆积物的钻探工艺和技术、冲洗液介质的种类及循环方式、钻探设备、机具的特点，在堆积物勘察中，采用的钻探方法可依据地层条件和勘察要求选择，见表 3-1。

表 3-1　深厚冰水堆积物不同钻探方法适用范围

钻探方法		钻进地层条件					勘察要求		
		黏性土	粉土	砂土	碎石土	岩石	直观鉴别采取原状土样	直观鉴别采取扰动样品	不要求直观鉴别不采取原状土试样
回转	螺旋钻	○	□	□	—	—	○	○	○
	无岩芯钻	○	○	○	□	○	—	—	○
	岩芯钻	○	○	○	□	○	○	○	○
冲击	冲击钻	—	□	○	○	□	—	—	○
	锤击钻	□	□	□	□	—	□	○	○
冲击回转	风动冲击回转	—	—	—	□	○	○	○	○
	液动冲击回转	—	—	—	□	○	○	○	○
振动钻		○	○	○	□	—	□	○	○

注：○—适合；□—部分适合；—不适合；

3.2　钻探工艺选择

在水利水电工程勘察中，针对不同的勘探目的，推荐适合的钻探方法，全面改善钻探精度，提高效率和节省成本。

3.2.1　冰水堆积物钻探技术

3.2.1.1　跟管钻进

跟管钻进选择钻具长度以 2.0 m 为宜，钻孔用小一级钻具取样后用大一级钻具扩孔，然后跟进护壁套管,套管管脚距孔底不宜大于 0.5 m,需及时处理孔壁坍落物,保持孔内清洁,回次取样进尺不得超过 0.50 m。

3.2.1.2　植物胶钻进

植物胶钻进是采用 SM 系列植物钻井冲洗液护孔,匹配 SD 型金刚石单动双管钻具进行钻进。

3.2.1.3　孔内爆破

对于钻孔内粒径超过套管内径的漂石和孤石,采用孔内爆破技术将其炸碎以使套管通过。炸药采用乳化炸药,雷管采用电雷管,爆破线可用胶质广播电线。

3.2.1.4　冲击管钻取样

冲击管钻取样适宜于粒径小于 130 mm 的松散地层。抽筒长度不得小于 1.60 m,冲程控制在 150~300 mm,应先跟管后取样。

管钻外径与套管内径间隙应保持在 5~10 mm,并且管钻取样以不超过 1/2 抽筒长度为宜,管内水位应高于管钻。遇到大直径卵石应选用一字钻头冲击或孔内爆破的方法破碎。

3.2.2　取样孔、鉴别孔钻探工艺选择

冰水堆积物岩土层是本书的主要研究对象,为了准确鉴定地层名称,判定分层深度,正确鉴别地层天然的结构、密度和湿度状态,在进行勘察过程中,必须保证一定数量的取样孔和鉴别孔。取样孔和鉴别孔主要目的是:揭露并划分地层,鉴定和描述岩土的性质和成分;对孔内采取的岩土样品,进行分析试验,掌握岩土的物理力学性质;掌握地下水的类型,水位测量,采取水样,分析地下水的物理化学性质等。因此,在该类钻孔钻进过程中,必须保证取芯质量。

对于冰水堆积物地层的鉴别和取样,总结水利水电工程勘探经验,可采用双管单动金刚石钻具(单动双层半合管钻具)配合 SM 植物胶冲洗液进行钻探。实践证明:该技术在冰水堆积物钻探过程中,取出了近似原状的岩芯,岩芯采取率达到 95%以上,得到了良好的效果,并在钻探结束进行了波速、电阻率试验。表 3-2 为引用工艺与常规钻探工艺的对比。图 3-1 为该方法钻探岩芯照片,图 3-2 为泥浆护壁反循环钻探岩芯照片。

通过上述分析,SM 植物胶护壁金刚石钻进在各冰水堆积物地层中的钻进工艺技术能够解决堆积物硬度大、易塌孔、取芯困难的问题,推荐使用“双管单动金刚石钻具配合 SM 植物胶冲洗液技术”的联合钻进工艺方法是有效的。

表 3-2　引用工艺与常规钻探工艺对比

钻探工艺	岩芯采取率(%)	钻探效率(d/个)	钻头寿命(m/个)	护壁效果
常规钻探	30	7~10	20~40	差
引用工艺	80~90	3~5	40~80	好

图3-1　金刚石钻具和SM植物胶冲洗液配合使用的岩芯照片

图3-2　泥浆护壁反循环钻探岩芯照片

3.2.3　孔内测试孔钻探工艺选择

孔内测试孔目的是在钻孔内进行动力触探、旁压试验、波速测试、电阻率测试等，对岩芯采取率要求不高。

需根据不同的孔内测试项目，选择不同的钻探工艺。动力触探孔因需要使用动探锤进行锤击试验，试验对孔壁稳定影响较大，要求孔壁尽量稳定，可使用“金刚石钻具钻进，套管护壁相结合”的钻探方法；旁压试验、波速测试、电阻率测试对孔壁稳定性影响较小，但要求孔壁无金属阻隔，可使用“金刚石钻具钻进，泥浆或SM植物胶护壁”的钻探方法。

金刚石钻头能够克服较大的回转阻力和冲击力，采用合适的技术参数及操作方法可以很好地钻进卵石层。采用孕镶金刚石钻头，以慢钻、慢压的方式碎岩钻进。经过实践，金刚石钻头应选择：目数60~80混合目、浓度100%；品级JR4、胎体硬度40的钻头。钻进过程中，根据金刚石钻头的碎岩机制及现场的实际情况，钻机钻速控制在142~285 r/min，钻压6~7 kN。

3.2.4　水文地质试验孔钻探工艺选择

3.2.4.1　水文地质试验布置

混合抽水试验每组布置1口抽水井、6个观测孔（垂直水流方向和平行水流方向各布置1条观测线），各观测孔距抽水试验孔8 m、10 m、25 m布设；或1口抽水井，3个观测孔。

钻探方法一般选用“冲击钻钻进、套管护壁结合”，钻探至设计深度后采用潜水泵进行洗井、抽水试验。

3.2.4.2　抽水试验孔

抽水试验孔分为抽水孔和观测孔，一般孔径较大，成孔直径常为500~600 mm，对岩芯采取率要求不高，应易于洗井。为提高钻探效率，降低成本，推荐选用“冲击回转钻钻进、套管相结合”的钻探方法。观测孔需要护壁，冲洗液对地下水阻隔作用小，易于洗井，成孔后放入处理好的PVC管，推荐使用“金刚石钻具钻进、套管护壁相结合”。

3.2.5 钻探工艺综合推荐

根据上述比较分析,钻探工艺选择见表 3-3。

表 3-3 钻探工艺选择

勘察目的	勘探方法			
	双管单动金刚石钻具配合 SM 植物胶冲洗液技术	金刚石钻具钻进,套管护壁相结合	金刚石钻具钻进,泥浆护壁相结合	冲击回转钻钻进,套管相结合
鉴别取芯或取样	√			
动力触探		√		
波速、电阻率试验	√		√	
抽水试验抽水孔		√		√
水文地质观测孔		√		

注:√—推荐使用该钻探方法。

3.3 冲洗液应用

冲洗液是钻探技术重要的一环,国内外都十分重视其品种和性能。钻孔冲洗液要根据地质要求、岩层特点、钻进方法、设备条件等因素通常按表 3-4 选择。

表 3-4 冲洗液种类选择

岩层特点	钻进方法	冲洗液种类	备注
完整、较完整基岩地层	合金	清水	金刚石钻进浅孔也可以使用清水钻进
完整性较差基岩地层	金刚石	乳化冲洗液	
	各种	低固相、无固相、泡沫液	泡沫液用于漏失地层或缺水地层
冰水堆积物类深厚覆盖层	合金	普通泥浆、低固相泥浆	
	金刚石	无固相泥浆、SM 植物胶、KL 胶	

3.3.1 无固相冲洗液金刚石钻进取样技术

在深厚冰水堆积物地层钻探中,为防止孔壁坍塌,冲洗液要求有一定的护壁性能。但考虑到减少对渗透试验的影响,以采取无固相冲洗液为好。这方面主要的材料有聚丙烯酰胺和 SM、MY-1A 胶联液等。这种特制的冲洗液具有较好的润滑、减振作用,为金刚石钻头在冰水堆积物地层中高转速钻进创造了条件,使呈柱状的堆积物岩芯能较快地进入到钻具内管中,且在岩芯表面被特制的冲洗液包裹着,使岩芯在较短时间内不致溃散,从而获得近似原状的原位岩芯。这一技术的成功开发,为深厚冰水堆积物上筑坝勘测设计和坝基基础处理方案选择奠定了坚实的基础。

3.3.2　泥浆护壁技术

泥浆以其价格低、使用简单、护壁堵漏性能良好而在堆积物钻进中广泛使用。成都勘测设计研究院有限公司创造了400 m裸孔钻进堆积物的新纪录，证明了泥浆护壁可以大大提高效率和取芯质量。对于泥浆会影响抽水试验成果的问题，已有学者进行专门研究，认为只要掌握泥浆性能并采取适当的破泥皮、换浆液和洗孔措施，其影响可以减小到允许的范围内。

3.3.3　新型复合胶无黏土冲洗液

近年来，成都勘测设计研究院有限公司通过原料筛选和优化配方研究，对新型复合胶无黏土冲洗液进行了研发，成功获得了一种用人工种植植物胶和合成高分子聚合物复合交联的新型复合胶产品，该产品材料用量少，成本低。这一新型复合胶无黏土冲洗液性能与SM植物胶相仿，有效解决了冲洗液的提黏和降失水问题，在冲洗液的黏弹性和成膜作用对岩芯的保护方面与SM植物胶相当，润滑减阻性能好，有利于金刚石钻头高转速钻进。

3.3.4　SM植物胶无固相冲洗液

3.3.4.1　**性能和作用**

1. SM植物胶浆液的基本性能

SM植物胶是一种天然高聚物，在固态时分子链呈卷曲状态，遇水后水分子进入植物胶分子内，分子链上的OH基可与水分子进行氢键吸附产生由溶胀到溶解的过程，增加了分子间的接触和内摩擦阻力，显示出较强的黏性。高分子链可吸附多个黏粒形成结构网，使黏粒的絮凝稳定性提高。同时，黏液的黏性使滤饼的渗透性降低、泥饼胶结性好，故能降低泥浆的漏失量。

SM植物胶在纯碱（Na_2CO_3）或烧碱（NaOH）的助溶作用下，可以任何比例溶解于水制备成无固相冲洗液或低固相泥浆，加量越大黏度越高。当冰水堆积物地层采用SM植物胶低固相泥浆护壁时，在需要加入加重剂的情况下，应在SM植物胶浆液中加入土粉，制成低固相泥浆，然后加入加重剂。

2. SM植物胶无固相冲洗液的流变性

SM植物胶配制的无固相浆液和低固相浆液都是黏弹性流体。所谓黏弹性流体，是在通常情况下既显示黏性也具有弹性特征的流体。其流变性能具有下述特点：①流性指数均小于0.5，在钻孔中悬浮岩粉的能力很强，剪切稀释作用好。②动塑比（动切力与塑性黏度之比）均大于0.75，有较好的剪切稀释作用。③塑性黏度均较低，表现黏度高，稠度系数也高，说明结构黏度高、稠度大，排除岩粉能力强。实践证明，可以排除5 mm以上的碎石及砂砾石。④在浓度高时具有较小的屈服值，当增大土粉比例时静切力增加，护壁和排粉能力均能提高。

3. SM植物胶无固相冲洗液的特殊功能

SM植物胶无固相冲洗液是黏弹性较强的黏弹性液体。在冰水堆积物钻探中表现出一般泥浆和清水(含乳化液)所没有的特殊功能。其中较突出的是护胶作用、减振作用和降低摩阻效应。

1)护胶作用

SM 植物胶无固相冲洗浆液的失水量:失水量与浓度有关。浓度为 2%时,失水量为 11~14 mL/30 min;浓度为 1%时,失水量为 16~18 mL/30 min,失水量为中等,但具有很好的防塌能力和对岩芯的护胶作用。

SM 植物胶无固相冲洗液的塌落度:SM 为 1%和 SM 为 2%两种浓度经多次塌落度试验,放入浆液中浸泡,其保持原样不塌落、不变形的时间最长,具有比其他浆液高数倍的防塌能力,护胶作用好。

护胶作用是在岩芯表面形成一层坚韧的胶膜,使松散、破碎、软弱的岩芯表层被胶结包裹,保护原样免受水力和机械破坏,从而保证了岩芯具有原状结构等特殊功能。

2)减振作用

SM 植物胶无固相冲洗液可降低钻杆与孔壁的摩擦系数,减小钻杆柱回转的阻力,从而达到减振的目的。实践证明,SM 植物胶无固相冲洗液的减振作用比皂化油润滑液强得多。

减振作用对深厚冰水堆积物金刚石钻进和取样具有以下好处:在堆积物地层中能提高钻进效率,避免岩样长时间冲刷,可提高取样质量;高转速钻进时可避免钻具强烈振动,防止岩芯的机械破坏,减少钻具振动,有利于提高钻头寿命、减轻钻具磨损、降低钻机动力消耗。

3)降低摩阻效应

SM 植物胶无固相冲洗液的减阻效能十分突出,漏斗黏度 6 min 以上的浓 SM 植物胶无固相冲洗液,单动双管钻进时,在几十米深孔内泵压不足 0.5 MPa,而清水、低固相泥浆都在 1 MPa 以上。在松散破碎地层钻进,SM 植物胶的减摩阻效应有以下好处:①泵压低、不会在钻头附近和内管形成高压,可防止岩芯破坏;②冲洗液与岩芯之间的摩擦力小,减少岩芯被冲刷摩擦的破坏,内管内壁与岩芯的摩擦力也小,岩芯不易被内管摩擦而破坏;③金刚石钻头和钻具的磨损降低,可延长钻头和钻具的寿命;④泵压小,动力消耗小,可减少泵故障。

4)SM 植物胶作为泥浆处理剂的作用

SM 植物胶是一种综合性能较好的低固相泥浆处理剂。将 SM 植物胶无固相冲洗液加入低固相泥浆中,可提高黏度、降低失水量、提高泥浆稳定性、改善泥浆流变性,同时仍具有减振和护胶作用。

配制 SM 低固相泥浆钻进冰水堆积物地层时,膨润土的浓度为 2%~3%,SM 植物胶的浓度为 0.2%~0.5%。其漏斗黏度为 85~195 s,失水量为 19~15 mL/30 min,动塑比为 2~1.71,流性指数为 0.415~0.452 5。

5)SM 植物胶无固相冲洗液的其他性能

抗盐性能和抗钙能力:SM 植物胶无固相冲洗液可加入任何比例的一价盐类而不变质,可配制盐水无固相冲洗液。

SM 植物胶无固相冲洗液的抗温能力较差:温度升高黏度下降,温度越高黏度值下降越多。当SM浓度为2%时，常温时黏度可达7 min；在95 ℃保温6 min，黏度下降到39 s，冷却后黏度只能回升到90 s。

3.3.4.2　配方

SM植物胶无固相冲洗液作为冰水堆积物钻探的冲洗液，为了采取原状芯样、保护孔壁，必须采取较高浓度的配方才能达到目的。

(1)基本配方：在堆积物中钻进和取样，无固相冲洗液和低固相泥浆的最低黏度不应低于120 s，其配方为

SM植物胶干粉(质量kg)：水(体积L)＝2∶100

纯碱(Na_2CO_3)加量按SM植物胶干粉质量的5%。如用烧碱(NaOH)，则按SM植物胶干粉质量的3%。

(2)特殊地层的配方：水敏性较强、易吸水膨胀缩径的地层，在SM植物胶无固相冲洗液中加入一定比例的高黏度CMC，降低其失水量，抑制地层水化膨胀。其配方为：SM胶粉1%~2%；Na_2CO_3按SM干粉质量的5%；CMC(1 000~2 000)$\times10^{-6}$；

(3)极松散、渗透性强、有丰富地下水的堆积物，SM植物胶加量可为3%，Na_2CO_3加量不变。

(4)架空、易坍塌掉块的堆积物地层：采用SM植物胶加入防坍塌效果较好的腐殖酸钾(KHm)及CMC。漏斗黏度应达到60 s以上。

SM植物胶粉：1%~1.5%；Na_2CO_3：按SM干粉质量的5%；KHm：(500~1 000)$\times10^{-6}$。

(5)SM植物胶与膨润土配制低固相泥浆。SM植物胶是多功能的泥浆处理剂，与膨润土配合可配制低固相泥浆。其护壁效果比单独的SM植物胶或单纯的膨润土低固相泥浆效果好，成本比SM植物胶无固相冲洗液低。适用于松散、架空的漏失堆积物地层。

为了保护岩芯和减少振动，SM植物胶的加量不应低于1%；如果为了提高黏度和降低失水量，其加量可减少到0.5%~0.8%。

SM胶与膨润土的配方如下：

SM1%+ $Na_2CO_3$5%+钠土3%~5%；

SM1%+ $Na_2CO_3$5%+钠土3%+CMC0.1%；

SM0.5%+ $Na_2CO_3$5%+钠土3%+CMC0.1%；

以上Na_2CO_3的加量均为SM植物胶干粉质量的百分比。

3.3.4.3　制备

为保证SM植物胶无固相冲洗液的质量，浆液要用搅拌机进行搅拌。首先向立式搅拌机中加入1/3~1/4罐的清水，并向水中一次加入所需的Na_2CO_3。开始时搅拌机高速搅拌使之溶解，然后将SM干粉慢慢撒入水溶液中，边搅拌边撒入，防止结团，高速搅拌5 min。当植物胶全部分散后再将水灌满，继续搅拌几分钟，混合均匀后，即可放入贮浆池中浸泡12 h以上。植物胶全部溶胀、黏度明显提高，即可使用。浸泡时间的原则：气温低，时间长；气温高，则时间短。若使用低浓度的SM浆液，可用浸泡过的高浓度浆液加水稀释搅拌而成。

如果制备SM植物胶与CMC(或KHm)的复配浆液时，应首先将SM植物胶与碱液搅

拌均匀,然后将 CMC 水溶液或干粉加入搅拌机中搅拌均匀。

3.3.5 深厚冰水堆积层钻进 KL 植物胶配制

KL 植物胶是一种良好的钻探用冲洗液,通过处理 KL 植物胶液的黏度、防塌性能、润滑性能、减震性能等均与 SM 植物胶相近,可以应用于砂卵砾石层中金刚石钻进。KL 植物胶由 KL、H-PHP 和 NaOH 三种原料组成,所配制冲洗液的稠度因三种原料加入顺序以及搅拌方法的不同而不同,通过试验采用如下两种制浆工艺方法,可以得到最佳的钻进冲洗液效果。

(1)配制 1 m^3 冲洗液加料顺序为:8‰KL 加入水中搅拌 30 min 形成纯胶液,然后加入 400×10^{-6} 的 H-PHP,继续搅拌 30 min,最后加入 4‰的 NaOH,再搅拌 15 min 即可。

(2)配制 1 m^3 冲洗液加料顺序为:8‰KL 和 400×10^{-6} 的 H-PHP 两种原料同时加入水中混合搅拌,搅拌时间为 30 min,再加入 4‰NaOH,搅拌 15 min 即可。

3.4 钻孔取样和试验测试

深厚冰水堆积物的钻进取样是一项技术复杂且难度较大的工作。钻进取样方法对堆积物物质组成、结构以及水文地质条件等实际情况是否适宜,将最终决定钻探质量的优劣。因此,深厚冰水堆积物钻探取样和原位测试技术是迫切需要解决的课题之一。

3.4.1 超前靴取砂器

超前靴取砂器是目前国内最先进的采取原状砂(土)样的钻具。其结构特点是:①钻具具有良好的单动性;②内管超前且可以根据不同地层自动调节超前量;③内管内放置纳样管,纳样管的砂(土)样便于开展试验。运用该超前靴取砂器,黄河水利委员会已成功在小浪底、西霞院、南水北调中线穿黄、黄河大堤等多项工程勘察中发挥了良好的作用,为工程设计提供了准确的试验资料。

3.4.2 气动标贯器

在小浪底工程国际咨询中,根据美国专家的要求,黄河勘测规划设计研究院有限公司自行设计研制出一套完整的气动标贯设备。其工作原理是依靠压缩气体推动活塞运动,实现标贯锤工作,依靠控制阀可以调节活塞运动速度。主要技术特点是:能自动控制标贯器的落距以及冲击频率,有利于标贯参数与国际标贯参数接轨。

3.4.3 不良夹层钻探取样技术

近年来,堆积物不良夹层钻探与取样技术有了较大的进步,基本上实现了机械化钻进,为研究软基地层结构及物理力学性质提供了条件。较有效的取样机具是黄河勘测规划设计研究院有限公司研制成功的真空原状取砂器、薄壁取土器和淤泥取样器等,其技术特点是:①在 XY-2 型钻机上创造性地设置了静卡盘,绝对保证了钻具单动性;②三层管为镀铬半合管;③液压取芯,样品质量高;④合理的钻进参数。

3.4.4　钻孔水文地质测试技术

在钻孔内进行冰水堆积物抽、压水渗透，地下水观测等水文地质试验，是水利水电工程钻探中一项十分重要的工作。1988 年成都勘测设计研究院有限公司研制成功了 ZS-1000 型钻孔水文地质综合测试仪，可以监测抽水、微水试验和地下水观测等试验的主要参数，而且能定时自动监测记录、数据处理打印和储存数据等。

3.5　钻探工艺的改良

由于冰水堆积物具有岩性不均、软硬不一、结构松散、含水量大等特点，全面准确地揭示堆积物的颗粒组成、沉积形态、密度、空(孔)隙度、黏土饱和含水量等特征，对冰水堆积物工程地质特性的评价起着至关重要的作用。

然而常规的钻探方法钻进困难、容易塌孔、岩芯采取率低、极易漏失砂层透镜体等关键地层等，取样困难，无法取得原状样。受钻孔孔径的限制，扰动样往往代表性不强；室内试验方法只能针对扰动样或重塑样，无法取得原状堆积物的物理力学参数等。

工作过程中通过对钻探工艺进行改进，可以得到原状的冰水堆积物样品，开展相关室内试验，将大大减少成本，提高勘察精度和效率。

采用传统双管单动钻探方法进行取芯时，冰水堆积物中的砂质夹层大部分不能提取，岩芯大多为分离的单个卵石、团块状砂和松散状砂。颗粒分析试验结果无法真实反映地层颗粒组成，岩性鉴别也存在较大困难。

为此，通过对取土器进行改造，改为双动三重管取土器，取得了良好的取芯、取样效果。

三重双动回转取土器由套管钻、外管、内管、衬管、连接头及排污阀组成。连接头同时与外管和内管连接。衬管在内管内，上端连有阀座，阀座同时与连接头连接。外管前端连有外套管钻，内管前端连有内套管钻。排污阀由带中心孔的阀座、钢球，带一组排污孔的反水垫和弹簧组成，阀座一端安装在衬管内，另一端与连接头下端中心孔连接，钢球装在阀座中心孔上由弹簧靠反水垫压紧，构成单向排污阀，阀座上的中心孔构成排污阀入口，反水垫上的排污孔构成排污阀出口。连接头上的进水孔与外管和内管之间的空腔相通。连接头上的出水孔与排污阀出口相通，排污阀的入口与衬管内腔相通。

钻探时，把钻杆、钻杆锁与取土器上连接头连接好后，通过钻杆将取土器放入孔底，钻机带动钻杆、取土器连接头、外管、外套管钻、内管和内套管钻回转钻进，当内套管钻进一定深度，外套管开始钻进后开动泥浆泵，压力水经钻杆、连接头、进水孔、内管和外管之间的空腔进入孔底。随着钻进，被内套管钻切下的原状结构和土样进入内管、衬管内，而进入衬管内的泥水靠进入衬管的土样压缩，衬管上部的气和水顶动由弹簧和返水垫控制的钢球，使气和水从排污阀入口，经反水垫、连接头上的出水口排出取土器。土样将衬管充满后，弹簧压缩钢球将排污阀关闭，土样在衬管内形成真空，这样土样就不会在衬管内脱落。停止钻进，将取土器提出，土样随取土器一起提出地面，完成取土工作。

为延长取土器使用次数，保证取样质量，衬管采用半合管自锁结构，组装及拆卸钻具提取岩芯快捷方便。为使易磨损的外套管钻、内套管钻更换方便,外套管钻、内套管钻分别于外管、内管构成可换联结。外套管钻与内套管钻的长度差根据采样地质情况调整。

改进后的取土器,取冰水堆积物效果好,大大提高了取芯率,可超过95%,取得柱状的漂卵石,砂层夹层分明,近似原状,漂卵石和砂的表面几乎无冲洗液,各粒组含量在现场就可比较准确地确定。岩芯被保留在光滑的衬管内,经封存后送入实验室进行相关分析试验,从而使评价结果更真实可靠。

3.6 冲洗液改良

钻进参数的合理调整主要体现在冲洗液的改良方面。冲洗液的功用主要是排除、挟带和悬浮岩粉,冷却钻头;润滑钻头、钻具,降低回转阻力,保护孔壁,平衡地层压力,防止塌孔、掉块、漏失、井喷、超径、缩径等复杂情况,同时还具有软化和破碎岩石;传递动力,驱动孔底钻具,保护岩芯、传递孔内信号等作用。

冰水堆积物地层冲洗液大多数采用泥浆,即由黏土、水和处理剂共同组成的悬浮液和胶体溶液的混合物,适用于复杂地层钻进时的钻孔冲洗与护壁。其中土为分散相,水为分散介质。工程实际操作过程中采用SM植物胶+黏土+纯碱的冲洗液钻进冰水堆积物地层,大幅度提高了岩芯采取率,取出近似原结构的圆柱状岩芯,厚砂层可以取出原状砂样,钻探效果良好。

冰水堆积物地层存在环境是多样性的,地下水流速较低时,SM植物胶能够使冲洗液处于层流状态,其护壁和护胶能力强,堵漏效果较好;但是当地下水流速过高,地层非常松散、孔隙较大时,SM植物胶冲洗液难免会发生渗漏,影响钻探的效率,造成经济上的损失。

合理的冲洗液配制对钻探效率以及取芯质量都有直接的影响,重视钻探冲洗液的配比,有助于避免安全隐患,提高钻探质量。因此,结合水文地质条件,根据冰水堆积物层结构特点的不同,采取不同的SM植物胶冲洗液配比,在保证钻孔护壁效果和钻探质量的基础上,能够有效地节省钻探成本。SM植物胶冲洗液(无固相和低固相)组成和改良结果见表3-5。

表3-5　改良后SM植物胶冲洗液性能测定结果

序号	SM植物胶含量(%)	高塑性黏土(%)	CMC($\times10^{-6}$)	纯碱(%)	相对密度	漏斗黏度(s)
1	1	0	2 000	5	1.01	300
2	0.2	0	2 000	5	1.01	120
3	0.5	4	1 000	6	1.06	70
4	0.4	3	2 000	6	1.03	60
5	0.3	4	3 000	6	1.04	50

在密实度好、流速较低的冰水堆积物层中使用SM植物胶含量较高(>0.2%)的冲洗液,优先选用“水+SM+CMC+纯碱”的配制方式。这一冲洗液配方的润滑性较高,能够减

小钻头的摩擦阻力，延长钻头使用寿命，同时能够有效保证冰水堆积物的取芯率和孔壁的稳定性。而对于松散的、地下水流速较高、易塌孔地段，使用SM植物胶含量低(<0.2%)的冲洗液，并在SM植物胶冲洗液中加入高塑性黏土以对冲洗液进行改良，采用"水+高塑性黏土+SM+CMC+纯碱"的配制方式。高塑性黏土的加入，增大了浆液的稠度，加强了对富水冰水堆积物地层的堵漏效果，保证了钻孔护壁的效果和钻探质量，有效降低了钻探成本。

3.7　钻探新技术应用实例

3.7.1　黑泉水库坝基堆积物SM植物胶钻探

青海省大通县黑泉水库坝基冰水堆积物主要由漂卵砾石层和碎块石层组成，其物理力学特性直接影响着坝型选择和工程造价。为了查明坝基堆积物结构、密度及力学强度等特性，采用了成都勘测设计研究院有限公司研制的SM植物胶配合金刚石单动双管钻具钻探及取芯技术，在黑泉水库坝基堆积物勘探中取得了较好的效果，岩芯采取率大于90%，使钻进效率大大提高，经济效果十分明显。

3.7.1.1　地质概况

黑泉水库坝址位于宝库河由近东西向的宽谷转向近南北向峡谷的上峡谷口，河谷宽240~260 m、堆积物深20~35 m，堆积物表层有2~10 m的腐殖土及碎石土，下部主要由冲积含泥漂卵石组成，最大漂石粒径超过2 m，级配不均一、粒径悬殊较大，地质结构较为复杂，钻探施工难度大。

3.7.1.2　SM植物胶的应用

1. SM植物胶的配制

SM植物胶为主要原料，其他辅助材料为烧碱、膨润土等，按要求搅拌均匀，即可使用。为了适应青藏高原高寒、高海拔等气候条件，在钻探过程中视气温条件、使用时间等，对SM植物胶的配比进行了适当调整，增加辅助材料的掺量，增大植物胶的浓度，并采取了适当保温措施，确保钻探取芯质量。

2. 堆积物勘探及取得的效果

坝基范围内共布置8个钻孔，分别布置在面板趾板线和坝轴线之间的一级阶地及现代河床上。其中，一级阶地上6个孔，现代河床上2个孔，孔距为60 m，共布设3排，设计孔深30~80 m。

8个钻孔历时70 d施工完成。累计进尺276.65 m，其中SM植物胶钻进179.11 m(漂卵石中145.78 m、基岩强风化层中33.33 m)，施工用时(只包括提钻、钻进及下钻时间)220.16 h，即27.52个班次，平均每个班次进尺6.51 m，每小时进尺0.81 m。如ZK64钻孔采用钻机进行钻孔，仅用45 min，一次钻进达1.37 m。而大部分时间用在机械维修、材料筹备及钻机移位上，真正一个20 m的钻孔只需要3~4个班次就可完成。但若按以往常规钻探，同样地层孔深20 m的孔，正常钻进则需要18~24个班次，遇到大漂石或漏浆则需要32~40个班次才能完成，而且无法取得漂卵石层原状岩芯。另外，孔内事故(如塌孔、漏浆等)多、机械磨损严重、钻头寿命短、材料消耗大、基岩面判断准确率低,钻探质量效果均不理想。

应用 SM 植物胶后,8 个孔岩芯采取率平均 90%以上,所取岩芯基本保持原状,砂砾石内部结构基本未破坏,砂层夹层未扰动,岩芯干密度和天然干密度基本一致,均为 2.07~2.34 g/cm³,真实反映砂砾石层结构特征、密实程度、颗粒级配。基岩强风化层取芯率均达到 100%,岩芯中岩体裂隙及充填物清晰可见,强风化界线比较直观、明显。孔内未出现塌孔现象,钻进速度比原来常规钻进方法提高 8~10 倍,不但较好地达到了钻孔设计要求,而且大大减少了材料消耗和劳务投入,减轻了工人的劳动强度,取得了较好的经济效益。

综上所述,黑泉水库坝基堆积物深 20~35 m,成因复杂,地下水位高。在实际勘探中,采用了 SM 植物胶配合金刚石单动双管钻钻进及取芯技术,在适当改变其配比时,能适应于青藏高原高寒、高海拔等环境条件,取得了良好的效果,既保证了取芯质量,又提高了经济效益。

3.7.2 尼洋河多布水电站深厚冰水堆积物 SM 植物胶钻探

3.7.2.1 工程概况

尼洋河多布水电站工程位于西藏林芝地区,根据地质要求深厚冰水堆积物岩芯采取率应达到 90%以上、钻孔孔深要求深入基岩内 2 m、终孔孔径不小于 75 mm。为满足取芯质量,在深入分析了 SM 植物胶浆液的各类性能变化情况基础上,收集堆积物钻探各种数据,不断更新钻孔循环液,改进深厚冰水堆积物钻探工艺,从而保证了堆积物钻探质量满足地质要求。

3.7.2.2 堆积物特征

坝址区冰水堆积物厚度超过 360 m,为巨厚层,堆积物为多种成因形成,沉积时间超过 15 万年。根据堆积物颗粒级配、粒径大小和物质组成,综合分析研究,将坝址区冰水堆积物划分为 14 层。较浅部的现代河床沉积物为第四纪全新世(Q_4)形成,中部层位的河床沉积物为第四纪更新世晚期(Q_3)形成,下部的堆积物为第四纪更新世中期(Q_2)形成。不同岩组的物质组成(颗粒粒度)差异很大。从不同岩组的物质组成(颗粒粒度)来看,堆积物物质组成包括了从漂石、巨砾或块石颗粒到黏粒等。

该堆积物结构松散,钻进中孔壁稳定性差。若冲洗液性能调节不好,时有坍塌、掉块,甚至发生埋钻等现象;粉质黏土及碎块石夹硬质土层水敏性强、自然造浆严重不足、孔壁出现缩径频发,且堆积物深厚,层次结构复杂变化频繁。为保证钻进顺利、达到较高的取芯质量,必须掌握好钻头选择、钻进规程、冲洗液性能及特殊情况的处理等重要环节。

勘探过程中使用金刚石钻进兼用跟管和配置低固相泥浆护壁的工艺,满足了地质要求。

3.7.2.3 钻探设备

(1)投入 XY-2 型钻机 2 台,口径 75 mm,钻进能力为 300 m 匹配 BW-200/40 泥浆泵 2 台,SD 双管单动金刚石钻具,以及简易净化系统。净化系统包括加浆兼除砂功能的回浆槽、沉淀池和搅拌机。

(2)开孔孔径为146 mm,终孔孔径为75 mm。

(3)全孔取芯兼作各种水文地质试验的仪器设备。

3.7.2.4　冲洗液

SM植物胶既可单独用作无固相冲洗液,也可作为增黏、降低失水率及提高润滑减阻作用的泥浆处理剂,在堆积物钻进中与金刚石双管钻具相配合,在护壁、随钻采取冰水堆积物层的近似原状样及提高金刚石钻头寿命方面,取得了明显的经济技术效益。单一的SM植物胶无固相冲洗液失水量偏大,不适应水敏性强的地层,针对坝区部分的卵砾石层透水性强、水化造浆强烈、缩径严重、孔壁容易垮塌的特点,并进一步完善堆积物金刚石钻进与取样技术,配合SM植物胶冲洗液的复配试验,选用了SM-KHm超低固相泥浆。

SM-KHm超低固相泥浆的流变特性:泥浆土粉含量低于4%,既具有无黏土冲洗液的一些特点,又兼有低固相泥浆的优点。SM-KHm(超)低固相泥浆配方及性能见表3-6。

表3-6　SM-KHm(超)低固相泥浆配方及性能

配方			性能								
膨润土(%)	SM(%)	KHm(%)	失水量(mL/min)	黏度φ600($\times10^{-3}$ Pa·s)	黏度φ300($\times10^{-3}$ Pa·s)	静切力η_A($\times10^{-3}$ Pa·s)	屈服值(动切力)η_P($\times10^{-3}$ Pa·s)	静塑比[Pa/(MPa·s)]	动塑比[Pa/(MPa·s)]	流性指数n_φ	稠度系数K_φ
4			0.67	7	4	3.5	3	0.5	1.7	0.81	0.13
2	1	0.3	0.27	31	17	16.5	14	0.15	1.1	0.87	0.38
1.5	0.5	0.3	0.47	19	11	9.5	8	0.15	1.89	0.79	0.41
1	0.5	0.3	0.53	20	12	10	8	0.20	2.5	0.74	0.62
0.5	1	0.3	0.33	32	22	16	10	0.60	6.0	0.54	3.3

从表3-6中可以看出,加入SM及KHm处理剂后,泥浆失水量大幅度降低、黏度明显增加。随着固相含量的减少黏度变化不大,而失水量略有增加,动塑比则增长较快,说明其触变性良好。由于SM植物胶的加入,泥浆的润滑减阻作用良好,能够满足金刚石钻进时开高转速的需要。

SM-KHm超低固相泥浆的使用效果:在钻进中抑制造浆能力很强、孔壁稳定、钻具一下到底,大大减轻了钻孔缩径和探头石的出现,从而保证了一径裸孔钻进深度达到了160~180 m。

在所有采用金刚石钻进的钻孔中均没有出现过严重的孔内事故,钻进过程中钻具运转平稳,孔深300 m左右钻机仍可达到转速655 r/min。泥浆在岩芯表面形成的水化薄膜,降低了冲洗液的冲蚀和侵蚀,使岩芯采取率大幅度提高;其良好的润滑性能,使金刚石钻头的使用寿命达到较高的水平。

KHm系用KOH处理腐殖酸而得。主要分子大小不同,其主要成分为羟基芳香羧酸组成的混合物。分子结构中的-600K-OK 基团水化作用强,与黏土颗粒产生偶极-离子相互作用,吸附在黏土颗粒表面形成水化膜,提高了黏土颗粒的电动电位,增大了颗粒间聚结的机械阻力和静电斥力,改善了护壁和护芯效果。

3.7.2.5 钻探工艺

1. 钻头选择

根据堆积物结构复杂、软硬变化大、岩粉颗粒细、金刚石不易自磨出刃的特点,选用了武汉地大长江钻头有限公司生产的聚晶高低齿硬质合金钻头(DF 钻头)及无锡中地地质装备有限公司生产的普通孕镶金刚石钻头(普通钻头)。其结构特性见表 3-7。

表 3-7 两种钻头结构特性比较表

钻头类别	胎体硬度(HRC)	水口数(个)	水口规格(宽×高,mm×mm)
DF 钻头	30~35	8	4×(8~12)
普通钻头	35~40	8	4×6

实际工作表明,DF 高低齿钻头胎体较软,在粉质黏土、黏土及植物炭化碎屑层中钻进,金刚石出刃正常,以切削方式破岩且由于水口断面较大、水路畅通,利于岩粉排除,因而钻进效率较高。但在钻进漂块石、卵砾石层时胎体磨损较快,金刚石聚晶时有崩落,影响钻头寿命。据统计,该型钻头的使用寿命为 30~40 m。普通钻头在相同的地层条件下,金刚石自磨出刃不正常、排粉不畅、钻进效率较低,但钻头寿命较高。

2. 钻孔结构

根据堆积物的复杂程度和孔深情况,在确定钻孔结构时可采用多级口径和多种钻进方法,即上部可适当增大钻孔直径至 130 mm,直径 110 mm 采用合金钻进,下入必要的护壁套管,然后换用直径为 94 mm 的金刚石钻进。根据堆积物稳定情况或者一径终孔,或者继续下入隔离套管依次换小一级至二级的金刚石钻头钻进,但最小终孔直径不得小于 75 mm。

3. 钻进参数

鉴于深厚冰水堆积物地层复杂,为确保安全顺利钻进并保证取芯质量,确定钻进参数应遵循“中速、低压、小泵量”的原则。根据不同的钻头直径采用的转速为 300~655 r/min、钻压为 4~7 kN、泵量为 25~40 L/min。根据孔内情况,正确及时地调整钻压、转速,适当控制速度,即在砂、土层中,用速度 10~12 cm/min,块碎石及卵砾石层中用速度 4~7 cm/min,不宜过快。下钻后应用较大泵量冲孔,而后降低泵量钻进。此外,还应掌握好以下几个操作环节:

(1)经常检查双管钻具的单动性能尤其是轴承的灵活性,及时拆洗加油,更换密封圈。合理调节内、外管的间隙,在砂、土层中,将卡簧座与钻头间隙增大到 8~10 mm,以防止水路堵塞;卵砾石层中则控制在 3~5 mm 为宜。

(2)回次进尺控制在 1.2~1.5 m,发现堵塞时应立即提钻。

(3)降低起下钻速度,特别是在裸孔段,以免钻具产生抽吸压力,影响孔壁稳定。

(4)孔口管上设置三通与水泵回水管相连接,起钻时继续开泵进行回灌,以保持泥浆液面,维持孔壁稳定。

(5)注意泥浆维护,每班清理循环槽,每周清理沉淀箱及水源箱,并进行换浆。

4. 承压水处理

若孔内遇见承压水应使用加重泥浆防喷,以维持正常钻进。由于双管钻具间隙太小极易堵塞,在加重泥浆中钻进,尚只能使用金刚石单管钻具。

5. 加大泥浆比重及重晶石粉加量的确定

加大泥浆比重计算公式为

$$Y' = 1 + \frac{H}{H_1} \tag{3-1}$$

每立方米浆中重晶石粉的加量为

$$G = \frac{Y_2(Y' - Y_1)}{Y_2 - Y'} \tag{3-2}$$

式中:Y'为加重泥浆的比重;Y_2为重晶石粉的干密度;Y_1为基浆比重;H_1为初见出水点至孔口的距离;H为孔口涌水水头压力;G为每立方米浆中重晶石粉的加量。

6. 加重泥浆的配制与维护

配制加重泥浆时,应先搅好基浆,然后逐渐加入所需的重晶石粉。为保证有足够的悬浮能力,基浆内膨润土的加量为8%~10%,比重1.06~1.08。为了改善泥浆的性能还加入了SM植物胶粉0.2%~0.3%,共50×10^{-6},但加量不宜过大,否则泥浆会产生絮凝,使性能变差。泥浆的性能每天测定一次,并根据变化情况及时调节配方。其他维护要求及操作要点与使用低固相泥浆时相同。

找准初见涌水点是确定加重泥浆比重的依据,应注意观测和判断,如发现泥浆变稀或返出量增加或送浆前孔口返浆,都说明孔内出现涌水。

3.7.2.6　特大涌水的处理方法

当孔内承压水涌水量较大、流速较高,水泵送入的加重泥浆迅速被稀释并涌出孔外时,无法形成平衡液柱导致止涌失败,在这种情况下应设法控制涌水量,即在孔口设置三通管封闭装置并加装调节阀门,按下列步骤进行:

(1)将钻具下入孔;

(2)利用立轴油缸压紧胶塞封闭孔内套管与钻杆间的环状间隙,使承压水通过闸阀泄出;

(3)调节闸阀使水量小于50 L/min;

(4)泵送加重泥浆,直至返出浓浆;

(5)立轴油缸卸荷进行正常钻进。

ZK15号孔巨大的承压水就是采用这种方法其孔壁稳定性得到有效控制,该孔遇到承压水出水点在90 m时,实测涌水量450 L/min,高出孔口的水头压力为392.3 kPa,未采用此方法前,浪费重晶石及其他材料数十吨,误工28 d。

第 4 章　冰水堆积物地球物理勘探与测试

目前,对堆积体的厚度、形态和规模探测的物探方法较多,国内外同行(特别是水电勘测单位)采用的物探方法主要有电测深法、浅层地震反射波法、浅层地震折射波法、高密度电法、面波探法、探地雷达法、高频大地电磁法、瞬变电磁法、地震层析成像法(地震CT)等,另外还有诸如综合测井等辅助方法。不同的堆积物具有不同的物性特点,而不同的物探方法又需要具备不同的物性条件、地形条件和工作场地,因此某一种物探方法的应用存在局限性、条件性和多解性,采用单一物探方法进行探测,其探测成果的可靠程度和精度都相对较低。

目前,有关利用综合物探方法探测堆积体的相关研究报道较少,而系统的研究和总结尚未见到。在应用物探技术进行深厚冰水堆积物探测时,需要充分发挥综合物探的作用,以便通过多种物探方法综合分析,克服单一方法的局限性,并消除推断解释中的多解性。另外,在物探成果的解释过程中要充分利用地质和钻探资料,以提高物探成果的精度和效果。

4.1　堆积物的地球物理特征

工程物探探测冰水堆积物主要是利用堆积物介质的弹性波差异、电性及电磁性差异,亦即是通过大地的自然物理场及人工物理场对岩土体的表面或内部的电阻率、波速、振动大小、频率等物理特性的变化进行分析评价,从而得到堆积物密度、力学特性、地下水埋深等特征的一种方法。堆积物探测方法的选择需考虑以下因素:

(1)物探方法多种多样,每种方法都具有自身的物性特点、一定的勘探适用条件和应用范围,不同类型的堆积体探测应采用与之相适应的物探方法;

(2)不同类型堆积体具有不同的物性特点,相同类型堆积体内部的各层结构的物性特点也有不同;

(3)不同类型的堆积体之间存在着堆积体厚度、规模大小和结构上的差异,埋藏深的堆积体在使用物探方法上要考虑其有效勘探深度,结构复杂的堆积体要考虑物探方法的分辨能力等因素。

冰水、冰川、冰碛型堆积体由冰碛砾岩、砂砾层、碎块石及少量粉土组成。堆积物大多为卵、砾石,直径 2~100 cm 不等。有些表面呈半胶结状态,为钙泥质胶结,在表部形成"硬壳",下部密实性相对较差。主要分布于河谷两岸古地貌低凹处。厚度一般为 20~100 m,厚度大,分布范围广,堆积体表面地形平缓,局部富集成层,部分地段具有水平韵律。堆积体的纵波波速一般为 1.25~1.85 km/s,纵横波频率高,速度亦较高。

巨厚型冰水堆积体是指规模巨大、埋藏深、结构松散,主要由崩积、坡积物质及大块石、块石、碎石等组成,岩土体混杂,结构无序,透水性强的堆积体。巨厚型堆积体埋藏厚度大于 100 m,其特点是松散、堆积体成因复杂。堆积体表层的纵波波速一般为 0 75～1. 25 km/s,纵横波频率低,速度较低。

冰水堆积体地层结构、厚度等地质特征差异较大,使得适用的地球物理探测方法差异较大,按物探探测规律应划分为不同类型的堆积体,但从地球物理特征来看上层均为高电阻率、高弹性波速,中间层均为低电阻率、低弹性波速,不考虑地球物理方法的探测深度、现场布置等情况,其地球物理模型基本是一致的。

4. 2　不同探测方法的适宜性选择

4. 2. 1　物探方法选择的基本原则

物探方法多种多样,如何从中选取信息量最大、最可靠的方法和确定其应用顺序,以及如何分配各种方法的经费以获得最大效果就成为首要的条件。每种方法都有各自的特点、使用条件和应用范围。因此,必须根据堆积物场地地质条件和物探方法的特点和适用条件,选择相应的物探方法,以充分发挥综合物探技术的作用。

对于深厚冰水堆积物的地球物理探测,一般情况下选择综合方法的严格解析目前是不存在的,然而可以从地球物理勘探的经验提出选择合理综合物探方法的基本原则,见表 4-1。

表 4-1　选择合理综合物探方法的基本原则

序号	基本原则	说明
1	选择适当信息的物探方法	一般情况下,综合物探方法应包括能给出相应种类信息的地球物理方法,即这些方法能测量不同物理场的要素或同一场的不同物理量
2	工作顺序的确定	严格遵循以提高研究精度为特征的工作顺序,尽可能地降低工程费用,增加信息密度
3	基本方法与详查方法的合理组合	利用一种(或多种)基本方法,均匀地测网调查全区,其余的方法作为辅助方法,以较高的详细程度在个别测线上或范围有限,或远景区已由基本方法的资料确定的地段上进行。基本方法尽可能简便、费用低、效率高
4	应用条件的考虑	选择综合方法时,除考虑地质—地球物理条件外,应考虑到地形、地貌、干扰和其他因素,如 V 形河谷条件下,地震、电法可能受到限制
5	地质、物探、钻探配合进行	在进行物探调查之后,对查明的异常地段用工程地质方法做深入研究。在钻孔及竖井、坑槽中,除测井外还需进行地下水观测。在所取得的资料基础上,对现场物探结果重新解释,加密测网并利用其他方法完成补充物探工作,在有远景的地段布置新的钻孔和井探进行更详细的研究
6	工程—经济效益原则	选择合理的综合物探方法,既要考虑工程效果,又要考虑经济效益,即以工程—经济效益为基础。这样可获得有关各种方法及各种不同方法相配合的效益资料,并且考虑到方法的信息度和资本

4.2.2 弹性波类物探方法的适宜性

4.2.2.1 不同堆积物波速特征

堆积物的弹性波速特征主要与堆积物的物质成分、松散程度、厚度及含水程度有关。一般堆积物的弹性波速(可参见表 4-2)变化有以下几个特征。

表 4-2 堆积物弹性波速

堆积物	纵波速度(m/s)	横波速度(m/s)
干砂、粉质黏土层或黏土层	200~300	80~130
湿砂、密实土层	300~500	130~230
由砂、土、块石、砾石组成的松散堆积物	450~600	200~280
由砂、土、块石、砾石组成的含水松散堆积物	600~900	280~420
密实的砂卵砾石层	900~1 500	400~800
胶结好的砂卵砾石层	1 600~2 200	800~1 100
饱水的砂卵砾石层	2 100~2 400	400~800

(1)因堆积物组成物质成分不同,各种堆积物弹性波速往往有明显差异。

(2)堆积物从表层松散地表向下逐渐致密,波速逐渐增大,一般明显小于下伏基岩。

(3)堆积物表层含水量少或不含水,向下含水量渐增,经常存在一个明显的地下潜水面,同时也是波速界面。

4.2.2.2 浅层地震反射波法的适宜性

浅层地震反射波法是利用地层间的弹性差异形成的反射波信息来进行地质结构和构造探测的一种地震波法。浅层地震反射波法适用于上下层波速有一定差异的地层,也适用于上下层波速倒转的地层,是工程地质勘察中比较常用的物探方法,此方法有探测深度大、工作效率高等特点,不足之处是要求环境背景干扰较小。

厚度为 20~100 m 的冰水堆积体,主要由冰碛块(卵)石、砂砾层、碎块石及少量粉土组成。堆积体纵波速度一般为 500~2 500 m/s,从此类堆积体的物质组成及堆积体纵波速度可以看出,堆积体比较密实,上覆堆积体与下伏基岩之间有一定的波阻抗差异,具备了浅层地震反射波法探测的地球物理条件。运用浅层地震反射波法探测此类堆积体时的精度相对较高。

巨厚型堆积体成因具有复合性,是一种由冲洪积、地滑堆积和冰水堆积多期次形成的地质体。此类堆积体的纵波速度一般为 750~1 250 km/s,纵横波频率较低。从堆积体的物质组成及堆积体波速可以看出,上覆堆积体与下伏基岩之间存在较大的波阻抗差异,运用浅层地震反射波法探测此类堆积体是适用的,一般能达到较好的效果。

4.2.2.3 浅层地震折射波法的适宜性

浅层地震折射波法是按一定的观测系统,通过追踪、接收折射波,经推断解释,确定地下地质界面的厚度和形状,从而解决相应地质问题的方法。该方法能探测堆积体下基岩的埋深、起伏、岩性接触带及断裂破碎带的位置和延伸方向,尤其能测定基岩中的纵波速度的大小及其分布范围,从而了解测区基岩的岩性变化和致密程度等。浅层地震折射波法适用于探测地形较平坦、基岩面起伏不大、外界干扰较小且被探测地层的波速应大于上覆地层速度的堆积体。

堆积于河道两侧和岸坡部位的冰水、冰碛型堆积体,含大量大粒径巨石、漂石,堆积物表面呈半胶结状态,为钙泥质胶结,在表部形成"硬壳",此类堆积体表层的波速局部高于下伏岩体的波速,即存在速度倒转,故此类堆积体不具备浅层地震折射波法探测的地球物理条件。

河床巨厚型冰水堆积体表层波速比下伏基岩的波速低,运用浅层地震折射波法探测此类堆积体是可行的,但是此类堆积体的厚度比较大,在运用浅层地震折射波法探测时就需要很大的激振能量(需用大量炸药),使其应用受到一定的限制。此外,此类堆积体很多地处高山深谷,地形极不平坦,这也为浅层地震折射波法探测工作的进行增加了难度。

综合上述分析,运用浅层地震折射波法探测深厚冰水堆积体难度较大,适用性较差。

4.2.2.4　瑞雷波勘探法的适宜性

瑞雷波分布在弹性界面附近,对浅部地层,尤其对第四系松散堆积层的分层及基岩界面的确定具有很高的分辨能力。

冰水、冰碛型堆积体的组成成分不均一,呈层状结构,瑞雷波在此类堆积体中传播有很好的频散性,故应用瑞雷波法探测此类堆积体是可行的。但是,此类堆积体一般厚度较大,利用瑞雷波法探测此类堆积体深度往往达不到要求,仅能在厚度相对较薄的部位应用。对厚度较大的冰水堆积物,不宜选用瑞雷波法勘探。

4.2.3　电磁波类物探方法探测冰水堆积体的适宜性

目前,探测堆积体的电磁波类物探方法主要有探地雷达法、高频大地电磁法、高密度电法和电测深法。

堆积物的电性特征主要与各堆积层的物质成分及含水程度有关,当颗粒小、含泥多并含水时电阻率低;反之则增高,变化幅度较大。在堆积物中,地下水面通常是一个良好的电性界面。

堆积物一般为非磁性介质,因而影响其电磁波传播特征的主要是电导率,影响因素包括电磁波的传播能量和速度。当介质电导率大时电磁波传播能量衰减就快、传播速度就低、被吸收的能量就越多;反之,则能量衰减就慢、传播速度就高、被吸收的能量就越少。由于含水介质为高导介质,因此当遇到地下水时,电磁波能量几乎被全部吸收。

4.2.3.1　探地雷达法的适宜性

探地雷达法通过向地下介质发射广谱、高频电磁波,利用电磁波遇到电性(介电常数、电导率、磁导率)差异界面时将发生折射和反射的现象来达到探测地下介质的目的。探地雷达法以高频电磁波为信息载体,具有极高的探测分辨率,但高频电磁波的衰减吸收快,使其探测深度较浅,因此探地雷达法只适用于探测埋深较浅的堆积体或堆积体埋深较浅的部位。

冰水、冰碛型堆积体与下伏基岩之间存在着电性差异,说明此类堆积体具备探地雷达法探测的地球物理条件,而且此类堆积体的结构比较密实,对电磁波的吸收较弱,因此在堆积体厚度不大时运用探地雷达法探测此类堆积体是有效的。

巨厚型冰水堆积体的物质组成和结构满足探地雷达法探测的地球物理条件，但是此类堆积体的厚度一般大于 100 m，结构比较松散，电磁波衰减较快，所以运用探地雷达法时探测深度往往达不到要求。

4.2.3.2　高频大地电磁法的适宜性

高频大地电磁法在规模大、埋藏深、复杂的地质体勘探中，对地层、构造、覆盖层等地质现象的探测具有较强的适用性和较好的探测效果，且在野外受地形等条件限制较小，可以在规模大、埋藏深、复杂的堆积体综合勘探中应用。但同时应注意到，地层、构造的划分主要依据电性，一般而言，电性差异大，且有一定厚度时，探测效果较好，根据资料推断的地质规律比较符合实际。而对电性差异较小的地层、构造等勘探对象就存在不确定性，因此高频大地电磁法探测资料必须结合地质和验证资料综合分析，才能取得好的效果。另外，高频大地电磁法抗电磁干扰能力较差。

冰水、冰碛型堆积体与基岩之间存在着电性差异，具备高频大地电磁法探测的地球物理条件，而且此类堆积体的结构比较密实，对电磁波的吸收不会很强，即在探测深度上可以满足探测要求，因此运用高频大地电磁法探测深厚冰水堆积体是有效的。

4.2.3.3　高密度电法的适宜性

高密度电法是视电阻率法探测技术在工程勘察中的一种成功应用，资料解译主要以定性解释为主，即结合已知地质资料及有关资料，对实测异常剖面进行分析，从而确定目标的电性情况、赋存大致空间位置等。由于利用高密度电阻率法只能定性地解释界面的深度情况，因此只能利用该方法确定界面的几何形态，其准确埋深需要用其他方法确定。高密度电法要求被探测的堆积体与围岩电阻率存在差异，堆积体有一定的厚度、规模和延伸长度，并且要求地形相对平坦。

冰水、冰碛堆积体与基岩之间存在着电性差异，具备了高密度电法探测的地球物理条件，而且此类堆积体的结构比较密实，向地下供电比较容易，因此运用高密度电法探测厚度较小的此类堆积体效果比较理想。

巨厚型冰水堆积体从物质组成上和结构上分析认为，堆积体地层之间存在电性差异，满足高密度电法探测的地球物理条件。堆积体结构比较松散，向地下供电困难，影响了高密度电法探测此类堆积体的效果。

4.2.3.4　电测深法的适宜性

电测深法又叫电阻率垂向测深法，它的装置特点是在一个测点上，用一系列由小到大的极距进行视电阻率测量，由于供电极距加大，电流流入地下深处并受深部地层的影响增大，因此测得的视电阻率反映该测点不同深度的电性变化。

电测深法探测的深度相对较大，在地形允许的情况下，采用较大功率供电时可以达到三四百米的探测深度。对于各种类型的堆积体，当堆积体与基岩的电阻率存在差异时，就可以应用。总体来看，电测深方法的工作效率低，一般运用较少。

冰水、冰碛型堆积体与基岩之间存在着电性差异，具备了电测深探测的地球物理条件，由于此类堆积体的结构比较密实，当厚度不大时，向地下供电比较容易，因此运用电测深法探测此类堆积体能达到一定的探测效果。对于巨厚型冰水堆积体，向下供电困难，运用电测深法探测此类堆积体时要考虑向下供电的情况。

4.3　探测内容与方法

4.3.1　冰水堆积体主要探测内容

冰水堆积体的地球物理勘探的主要内容和范围包括以下几个方面:

(1)堆积物分层及其厚度探测;

(2)基岩顶板形态探测;

(3)堆积物不同岩组物性参数测试;

(4)河床、古河道、库区、坝址两岸堆积物厚度探测;

(5)使用物探测井方法测定钻孔中堆积物的密度、电阻率、波速等物理参数,确定各层厚度及深度,配合地面物探了解物性层与地质层的对应关系,提供地面物探定性及定量解释所需的有关资料;

(6)进行砂土液化判定、测定场地土类型、堆积物坝基加固效果评价等;

(7)通过弹性波测试技术获取堆积物的波速等力学参数,为堆积物分层探测提供物性参数资料;

(8)当地形、地质及地球物理条件复杂且缺乏已知钻孔等资料时,单一物探方法容易出现不确定性或多解性,宜在主要测线或地质条件复杂的地段采用多种物探方法综合探测。

4.3.2　冰水堆积物的主要探测方法

采用物探对河床深厚冰水堆积物进行探测和测试,主要是解决堆积物的厚度和分层问题。

堆积物厚度探测与分层应结合测区物性条件、地质条件和地形特征等综合因素,合理选用一种或几种物探方法,所选择的物探方法应能满足其基本应用条件,以达到较好的检测效果。堆积物探测常用的物探方法见表 4-3。

表 4-3　堆积物探测常用的物探方法

方法分类	具体方法
浅层地震法	折射波法、反射波法、瞬态瑞雷波法
电法	电测深法、电剖面法、高密度电法
电磁法	探地雷达法、瞬变电磁法、可控源音频大地电磁测深法
水声勘探	水声勘探
综合测井	电测井、声波测井、地震测井、自然 γ 测井、γ—γ 测井、钻孔电视录像、超声成像测井、温度测井、电磁波测井、磁化率测井、井中流体测量

4.3.2.1　堆积物厚度探测物探方法

(1)根据堆积物厚度选择物探方法。当堆积物厚度相对较薄(小于 50 m)时,一般可选择地震勘探(折射波法、反射波法、瞬态瑞雷波法)、电法(电测深法、高密度电法)和探地雷达等物探方法;当厚度较厚(50~100 m)时,一般可选择地震反射波法、电磁测深等物探方法;当堆积物厚度相对较大(一般大于 100 m)时,一般可选择地震反射波法和高频大地电磁法等物探方法。

(2)根据河床深厚冰水堆积物地形条件选择物探方法。当场地相对平坦、开阔、无明显障碍物时,一般可选择地震勘探(折射波法、反射波法、瞬态瑞雷波法)、电法或电磁勘探(电测深法、高密度电法、高频大地电磁法)等物探方法;当场地相对狭窄或测区内有居民、农田、果林、建筑物等障碍物时,一般可选择以点测为主的电测深法、瞬态瑞雷波法等物探方法。

(3)在水域进行堆积物厚度探测时,可根据工作条件选择物探方法。在河谷地形、河水面宽度不大于 200 m、水流较急的江河水域,一般选择地震折射波法和电测深法等方法;在库区、湖泊、河水水面宽度大于 200 m、水流平缓的水域,一般选择水声勘探、地震折射波法等物探方法。

(4)根据物性条件选择物探方法。当堆积物介质与基岩有明显的波速、波阻抗差异时,可选择地震勘探;当堆积物介质中存在高速层(大于基岩波速)或波速倒转(小于相邻层波速)时,则不适宜采用地震折射波法;当堆积物介质与基岩有明显的电性差异时,可选择电法勘探或电磁法勘探;当布极条件或接地条件较差时,可选用电磁法勘探。

(5)对薄层、厚层、中厚层、深层堆积物采用地震波法较理想,进行物性分层采用地震瑞雷波法较理想,见表 4-4、表 4-5。

表 4-4 按堆积物厚度分级的物探测试方法选择

分级	分级名称	分级标准(m)	探测方法选择
Ⅰ	薄层堆积物	<10	地震瑞雷波、折射、反射。有钻孔时采用综合测井、声波测井、声波或地震波 CT
Ⅱ	中厚堆积物	10~20	地震瑞雷波、折射、反射。有钻孔时采用综合测井、声波测井、声波或地震波 CT
Ⅲ	厚层堆积物	20~40	地震瑞雷波、折射、反射。有钻孔时采用综合测井、声波测井、声波或地震波 CT
Ⅳ	深厚堆积物	40~100	可控电源电磁探测、反射。有钻孔时采用综合测井、声波测井、声波或地震波 CT
Ⅴ	超深堆积物	100~200	可控电源电磁探测、浅层地震反射波、高频大地电磁法。有钻孔时采用综合测井、声波测井、声波或地震波 CT
Ⅵ	巨厚堆积物	>200	可控电源电磁探测、浅层地震反射波、高频大地电磁法。有钻孔时采用综合测井、声波测井、声波或地震波 CT

表4-5　按堆积物结构分类的物探方法选择

分级	分级名称	深度范围(m)	探测方法选择
一	冲积结构	<20	地震瑞雷波、折射、反射。有钻孔时采用综合测井、声波测井、声波或地震波CT
二	多重二元韵律结构	20~50	地震瑞雷波、可控电源电磁探测。有钻孔时采用综合测井、声波测井、声波或地震波CT
三	厚层漂卵石层结构	50~100	可控电源电磁探测、反射、高频大地电磁法。有钻孔时采用综合测井、声波测井、声波或地震波CT
四	囊状混杂结构	100~200	可控电源电磁探测、浅层地震反射、高频大地电磁法。有钻孔时采用综合测井、声波测井、声波或地震波CT
五	深厚复合加积结构	>200	可控电源电磁探测、浅层地震反射、高频大地电磁法。有钻孔时采用综合测井、声波测井、声波或地震波CT

(6)对于厚层、深厚层、超深厚、巨厚层堆积物采用可控源电磁测深和高频大地电磁法较为理想,但必须采取电极接地、水域电磁分离测量技术,对堆积物的物性分层较宏观。

4.3.2.2　堆积物分层探测物探方法

(1)根据堆积物介质的物性特征选择物探方法。当堆积物介质呈层状或似层状分布、结构简单、有一定的厚度、各层介质存在明显的波速或波阻抗差异时,一般可选择地震折射波法、地震反射波法、瑞雷波法等,其中瑞雷波法具有较好的分层效果;当堆积物各层介质存在明显的电性差异时,可选择电测深法;当堆积物各层介质较薄,存在较明显的电磁差异且探测深度较浅时,可选择探地雷达法。

(2)根据堆积物介质饱水程度选择物探方法。地下水位往往会构成良好的波速、波阻抗和电性界面。当需要对堆积物饱水介质与不饱水介质分层或探测地下水位时,一般可选择地震折射波法、地震反射波法和电测深法。但地震折射波法不适宜于地下水位以下的堆积物介质;瑞雷波法基本不受堆积物介质饱水程度的影响,当把地下水位视为堆积物介质分层的影响因素时可采用瑞雷波法。

(3)利用钻孔进行堆积物分层。一般选择综合测井、地震波CT、速度检层等方法。

(4)探测堆积物中软弱夹层和砂夹层时,在有条件的情况下可借助钻孔进行跨孔测试或速度检层测试;在无钻孔条件下,对分布范围大且有一定厚度的软弱夹层和砂夹层可采用瑞雷波法。

4.3.2.3　堆积物物性参数测试

(1)在地面进行堆积物物性参数的测试,一般采用地震折射波法、反射波法、瑞雷波法进行堆积物各层介质的纵、横波速度和剪切波速度测试,采用电测深法进行堆积物各层介质的电阻率测试。

(2)在地表、断面或人工坑槽处进行堆积物物性参数测试,一般可采用地震波法和电测深法对所出露地层进行纵波速度、剪切波速度、电阻率等参数的测试。

(3)在钻孔内进行堆积物物性参数的测试,一般采用地球物理测井、速度检层等方法测定钻孔中堆积物的密度、电阻率、波速等参数,确定各层厚度及深度,配合地面物探了解物性层与地质层的对应关系,提供地面物探定性及定量解释所需的有关资料。

4.4　哇沿水库冰水堆积物大地电磁法地球物理探测

河床深厚冰水堆积物探测是水利水电工程勘探中的一项重要内容。地震勘探(折射法、反射法)、常规电法是探测堆积物最重要、最有效的方法,但受堆积物深度和地形的影响较大。近年来由于地震使用的炸药震源越来越难以解决,地震和常规电法在解决深厚冰水堆积物探测中被逐渐淘汰而退出使用。EH4 是从美国引进的大地电磁测量系统,主要解决 40~700 m 范围内的地质勘探问题,尤其解决深部构造效果较好,避免了地形的限制。生产实践表明,大地电磁测深反演电阻率剖面是解决深厚甚至巨厚冰水堆积物的有效勘探方法。

在水电行业内开展 EH4 大地电磁探测技术的应用研究势在必行。

拟建的哇沿水库位于都兰县东南部热水乡境内的察汗乌苏河中游段。为了查明冰水堆积物厚度及基岩顶板展布形态,同时查明坝轴线上下游侧河道中隐伏断层的赋存位置,施工阶段采用了 EH4 这一新技术进行了河床深厚冰水堆积物的探测工作。

4.4.1　基本地质条件

坝址区两岸出露的地层为三叠系喷出岩(α_5^1)与印支期侵入岩(γ_5^1),三叠系喷出岩岩性为安山岩,是组成库岸的主要岩性,印支期侵入岩岩性为灰白色花岗岩,分布于上游库区左岸。

坝址区河谷形态呈 U 形,沿 NW274°展布,河谷平坦开阔,现代河床宽度在枯水期水面宽度为 10~20 m,河谷总宽度 400 m。库区河床总体纵比降约为 7.7‰,两岸发育有Ⅰ、Ⅱ级阶地,阶地宽 20~150 m ,高出当地河水面 4~20 m,阶地均呈二元结构。

根据钻孔揭露,坝基深厚冰水堆积物自上而下分为①、②、③层,见图 4-1。

第①层:分布于坝基冰水堆积物上部,厚 25~35 m, 地面高程 3 375~3 381 m,底部分布高程 3 341~3 353 m,岩性为砂砾石,夹有不连续中粗砂含砾石透镜体,厚 10~20 cm。卵砾石磨圆多呈次圆—圆状,一般粒径 3~6 cm,最大粒径 20 cm,其成分以安山岩、花岗岩为主。

第②层:分布于堆积物中部,岩性为砂砾石,厚 30~35 m,底部分布高程 3 310~3 313 m,夹含砾石中粗砂透镜体,透镜体厚 10~20 cm,砾石以次棱角—次圆状。

第③层:分布于堆积物底部,只在 ZK09-2、ZK09-3、ZK3 中揭露,厚 15~25 m,分布宽度 201 m,为晚更新世冰积成因,岩性为含卵石砾石层,颗粒较上层粗,卵石含量可达 20%左右,夹粗砂透镜体夹层,厚 10~20 m,最大粒径大于 40 cm。

4.4.2　物探工作布置

对深厚冰水堆积物物探探测,主要在坝轴线下游从左至右布设 EH4 大地电磁测线,

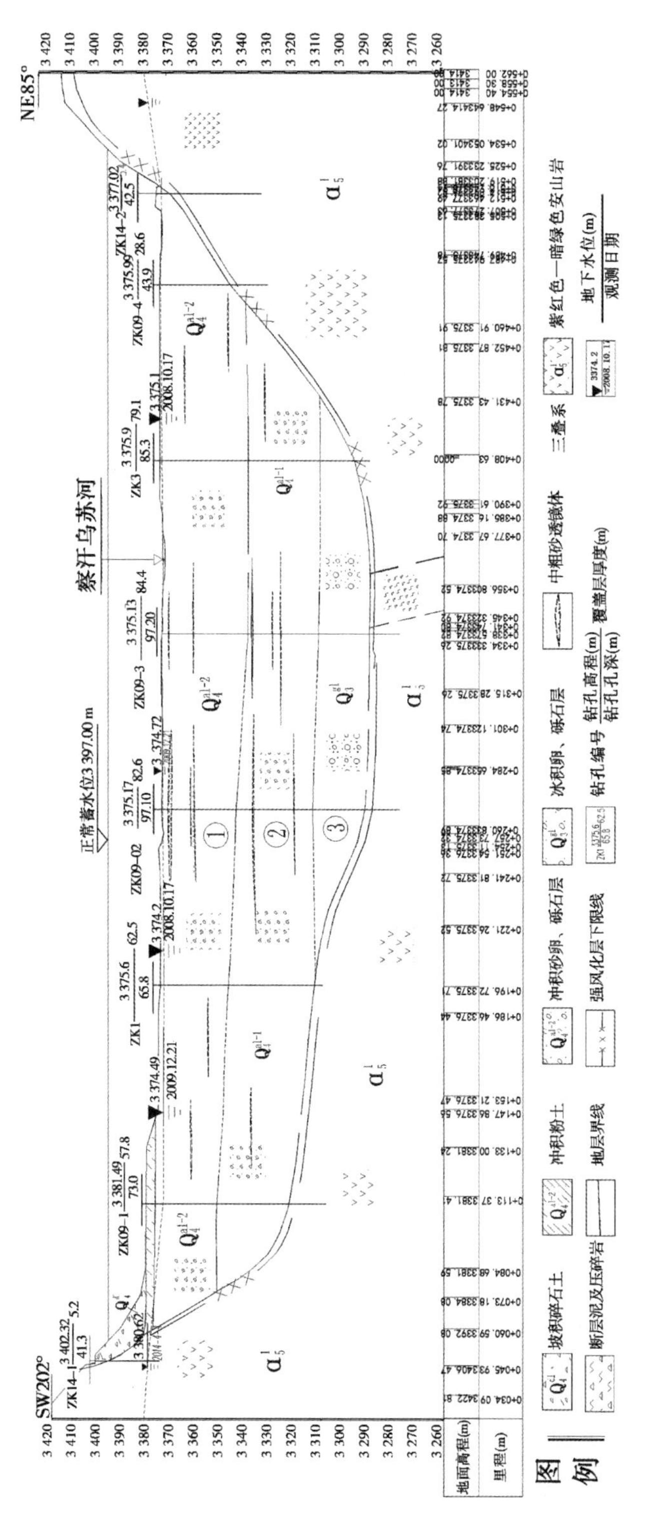

图 4-1　哇沿水库坝轴线冰水堆积物工程地质剖面

测点点距 10 m。工作共完成剖面 1 条,剖面长度 395 m,EH4 大地电磁测点 41 个。

EH4 大地电磁测深选取的最优电极距为 25 m,三频段全采集:一频组:10~1 000 Hz;二频组:500~3 000 Hz;三频组:750~10 万 Hz,在数据采集过程中,对三个频组的数据全部采集,且每个频组采集叠加次数不少于 8 次,根据现场测试结果,对部分频组进行多次叠加。

4.4.3　资料处理

EH4 的数据处理方法多以测线(断面)进行,测量得到的深度—电阻率数据、频率—视电阻率数据和频率—相位数据都是通过 IMAGEM 软件中的二维分析模块输出。对于输出的数据,单个测点可通过二维曲线进行成图,单条剖面可通过二维等值线进行成图,对于相邻多条剖面则需要对整个区域范围内测点的不同频率或不同深度的电阻率进行描述,通常使用多条剖面图叠加的办法进行成图。数据资料处理流程见图 4-2。

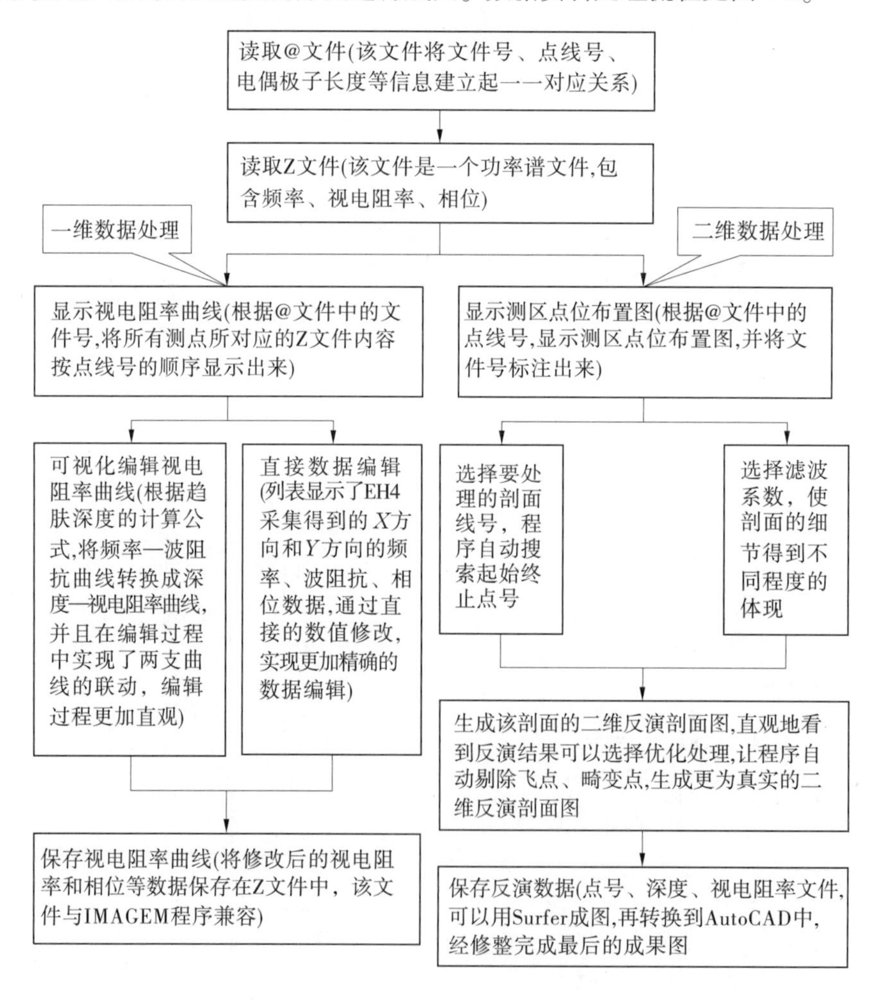

图 4-2　EH4 数据资料处理流程

(1)采用在野外实时获得的时间序列 H_y、E_x、H_x、E_y 振幅进行 FFT 变换,获得电场和磁场虚实分量和相位数据 φ_{H_y}、φ_{E_x}、φ_{H_x}、φ_{E_y},读取@ 文件(该文件将文件号、点线号、电偶极子长度等信息建立起一一对应关系),读取 Z 文件(该文件是一个功率谱文件,包含频率、视电阻率、相位)。通过 ROBUST 处理等,计算出每个频率(f)点相对应的平均电阻率(ρ)与相位差(φ_{EH}),根据趋肤深度的计算公式,将频率—波阻抗曲线转换成深度—视电阻率曲线进行可视化编辑;在一维反演的基础上,利用 EH4 系统自带的二维成像软件 IMAGEM 进行快速自动二维电磁成像,根据区域地质情况进行数据的反复筛查,对病坏数据进行编辑,必要时候进行剔除。

(2)对每个频率(f)点相对应的平均电阻率(ρ)与相位差(φ_{EH})数据,进行初步处理分析后,采用成都理工大学 MTsoft2D 大地电磁专业处理软件进行二维处理。对测线数据进行总览、预处理以后,执行静态校正和空间滤波;分别以 BOSTIC 一维反演结果和 OCCAM 一维反演结果建立初始模型,进行带地形二维非线性共轭梯度法(NLCG)反演,获得深度—视电阻率数据。

(3)对深度—视电阻率数据进行网格化,绘制频率—视电阻率等值线图,综合地质资料及现场调查的情况,在等值线图上画出异常区,做出初步的地质推断。然后根据原始的电阻率单支曲线的类型并结合已知地质资料确定地层划分标准,确定测深点的深度,绘制视电阻率等值线图,结合相关地质资料和现场调查结果进行综合解释和推断。

4.4.4　成果解译

根据数据处理成果,对深厚冰水堆积物的厚度及物质结构等进行解译。

图 4-3 为哇沿水库坝轴线下游 EH4 测线成果剖面。

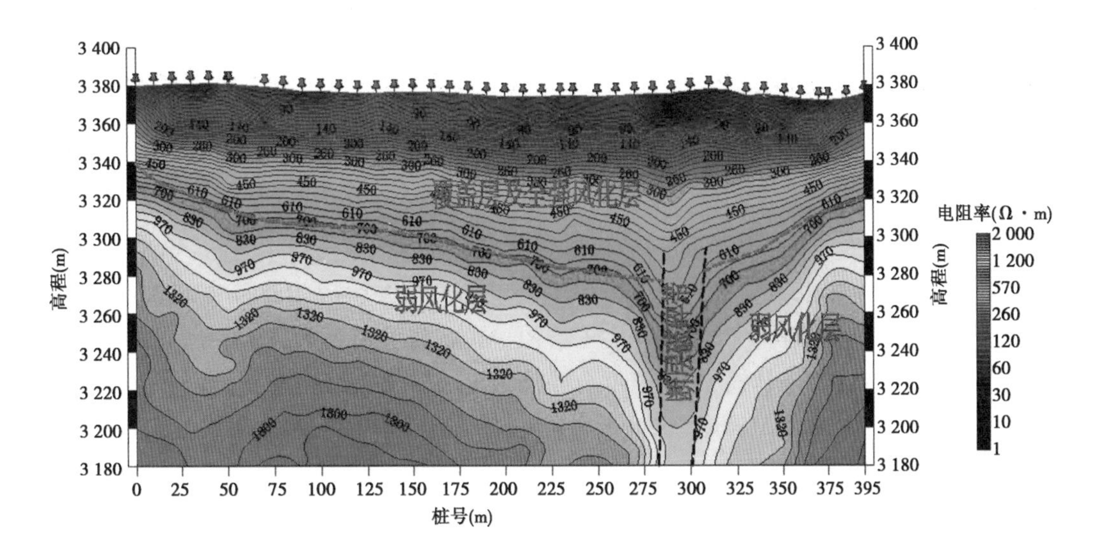

图 4-3　哇沿水库坝轴线下游 EH4 测线成果剖面

4.4.4.1 覆盖层厚度

由图4-3可见，测线桩号0~395 m段，沿深度增大方向，电阻率由10 Ω·m增大至约2 000 Ω·m，电阻率沿深度方向存在明显的分层现象，结合现场钻孔揭示信息，将电阻率值700 Ω·m定量为堆积层与弱风化岩体的分界线，亦即电阻率小于700 Ω·m时为冰水堆积层，下伏电阻率大于700 Ω·m，为基岩的弱风化层。

根据上述分析可知，堆积物最大厚度为85.8 m左右，基岩顶板形态呈不对称的、左缓右陡的"锅底状"，最低点位于近右岸1/3位置、在断层破碎带出露部位。

进一步分析数据成果认为浅部20~35 m深度内，电阻率由10 Ω·m增大至约300 Ω·m，初步分析该层为河流冲积成因的砂砾石层，密实度相对松散。

往下电阻率由300 Ω·m增大至约700 Ω·m，说明堆积物密实度增高，或冰水堆积成因且与堆积层具有弱泥质胶结有关。判断其承载、变形性能较高，工程地质条件相对较好。

4.4.4.2 隐伏断层探测

测线桩号282~300 m两侧电阻率等值线斜率发生明显变化，呈低阻状态，推测为隐伏断层的赋存位置，F1向大桩号方向陡倾，其倾角约86°，宽度约18 m，延伸深度较大，根据两侧电阻率的变化趋势，推测该断层为正断层。

4.4.5 钻孔验证

前期勘探工作中，沿坝轴线布置了5个钻孔，由于断层呈高陡状态，地质人员虽推测有断层存在，但钻孔内均未发现断层组成物质。

施工过程中，根据物探资料在推断的位置重新布孔，在EH4探测的位置、深度一带，钻孔揭示了该断层。同时揭露冰水堆积物的性状、深度等，也与EH4探测成果吻合。表明EH4在断层位置探测、冰水堆积物深度和性状探测等方面有着良好的效果，资料处理方法是合适的，成果可靠。

4.5 黑泉水库钻孔地震波测试

在坝址冰水堆积物钻孔中进行了地震波测试。通过对8个钻孔225个测点声波测试，测试成果见表4-6，该层漂卵砾石层纵波速度 v_P = 1 250~2 100 m/s，横波速度 v_S = 500~950 m/s，动弹模 E_D = (11.3~5.38)×10^3 MPa，动剪模量 G_D = (0.5~1.99) ×10^3 MPa，泊桑比0.3~0.4。从纵、横波速度分布图看 v_P、v_S，随深度逐渐增大，到基岩强风化又减小，如ZK65号钻孔，0~5.0 m，v_P = 1 100 m/s，v_S = 310 m/s；5.0~10.0 m，v_P = 1 600 m/s，v_S = 650 m/s；10.0~23.5 m，v_P = 2 100 m/s，v_S = 867 m/s；23.5~25.5 m，基岩强风化层 v_P = 1 390 m/s，v_S = 600 m/s。反映出冰水堆积物的密实度和力学性能比基岩强风化层相对较好。

表 4-6　冰水堆积物地震测井资料统计

编号	深度(m)	岩性	纵波 v_P(m/s)	横波 v_S(m/s)	泊桑比 u_d	动弹模 E_D(×10³ MPa)	动剪模量 G_D(×10³ MPa)	层底高程(m)
ZK61	0~1.0	腐殖土	375	125	0.44	0.063	0.022	2 798.99
	1.0~3.0	亚砂土及碎块石土	500	250	0.33	0.25	0.094	2 796.99
	3.0~5.0	漂卵砾石层(星点状架空)	930	500	0.30	1.30	0.50	2 794.99
	5.0~25.0	漂卵砾石层	2 000	830	0.39	4.21	1.52	2 774.99
ZK62	0~5.0	漂卵砾石层(0~2.9 m 星点状架空)	1 250	390	0.44	0.88	0.30	2 790.76
	5~10.0	漂卵砾石层	1 250	620	0.34	2.16	0.81	2 785.76
	10~18.5	漂卵砾石层	2 000	950	0.35	5.36	1.99	2 777.26
	18.5~23.0	强风化云母石英片岩	1 350	635	0.36	2.85	1.05	2 772.76
ZK63	4.2~8.0	漂卵砾石层	1 200	510	0.39	1.45	0.52	2 788.81
	8.0~17.0	漂卵砾石层	1 900	830	0.38	4.18	1.52	2 779.81
ZK64	1.0~3.0	腐殖土漂卵砾石层	500	200	0.41	0.17	0.06	2 796.07
	3.0~5.8	漂卵砾石层(星点状架空)	1 000	490	0.34	1.29	0.48	2 793.27
	5.8~19.5	漂卵砾石层	2 070	910	0.38	5.03	1.82	2 779.57
	19.5~21.2	黑云母角闪斜长片麻岩	1 500	686	0.38	3.38	1.22	2 777.87
ZK65	0~5.0	漂卵砾石层(0~2.9 m 星点状架空)	1 100	310	0.46	0.56	0.19	2 790.62
	5.0~10.0	中密状漂卵砾石层	1 600	650	0.40	2.48	0.89	2 785.62
	10.0~23.5	中密状漂卵砾石层	2 100	867	0.39	4.60	1.65	2 772.12
	23.5~25.5	混合岩化眼球状片麻岩	1 390	600	0.38	2.58	0.94	2 770.12

续表 4-6

编号	深度	岩性	纵波 v_P (m/s)	横波 v_S (m/s)	泊桑比 u_d	动弹模 E_D (×10^3 MPa)	动弹模 G_D (×10^3 MPa)	层底高程 (m)
ZK66	0~1.0	腐殖质亚砂土	500	158	0.44	0.10	0.035	2 795.17
	1~7.0	漂卵砾石层	890	400	0.37	0.92	0.34	2 789.71
	7.0~15.5	漂卵砾石层	2 100	900	0.38	4.92	1.78	2 781.21
	15.5~17.5	强风化黑云母石英片岩	1 400	630	0.37	2.83	1.03	2 779.21
	17.5~20.0	强风化黑云母石英片岩	2 100	1 030	0.34	7.68	2.86	2 776.71
ZK67	0~5.0	腐殖土漂卵砾石层（含星点状架空）	950	450	0.36	1.10	0.41	2 788.67
	5.0~8.0	漂卵砾石层	1 600	630	0.40	2.35	0.83	2 785.67
	8.0~20.0	漂卵砾石层	2 100	860	0.40	4.56	1.63	2 773.67
	20.0~24.0	强风化眼球状片麻岩	1 250	580	0.36	2.38	0.88	2 769.67
ZK68	0~5.5	碎块石土	560	230	0.40	0.22	0.08	2 794.32
	5.5~11.5	漂卵砾石层	1 100	570	0.32	1.80	0.68	2 788.32
	11.5~28.65	卵砾石层	1 800	500	0.38	3.89	1.41	2 771.17
	28.65~30.8	强风化石英片岩	2 300	1 000	0.38	7.18	2.60	2 769.02

总之，根据探井揭露情况，钻孔取芯试验及声波测试成果，综合全面分析认为该层成因单一、结构紧密，属弱—较强透水层，颗粒以漂卵石为主，砂层只呈线状或透镜状形式分布，不连续，天然干密度大，孔隙比小，力学强度良好。

4.6 察汗乌苏电站深厚冰水堆积物多道瞬态瑞雷波测试

4.6.1 物探工作布置

为了能较全面地了解坝址区深厚冰水堆积物的特征，根据研究的目的并结合已有的地质、钻探资料，在测区内顺水流方向由岸边到山脚布置了 3 个剖面，其中 XJ-23 剖面通过 ZK38 钻孔，XJ-18 剖面通过 ZK37 钻孔，XJ-22 剖面通过 ZK36 钻孔。

4.6.2 观测系统参数、激发与接收

测点用多道排列（24 道）固定偏移距的观测系统。采集道数 24 道，全通滤波方式，采样间隔为 1 ms，采样点数为 1 024 个。道间距 3 m，偏移距 10 m。测线一侧用炸药震源激振（每孔药量 150 g），4 Hz 检波器接收。

4.6.3 单点瞬态瑞雷波资料的分析处理

对原始资料进行整理，使用瞬态瑞雷波数据处理软件 CCSWS 对各测点瞬态瑞雷波

记录资料进行频散曲线计算，然后对频散曲线进行正、反演拟合得出各层的厚度及剪切波速度。

图 4-4 给出了 XJ-18 剖面测点 1 对应地层分层情况及各层剪切波速 v_S 沿深度 Z 的分层分布情况（图中蓝色曲线为频散曲线；红色曲线为拟合曲线；红色折线为地层结构分层及各层剪切波速。左下角红色数字第一列为层号，沿深度递增；第二列为各层厚度值；第三列为各层剪切波速值，fitness 为拟合率）。

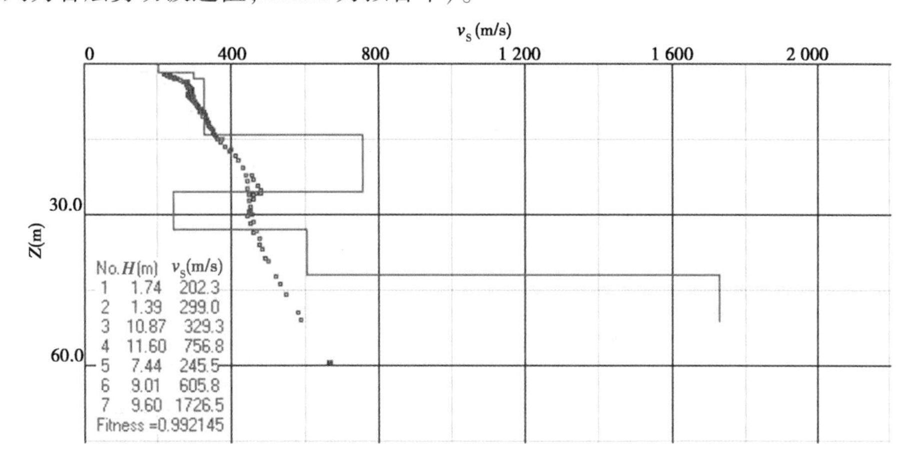

图 4-4　XJ-18 剖面测点 1（钻孔 ZK37 处）堆积物分层分布

由图 4-4 可以看出，该剖面各测点下堆积物基本上可以分成上、中、下三个部分。上部又细化为多个小层，各小层的剪切波速 v_S 由上至下呈增加态势。中部为一相对软弱层，其剪切波速较上、下相邻层的小，数值为 200～300 m/s。

图 4-5 给出了 XJ-22 剖面上测点 1 对应地层的分层情况及各层剪切波速 v_S 沿深度的分层分布情况。

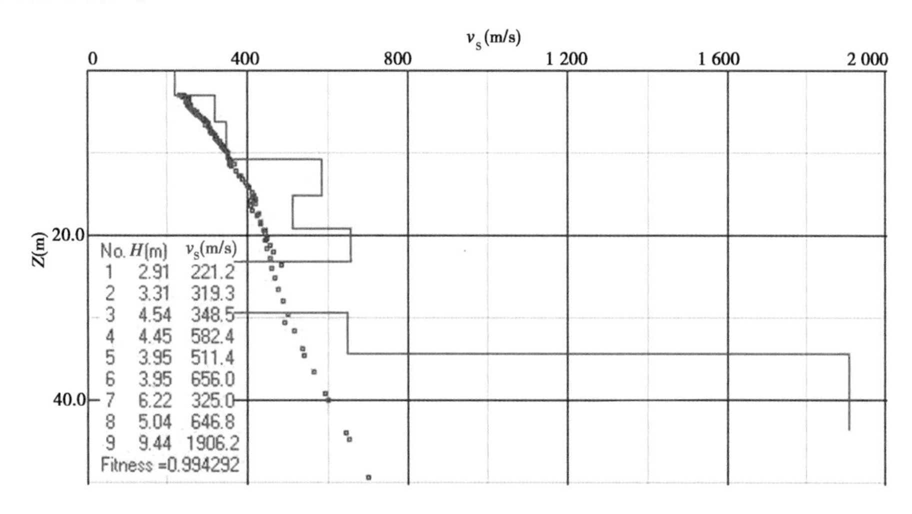

图 4-5　XJ-22 剖面测点 1（钻孔 ZK36 处）堆积物分层分布

由图 4-5 可以看出，该剖面堆积物分层情况与 XJ-18 剖面堆积物的分层相对应，规律基本一致。

对于 XJ-23 剖面共布置了 12 个测点,图 4-6 给出了 XJ-23 剖面上测点 1 对应堆积物分层情况及各层剪切波速 v_S 沿深度的分层分布情况,它们可以基本说明该剖面对应堆积物的分层规律。

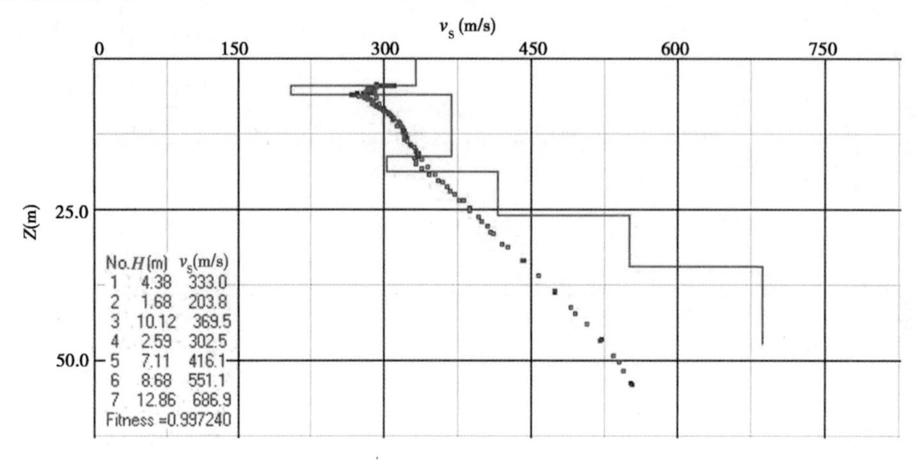

图 4-6　XJ-23 剖面测点 1(钻孔 ZK38 处)堆积物分层分布

4.6.4　瞬态瑞雷波勘探结果准确性验证

为了检验实测瞬态瑞雷波勘探结果的可信度,将面波分析结果与钻孔资料进行了对比。钻孔 ZK36、ZK37 的资料见表 4-7、表 4-8,是在现场相应位置通过面波测试所得到的堆积物分层的结果。图 4-7、图 4-8 给出了相应两钻孔位置的面波分层与钻孔柱状图的对比情况。可以看出:ZK36、ZK37 位置的瞬态瑞雷波勘探资料与钻孔资料吻合较好,但瞬态瑞雷波资料提供的信息更为丰富,在上部漂石、砂卵砾石层中面波解释结果将其进行了细化;面波资料所提供的剪切波速信息与钻孔勘探提供的单孔、跨孔剪切波速的信息也出入不大。

表 4-7　钻探及波速资料

测试方法	孔号	上部漂石、砂卵砾石层		中部含砾中粗砂层		下部漂石砂卵砾石层	
		测试深度(m)	剪切波速(m/s)	测试深度(m)	剪切波速(m/s)	测试深度(m)	剪切波速(m/s)
单孔法	ZK36	11~26	560	26~34	190	34~36	510
	ZK37	10~25	550	25~34	210	34~42	610
跨孔法	ZK36 ZK37	8.3~25	560~580	27.3~33	330~440	34.2~36	620

表 4-8 瞬态瑞雷波勘探资料

测试方法	孔号		上部漂石、砂卵砾石						中部含砾中粗砂	下部漂石砂卵砾石
面波法	ZK36	深度(m)	2.91	6.22	10.76	15.21	19.16	23.11	29.33	34.37
		剪切波速(m/s)	221.2	319.3	348.5	582.4	511.4	656.0	325.0	646.8
	ZK37	深度(m)	1.74	3.13	14.0	25.6			33.04	42.05
		剪切波速(m/s)	202.3	299.0	329.3	756.8			245.5	605.8

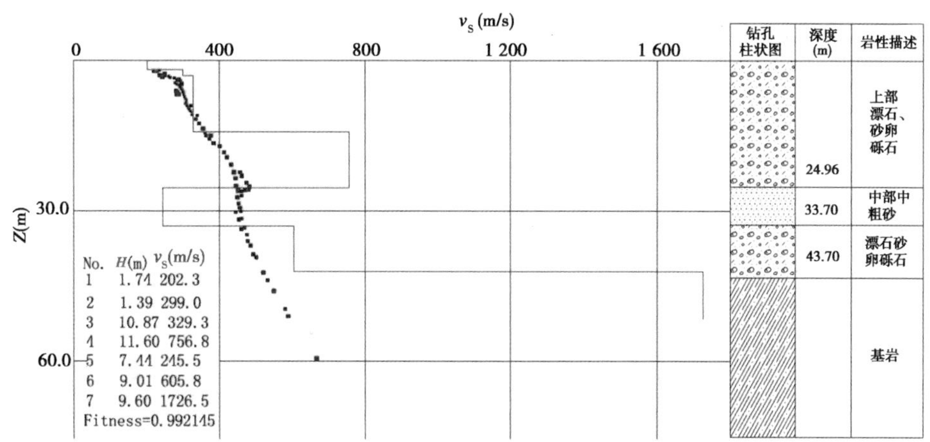

图 4-7 XJ-18 剖面测点 1 堆积物分层与钻孔 ZK37 柱状图的对比

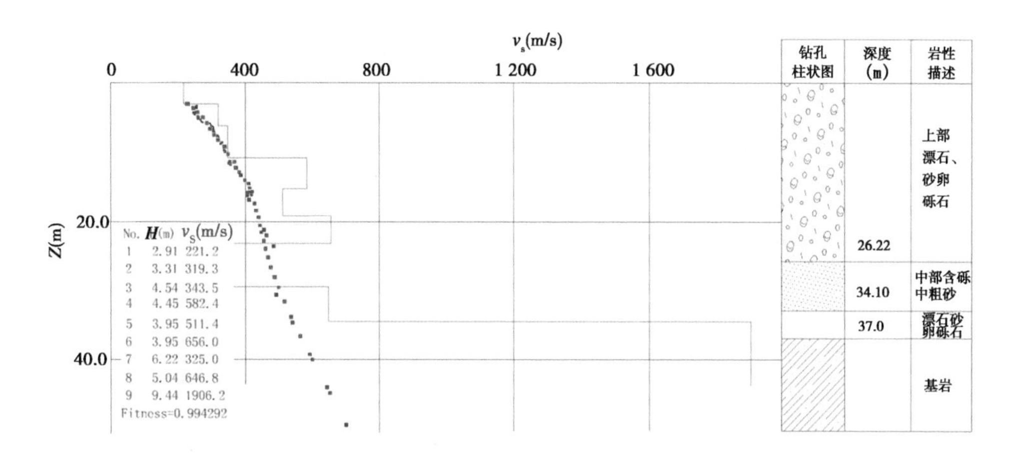

图 4-8 XJ-22 剖面测点 1 堆积物分层与钻孔 ZK36 柱状图的对比

4.6.5 瞬态瑞雷波等速度剖面图

使用瞬态瑞雷波等速度剖面分析软件 CCMAP,利用各剖面上诸点的频散曲线资料,通过编辑处理,结合拟合后的分层资料,参照地层速度参数,在彩色剖面图上进行取值、分层,并利用高程校正形成地形文件可绘制出堆积物等速度地质剖面图。

瞬态瑞雷波等速度剖面软件 CCMAP 可以给出两种形式的等速度剖面,一种是直接由测点频散曲线 $v_r(Z)$线形成的映象(如图 4-9 中的蓝色线条);另一种是由测点拟速度(拟速度是将频散数据中的波速 v_r 按周期做了一种提高峰度的计算得到的速度值)曲线 $v_x(Z)$线形成的映象(如图 4-9 中红色线条所示)。常见堆积物面波频散数据的试验表明,这种拟速度映象 $v_x(Z)$ 的总体轮廓相当接近于频散数据一维反演得到的波速分层$v_S(Z)$,同时还突出了地层分层在频散数据中引起的“扭曲”特征。

图 4-9 给出了 XJ-18 剖面上各个测点的频散曲线及拟速度曲线,图 4-10 给出了 XJ-18 剖面的堆积物等速度图。

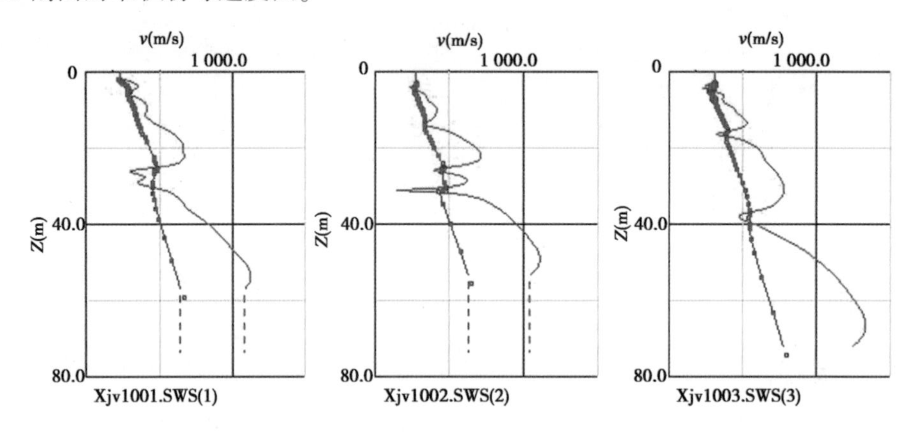

图 4-9　XJ-18 剖面测点 1、2、3 频散曲线及拟速度曲线

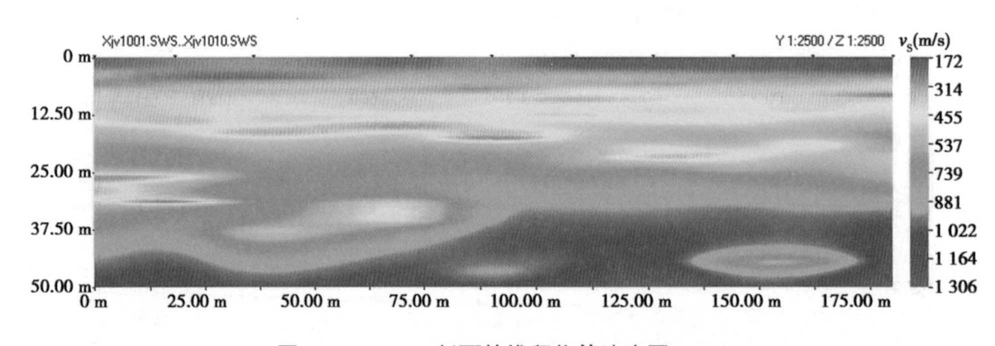

图 4-10　XJ-18 剖面的堆积物等速度图 $v_S(Z)$

图 4-11 给出了 XJ-22 剖面上各个测点的频散曲线,图 4-12 给出了 XJ-22 剖面的堆积物等速度图。

图 4-13 给出了 XJ-23 剖面上各个测点的频散曲线,图 4-14 给出了 XJ-23 剖面的堆积物的等速度图。

面波资料所生成的等速度剖面与钻探剖面的对比:图 4-15、图 4-16 给出了由所选三个剖面上钻孔位置附近的三个测点的瞬态瑞雷波勘探资料生成的等速度剖面图,可见堆积物沿这一剖面的分布,在图 4-16 中可见测深 25 m 左右出现很明显的夹层,这与钻探地质剖面所反映的情况完全吻合,结合其他勘探资料的分析,可以认为该层即为中粗砂夹

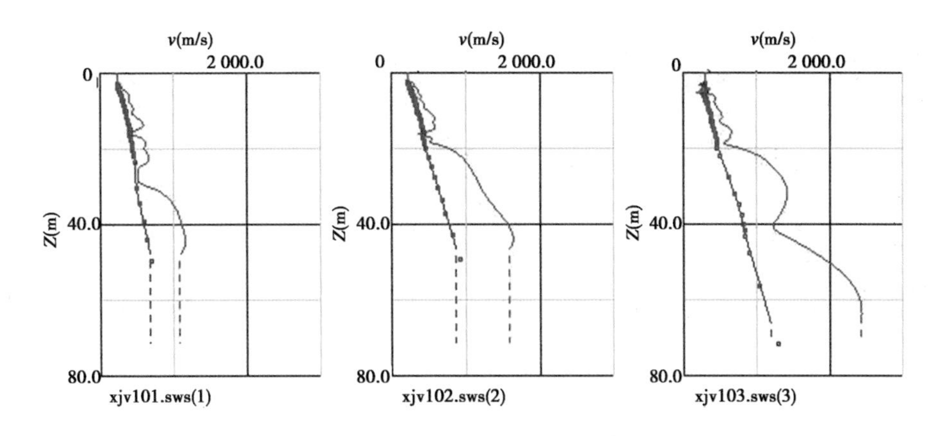

图 4-11　XJ-22 剖面测点 1、2、3 频散曲线

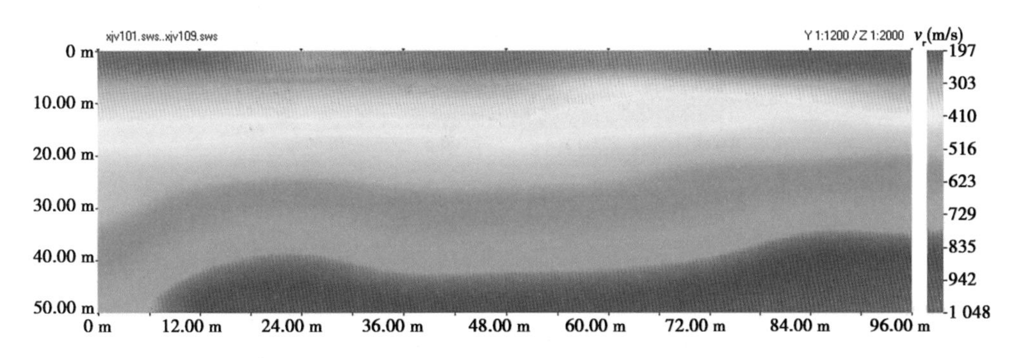

图 4-12　XJ-22 剖面堆积物等速度图 $v_r(Z)$

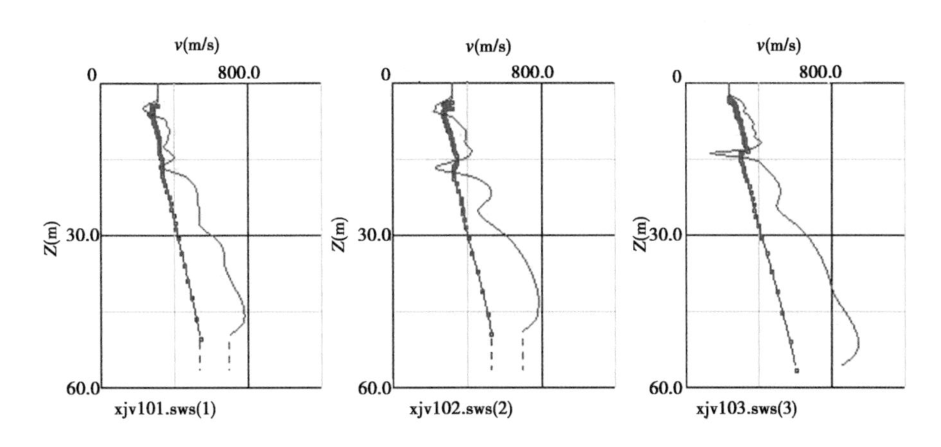

图 4-13　XJ-23 剖面测点 1、2、3 频散曲线

层,其上、下为漂石砂卵砾石层,地表为碎石及砂层。

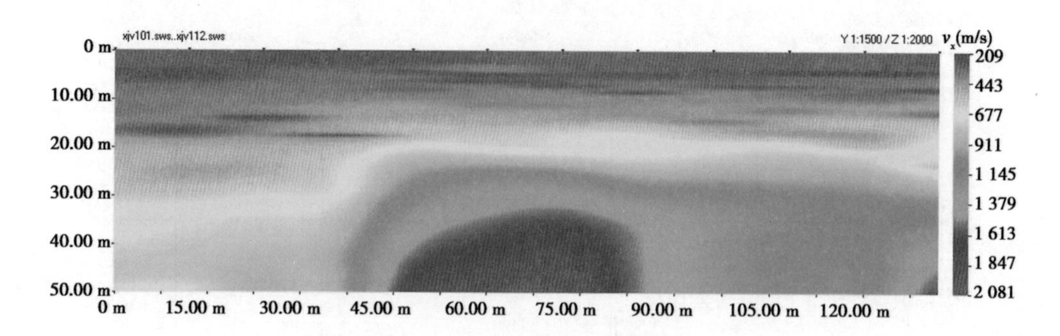

图 4-14　XJ-23 剖面堆积物等速度图 $v_S(Z)$

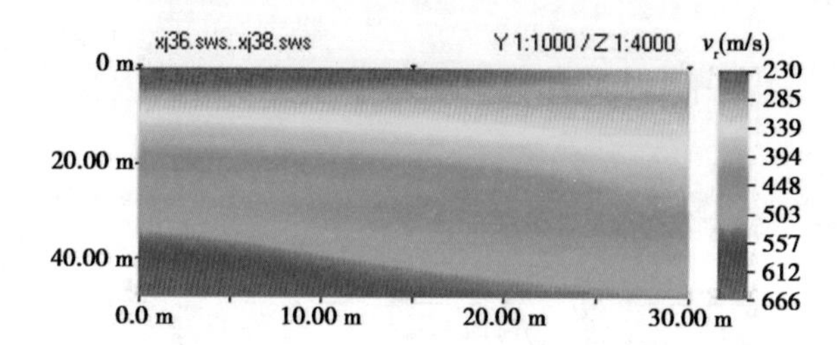

图 4-15　ZK36、ZK37、ZK38 剖面的堆积物等速度图 $v_r(Z)$

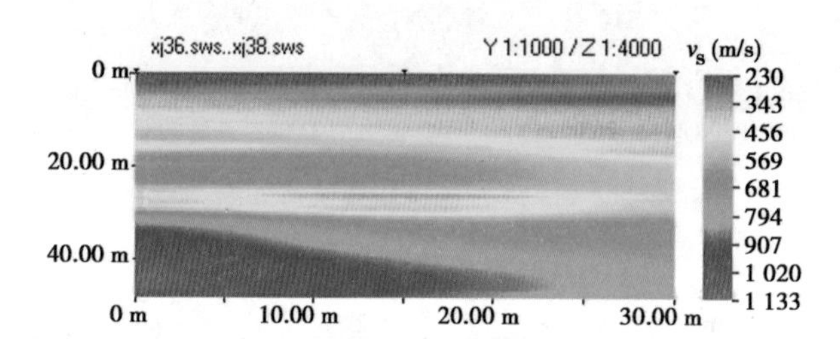

图 4-16　ZK36、ZK37、ZK38 剖面的堆积物等速度图 $v_x(Z)$

第 5 章　冰水堆积物物理力学性质试验

对堆积物土体试验的目的是了解堆积物的物理力学性质,研究在外部荷载与内部应力双重分布条件下堆积物的变形过程和破坏机制,为工程地质评价提供基础资料,为水工建筑物设计提供堆积物物理力学参数。

冰水堆积物作为典型的粗粒土,其物理力学性质测试不同于细粒土。

第一,由于冰水堆积物经过了漫长的地质年代作用和复杂的应力应变历史,土体具有很强的原位结构性。这种原位结构性的影响,使得对于土样相同、密度相同的原状样与重塑样的力学性质有时差别很大。

第二,由于冰水堆积物等无黏性土结构性强,很容易受到扰动,取样十分困难,很难取得真正意义上的"原状样"。

第三,进行室内力学性质试验,需要采用土体的原位天然密度进行制样控制,而对于冰水堆积物,原位天然密度的可靠确定一直是未能很好解决的难题。

第四,对于含有漂(块)、卵(碎)石等粗大粒径的砂卵石土层,除了原位密度不容易确定外,土体的天然级配亦很难确定,再加上室内试验由于仪器尺寸的限制,需要对土样的天然级配进行缩尺,使得室内试验采用的模拟级配与土层天然级配亦可能存在差别,含粗大粒径的土样变形特性的室内模拟试验方法(包括制样密度控制标准、模拟级配缩尺极限尺寸确定方法和试验结果整理方法等)是目前尚不成熟且迫切需要解决的疑难问题。

上述这些困难和原因,使得单纯依靠取样进行室内试验,很难可靠把握冰水堆积物土体的工程力学特性。因此,其物理力学指标的测试成果应现场试验和室内试验相结合,侧重原位试验。

5.1　试验方法的适宜性

对于冰水堆积物水利水电工程勘察,试验方法一般分为室内试验和现场原位试验。

5.1.1　室内试验

5.1.1.1　优点

首先试验者能够控制试验变量,通过这种控制,可以达到消除无关变量影响的目的;其次试样可以随机安排,使其特点在各种试验条件下相等,从而暴露出自变量和因变量之间的关系。

5.1.1.2　缺点

首先在实验室条件下所得到的结果缺乏概括力,即外在效度较低;其次实验室条件与现实生活条件相差甚远。

5.1.2 现场原位试验

5.1.2.1 优点

土体原位测试一般是指在水利水电工程勘察现场,在不扰动或基本不扰动土层的情况下对土层进行测试,以获得所测土层的物理力学性质指标及划分土层的一种岩土测试技术。它是一项自成体系的试验科学,在水利水电工程勘察中占有重要位置。这是因为它与钻探、取样、室内试验的传统方法比较起来,具有下列明显优点:

(1)减少实验室试验方法的人为性,有良好的内在效度和较高的外在效度。又由于控制了自变量,因此可以很好地掌握需研究的变量间的因果关系。

(2)可在拟建工程场地进行测试,无须取样,避免了因钻探取样所带来的一系列困难和问题,如原状样扰动问题等。

(3)原位测试所涉及的土样尺寸较室内试验样品要大得多,因而更能反映土的宏观结构(如裂隙等)对土的性质的影响。

5.1.2.2 缺点

对自变量控制程度较低,无关因素影响的可能性较大;且由于试验控制不严,难免有其他因素加入试验过程。另外,因为研究工作要跟随事件发展的本来顺序进行,因此花费时间较长。

5.2 原位大型剪切试验改进

5.2.1 研究及应用现状

通过冰水堆积物原位剪切试验研究,可从粗粒土抵抗剪切变形机制出发,并结合不同深度冰水堆积物地层进行粗粒土料的剪切试验,获得在不同应力状态下冰水堆积物层的剪应力与应变曲线、剪切强度曲线以及相应的抗剪强度参数;揭示了冰水堆积物土在推剪状态下的变形与破坏规律,为进一步研究粗粒土这种岩土混合介质的力学特性提供了科学数据。

冰水堆积物等粗粒土抗剪强度指标与粗粒土的物理特性、应力状态、测试方法及强度理论等相关。由于粗粒土具有物质组成的多样性、颗粒结构的不规则性以及试样的难以采集性等固有特征,要确定其强度指标较为困难。目前,冰水堆积物等粗粒土抗剪强度的研究主要针对如下几个方面:

(1)对比分析原位试验、室内大型直剪试验和三轴试验等,分析归纳不同堆积物的力学性质和试验结果。

(2)通过对试验进行改良,探讨新仪器对研究精度的提高作用,以及试验条件的适用性。

(3)在试验基础上对试验过程进行了有限元数值模拟,分析了计算模型的破坏过程,提出有针对性的本构关系。

(4)由于受地质条件、胶结程度、粒度分布范围及颗粒粒径等因素的影响,冰水堆积物等粗粒土的力学性质表现出明显的非线性。

(5)由于粗粒土的原状试样很难获得,粗粒土天然应力状态的强度指标难以通过室内的试验设备检测。野外大尺度原位试验是揭示粗粒土等非均质复杂地质介质力学特性的一种有效办法。

5.2.2　理论分析

冰水堆积物实际上是一种非典型的“混合土”,即粒径小于 0.075 mm 颗粒含量小于 25%,但其部分中间粒径缺乏。作为类混合土,其岩土试验方法及力学参数取值是土力学和工程领域中的一个重要问题。

5.2.2.1　粗粒土与细粒土孔隙结构的理想模式

粗粒土有其不同于细粒土的结构特征:粗粒径的卵、砾石形成骨架,细粒径的砂和粉粒、黏粒充填在粗粒孔隙中,形成基质。卵、砾石和砂主要提供摩擦力;粉粒、黏粒主要提供黏聚力,摩擦力很小。两种粒径范围不同的颗粒混合时,细颗粒充填在粗颗粒孔隙之中。

图 5-1 为不同含量粗粒土与细粒土孔隙结构的理想模式。当混合土完全由粗粒组成时,颗粒直接接触,颗粒之间为气体孔隙[见图 5-1(a)],此时混合土的抗剪强度为粗粒土颗粒的摩擦强度。当细粒土含量达到某一临界值时,细粒土全部充填在粗粒土颗粒之间的大孔隙中,粗粒土颗粒处于准接触状态,接触点上存在局部细粒土膜,该土膜得到强烈压实[见图 5-1(b)],此时混合土的抗剪强度受到粗粒土和细粒土的共同控制。继续增大细粒土含量,细粒土会占据粗粒土颗粒接触点之间的空间,粗粒土颗粒将彼此膨胀分离,处于“悬浮”状态[见图 5-1(c)],此时混合土的强度主要由细粒土控制,粗粒土颗粒间因为不接触,几乎不提供摩擦力。

5.2.2.2　粗颗粒含量对混合土强度的影响

已有的抗剪强度试验结果表明,混合土强度控制因素变化不是一个阈值,而是一个区间,见表 5-1。粗颗粒含量对混合土强度的影响反映了混合土结构形式对强度指标的影响,随着粗颗粒含量的增长,混合土的结构从典型的悬浮密实结构逐步转变为骨架密实结构,并最终变为骨架孔隙结构。不同结构形式的混合土强度存在明显的差异。许多学者的研究指出,在同等条件下,强度指标随大粒径颗粒所占的比例增大而增大。当粗粒含量小于 30%时,混合土处于图 5-1(c)的悬浮密实结构状态,即使有少量的大颗粒,对强度指标的影响也不大;当粗粒含量为 30%~70%时,混合土处于图 5-1(b)骨架密实结构,混合土的强度指标随大颗粒含量的增长而增长;当粗粒含量大于 70%时,混合土的抗剪强度主要由粗颗粒的摩擦强度提供。

表 5-1　影响抗剪强度指标变化的粗颗粒含量界限值　(%)

序号	粗颗粒含量低值	粗颗粒含量高值
1	30	60
2	30	70
3	50	70
4	40	—
5	—	65~70
6	20	60

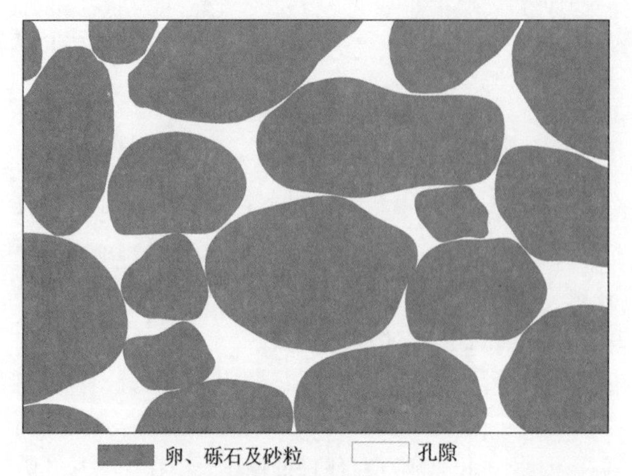

(a)粗粒组成的混合土

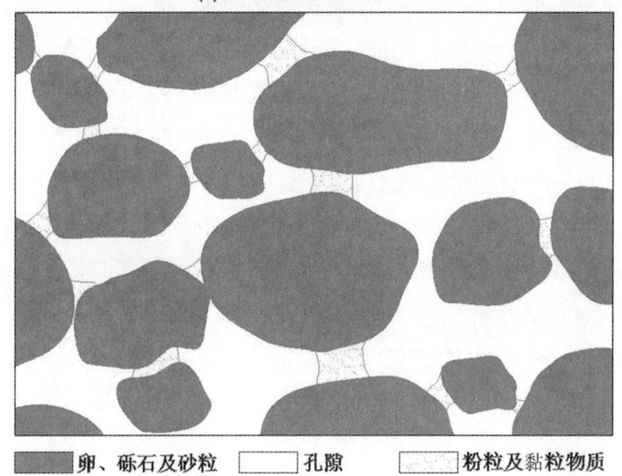

(b)接触点上存在局部细粒土膜的混合土

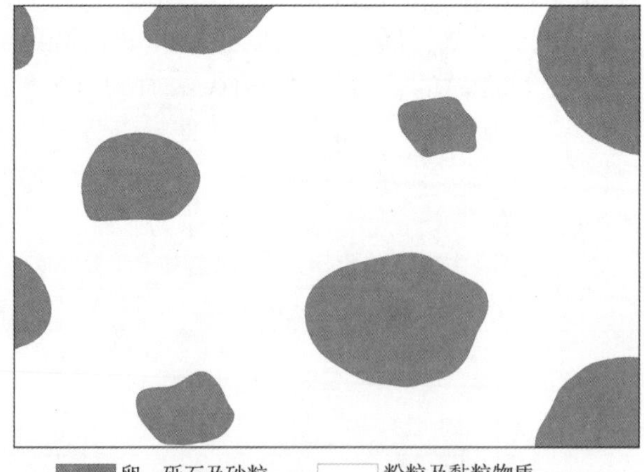

(c)粗粒土颗粒分离的混合土

图 5-1　不同含量粗粒土与细粒土孔隙结构的理想模式

5.2.3　试验方法改进

现场直剪试验不仅操作过程比较复杂,而且试验结果的精度易受多种不利因素的干扰。为了提高试验精度,须找出影响精度的不利因素,并提出相应的改进措施。通过对已有的操作方法总结发现,现场直剪试验遇到的主要问题有:①试件中粗颗粒粒径过大,②试件不规则;③剪切时反作用力不足;④试件粒度分析误差。以下对各种不利因素及相应的改进措施进行详细分析。

5.2.3.1　试件中粗颗粒粒径过大

由于冰川堆积物中多有漂石、卵石分布,尤其是在剪切面上,常遇到尺寸大于 1/5 试件断面面积的卵石。这使得试验结果受控于某个或某几个粗颗粒,不能反映冰川堆积物一般的力学特性。冰川堆积物各向异性明显,粗颗粒分布随机性大,无法预知待测试的试件中粗颗粒分布。因此,选取合适的试验点成为难点。为了克服粗颗粒粒径过大而对试验结果的不利影响,可增加剪切盒和试件的尺寸,从常规的 50 cm×50 cm×30 cm(长×宽×高)增至 60 cm×60 cm×35 cm(长×宽×高)。

5.2.3.2　试件不规则

常用的剪切盒都是固定尺寸和形状的,为了满足剪切盒的规格要求,必须制备合适尺寸和形状的试件,但在制备试件过程中,经常会遇到部分体积分布在预制试件内而另外部分出露在外的大卵石,此时就必须剔除该卵石;否则剪切盒无法套入试件中,造成试件形状很不规则,也破坏了试件的原状性,截面面积也只有原设计尺寸的 60%~70%。为了避免试件制备对试验结果的影响,在试件四周浇筑加筋混凝土保护层,浇筑成规则的四边形后套入剪切盒,为避免大颗粒影响,导致各试件浇筑尺寸存在偏差,剪切盒可由四块钢板组成,采用螺杆联结,可灵活调整剪切盒的尺寸。

5.2.3.3　剪切时反作用力不足

能否提供足够的反作用力是剪切试验成败的关键环节,以往反作用力主要依靠试坑壁堆积物内聚力和自重作用下的摩擦力提供。随着试件上部荷载的不断增大,剪切破坏所需的反作用力也就越大,这就要求试验坑有足够深度,试坑壁才能提供足够的反作用力。但往往因为受困于冰川堆积物的特殊物质组成,如试坑内遇到大漂石,试坑壁自稳性等众多问题,无法开挖足够深度的试验坑。在这种情况下,试坑壁提供的反作用力也就不能满足试验要求,造成试坑壁先于试件破坏。为了使试验顺利完成,必须对反作用力机制进行改进。最有效、简单的方法是在提供反作用力的坑壁增加荷载,增加其抵抗破坏的能力(见图 5-2)。为防治上部荷载将坑壁压塌,需根据千斤顶施加应力协调进行。

5.2.3.4　试件粒度分析误差

冰水堆积物的粒度组成是影响力学性质的重要因素,因此在现场剪切试验完成后,需对试样进行颗粒分析。室内试验筛分法适用于粒径小于 60 mm 的土,冰水堆积物往往含大量漂石、卵石,根据前述理论分析,大颗粒的占比对破坏形式影响极大。如果人为忽略

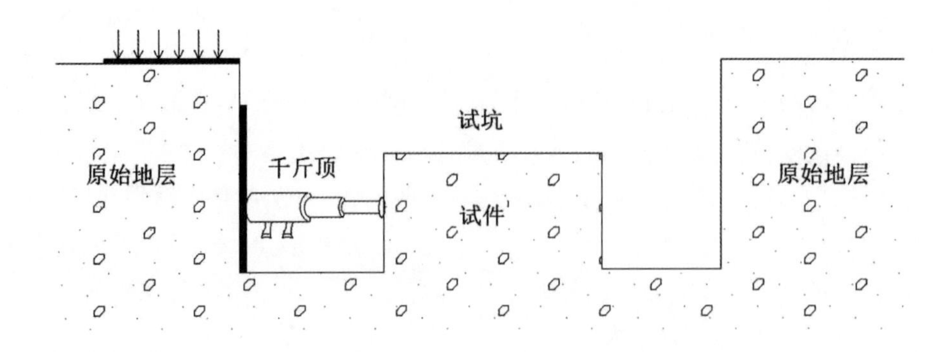

图 5-2　坑壁增加荷载简图

大颗粒的漂石、卵石，将造成分析结论与实际严重不符。为此需对试验方法进行改进，进行全粒径分析。先在现场配备大粒径颗分筛，分别配备 60 mm、200 mm 的颗分筛，筛分后称重，将小于 60 mm 的样品带回室内进行颗分试验。

5.2.4　冰水堆积物试验方法与过程

5.2.4.1　试验地层

（1）全新统冲积、冰水积卵石层（Q_4），杂色，泥质微胶结，结构密实，局部夹有薄层或透镜状砂层，该层漂石和卵石含量占 50%～65%，一般粒径 3～7 cm，漂石含量较少；圆砾含量占 10%～20%，中粗砂充填。卵石、圆砾母岩成分主要为砂岩、花岗岩、石英岩、硅质岩、燧石等。级配不良，磨圆度较好，分选性较差。

（2）下更新统冰水堆积卵石层（Q_1），杂色，泥质微胶结，结构密实，局部夹薄层或透镜状砂层，该层漂石和卵石含量占 50%～62%，一般粒径 3～7 cm，漂石含量较少；圆砾含量占 10%～25%，中粗砂充填。卵石、圆砾母岩成分主要为砂岩、花岗岩、石英岩、硅质岩、钙质泥岩、燧石等。级配不良，磨圆度较好，分选性较差。

5.2.4.2　试验方法

堆积物抗剪强度试验采用平推直剪法（见图 5-3），即剪切荷载平行于剪切面施加的方法：在每组的 4 个试样上分别施加不同的竖直荷载，待变形稳定后开始施加水平荷载，水平荷载的施加按照预估最大剪切荷载的 8%～10%分级均匀等量施加，当所加荷载引起的水平变形为前一级荷载引起变形的 1.5 倍以上时，减荷按 4%～5%施加，直至试验结束。在全部剪切过程中，竖直荷载应始终保持为常数。加力系统采用油泵（装有压力表）和千斤顶，位移用百分表测量。通过加力系统压力表和安装在试样上的测表分别记录相应的应力和位移，图 5-4 为原位剪切试验仪器布置图。

考虑试验加载系统和计量系统的复杂性，且智能性较低，可对加压系统、位移测量和测力系统进行数字化改良和集成，提高原位剪切试验的工作效率和降低成本，达到对冰水堆积物抗剪强度指标准确、快速、高效全过程等数据及曲线的获取。

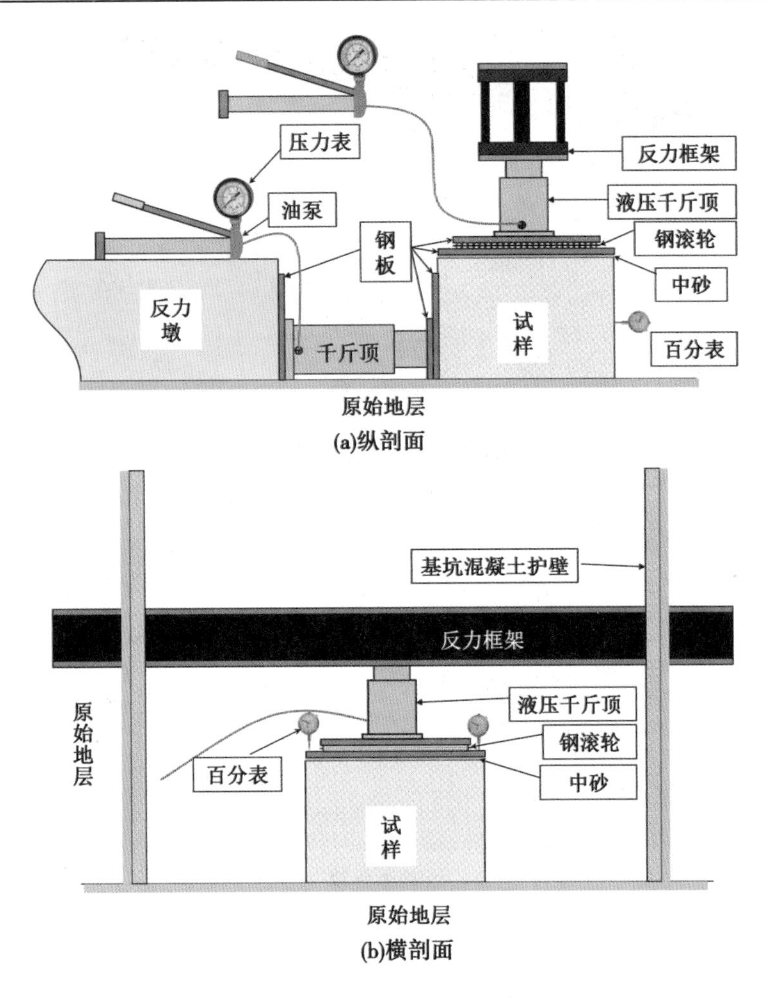

图 5-3　原位剪切试验示意

5.2.4.3　**试验过程**

1. 试样制备

开挖加工新鲜试样，试样尺寸为 50 cm×50 cm×30 cm（长×宽×高），其上浇筑规格为 60 cm×60 cm×35 cm（长×宽×高）的加筋混凝土保护套。同一组试样的地质条件应尽量一致。

2. 仪器安装及试验

首先安装竖直加荷系统，然后安装水平加荷系统，最后布置安装测量系统。检查各系统安装妥当即可开始试验，记录各个阶段的应力及位移量，当剪切位移达到试验要求后结束试验，依次拆试验设备，并对不同试验条件下试样剪切破坏面颗粒粒度组成及破坏形式进行详细描述，为分析冰水堆积物剪切破坏机制提供依据。

3. 试验成果整理

试验完成后根据剪应力（τ）及剪应变（ε）绘制τ—ε 曲线，再根据曲线确定抗剪试验的比例极限（直线段）、屈服极限（屈服值）、峰值，然后分别按照各点的正应力（σ）绘制各阶段的τ—σ 曲线，最后由库仑公式：

(a)千斤顶布置

(b)油泵布置

图 5-4 原位剪切试验仪器布置

$$\tau = f \times \sigma + c \tag{5-1}$$

确定出冰水堆积物土体抗剪过程中各阶段的内摩擦系数(f)及黏聚力(c)。

5.2.5 试验结果

5.2.5.1 应力应变特性

针对冰水堆积物进行了不同深度原位剪切试验,试验剪应力(τ)—剪切位移(l)曲线如图 5-5 所示。从图 5-5 中可以看出,随着试验深度的增加,堆积体发生屈服破坏时,剪切位移逐渐减小。这是由于土体发生破坏前所能产生位移的空间随深度的增加而减小,即随着深度的增加,土体的孔隙减小,密实度增加。由此推断出,随着深度的增加,冰水堆积物更易发生塑性变形破坏。图 5-5 中的曲线显示,冰水堆积物的剪应力随剪切位移的增加而增加,但增加速率越来越慢,最后逼近一渐近线。在塑性理论中,冰水堆积物的应力—应变曲线属于位移硬化型,这是由于冰水堆积物在沉积过程中,长宽比大于 1 的片状、棒状颗粒在重力作用下倾向于水平方向排列而处于稳定的状态;在随后的固结过程中,竖向的上覆土体重力产生的竖向应力与水平土压力产生的水平应力大小是不等的。在试验中,体应变只能是由剪应力引起的,由于剪应力引起土颗粒间相互位置的变化,使其排列发生变化而使颗粒间的孔隙变大,从而发生了剪胀。而平均主应力增量 Δp 在加

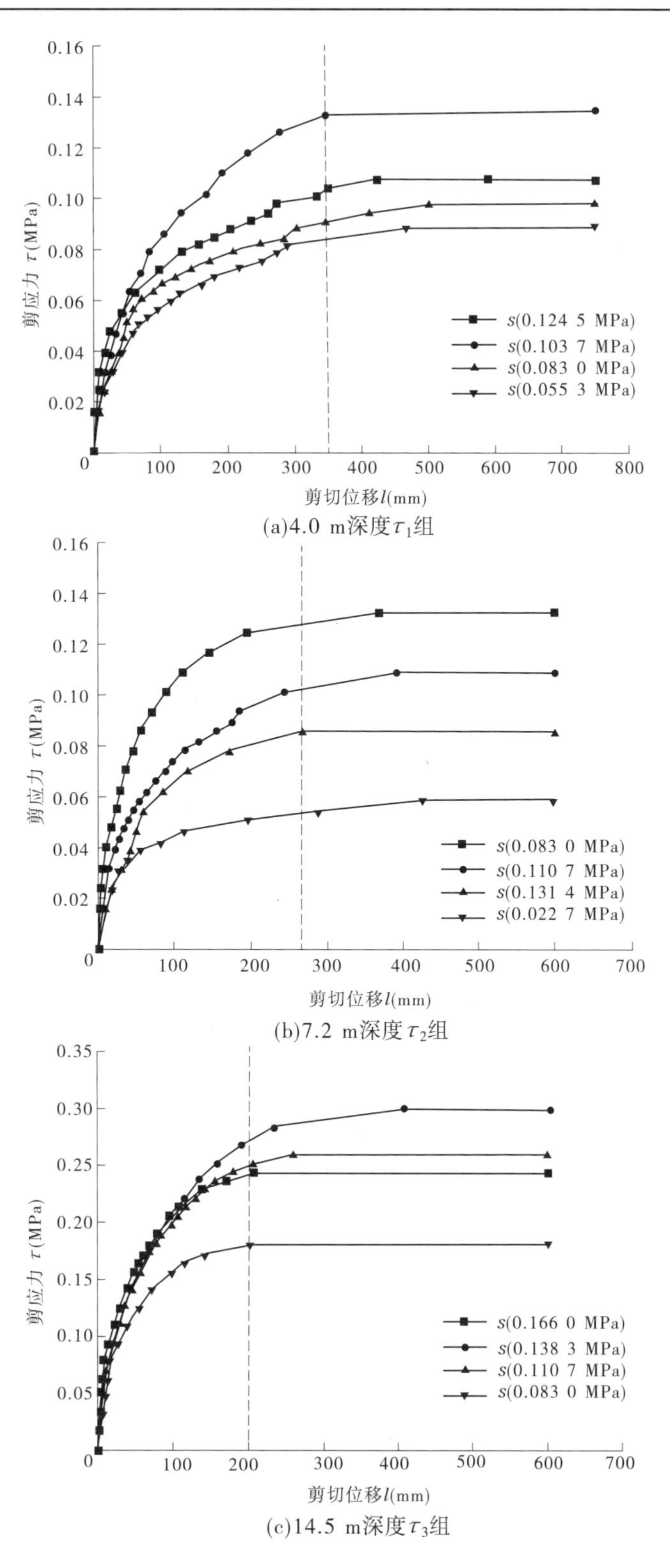

(a)4.0 m深度τ_1组

(b)7.2 m深度τ_2组

(c)14.5 m深度τ_3组

图 5-5　不同深度冰水堆积物原位剪切试验 τ—l 曲线（s 为竖直压力）

载过程中总是正的,土颗粒趋于恢复到原来的最小能量的水平状态,剪切过程中剪应力要克服冰水堆积物的原始状态,在达到峰值强度后,剪应力未发生随应变增加而下降的现象。

5.2.5.2　抗剪强度特性

对于冰水堆积物剪切试验中以漂石、卵石等粗颗粒作为骨架,细颗粒填充其中的堆积体,当受到剪切应力的时候,粗颗粒沿着剪应力的方向相互挤压、错动,在剪应力达到一定程度时,其原有土体结构遭到破坏。图 5-6 为三组冰水堆积物剪切试验 $\tau-\sigma$ 曲线,通过曲线可以获得三组试验的冰水堆积物的抗剪强度参数,见表 5-2。

表 5-2　抗剪强度试验成果汇总

试验编号	试验深度 (m)	含水量 ω(%)	天然密度 ρ(g/cm^3)	干密度 ρ_d (g/cm^3)	孔隙比 e	饱和度 Sr(%)	定名	抗剪参数		初始剪切应力 τ_0 (kPa)
								f	c (kPa)	
τ_1	4.0	3.1	2.19	2.12	0.274	30.5	卵石	0.54	40.0	25.6
τ_2	7.2	3.0	2.17	2.11	0.282	28.9	卵石	0.80	37.0	36.7
τ_3	14.5	8.0	2.28	2.11	0.279	77.4	卵石	0.88	78.0	36.2

一般散体材料都有一定的黏结性,由于土体表观为黏聚力,即由吸附强度或土颗粒之间的咬合作用形成的不稳定黏聚力,本身就具有一个初始的剪切应力 τ_0。在理想的散体材料中,当 $\tau_0=0$ 时,抗剪角等于内摩擦角。在一般土体中,根据具有黏结性的散体材料应力图,可以求得初始剪切应力 τ_0。

$$\tau_0 = \frac{h_0\rho g}{2}\tan(45° - \frac{\varphi}{2}) = \frac{h_0\rho g}{2(f + \sqrt{1 + f^2})} \tag{5-2}$$

式中:h_0 为材料竖直壁的最大高度,反映材料黏性;ρ 为堆积密度;φ 为内摩擦角;f 为抗剪系数。

表 5-2 中的数据显示,式(5-2)计算出的 τ_0 小于由图解法得到的土体表观黏聚力 c 值,且当试验深度为 4.0 m 和 14.5 m 时,明显小于 c 值。假定冰水堆积物中含的黏粒、含水量一定时,土体中的黏聚力变化不大,冰水堆积物离地面越近,密实度越小,颗粒的接触面面积相对较小,其表观黏聚力中由咬合作用形成的不稳定黏聚力占的比例较大;当土层深度较大时,密实度越大,颗粒的接触面面积相对较大,但颗粒咬合得更加紧密,其表观黏聚力中由咬合作用形成的不稳定黏聚力占的比例也会较大。这表明在抗剪切强度参数中咬合力在松散和密实两种情况下对表观黏聚力影响较大。影响抗剪强度的因素取决于颗粒之间的内摩擦阻力和黏聚力。对于粗粒土的黏聚力问题,一般认为颗粒间无黏结力。但因颗粒大小悬殊,充填其中颗粒间相互咬合嵌挂,在剪切过程中外力既要克服摩擦力做功,又要克服颗粒间相互咬合嵌挂作用做功,所以冰水堆积物无黏性粗粒土在剪切过程中存在有咬合力。

5.2.6　冰水堆积物剪切强度对比分析

在勘察成果中,冰水堆积物地层的抗剪强度参数一般来源于地区经验、规范和手册的

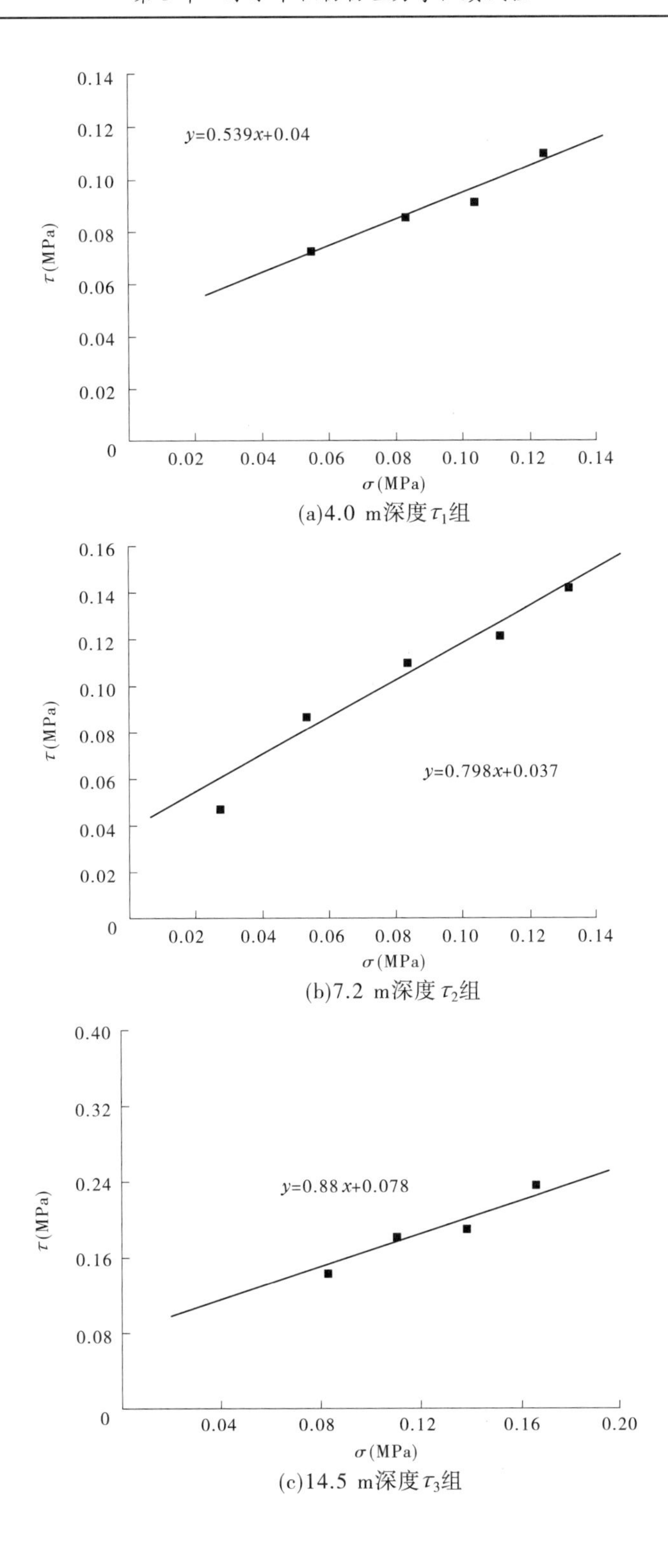

(a)4.0 m深度 τ_1组

(b)7.2 m深度 τ_2组

(c)14.5 m深度 τ_3组

图 5-6　不同深度冰水堆积物剪切试验 τ—σ 曲线

建议值、室内大型剪切试验和原位剪切试验，前两者都是在大量统计数据基础上总结出来的，基本满足大部分工程对抗剪强度参数的需要，一般情况前三者得出的参数偏于保守。表 5-3 是规程和手册中给出的部分水电工程粗粒土层强度参数经验值。

表 5-3　部分水电工程粗粒土层强度参数

工程名称	土名	变形模量(MPa)	抗剪强度	
			c(kPa)	φ(°)
锦屏二级水电站	含孤块石卵砾石层	42~46	0	29~30
	含漂卵砾石层	52~56	0	30~31
桐子林水电站	含漂卵砾石层	50~60	0	27~29
	含漂卵砾石层	50~60	0	27~29
双江口	砂卵砾石	30~35	0	26~28
	漂卵砾石	50~55	0	30~32
福堂水电站	漂卵砾石	55~65	0	30~31
阴坪水电站	砂卵石	40~50	0	30~32
	含漂砂卵石	50~60	0	30~35
沃卡水电站建议值	稍密卵石土	—	0	30~35
	中密卵石土	—	0	35~40
	密实卵石土	—	0	40~45

5.3　偏桥水电站钻孔旁压试验

5.3.1　旁压试验原理

旁压测试是冰水堆积物细粒土常用的原位测试技术，实质上是一种利用钻孔进行的原位横向载荷试验。其原理是通过旁压探头在竖直的孔内加压，使旁压膜膨胀，并由旁压膜（或护套）将压力传给周围土体，使土体产生变形直至破坏，并通过量测装置测出施加的压力和土体变形之间的关系，然后绘制应力—应变（或钻孔体积增量或径向位移）关系曲线。根据这种关系曲线对所测土体（或软岩）的承载力、变形性质等进行评价。图 5-7 为旁压试验的原理示意。

旁压试验的优点是与平板载荷测试比较而显现出来的。它可在不同深度上进行测试，所得堆积物承载力值和平板载荷测试结果具有良好的相关关系。

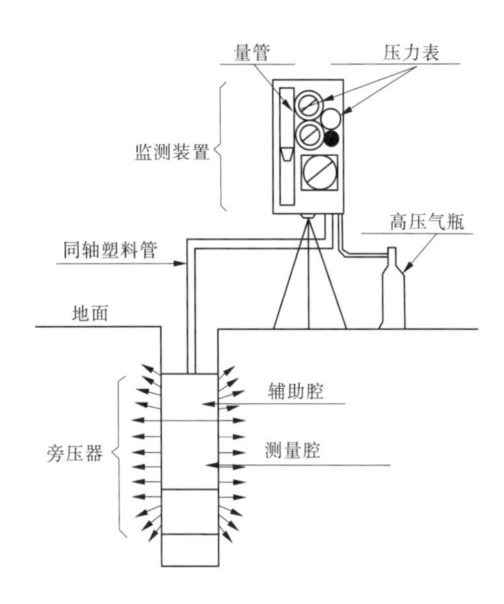

图5-7 旁压试验的原理示意图

旁压试验与载荷试验在加压方式、变形观测、曲线形状及成果整理等方面都有相似之处,甚至有相同之处,其用途也基本相同。但旁压试验设备轻,测试时间短,并可在堆积物的不同深度上,特别是地下水位以下的细粒土层进行测试,因而应用比载荷测试更为广泛。

5.3.2 试验仪器和试验方法

目前,旁压仪类别很多,主要有预钻式旁压仪(menard pressuremeter)、自钻式旁压仪(self-boring pressuremeter)、压入式旁压仪(push-in pressuremeter)、排土式旁压仪(full-displacement pressuremeter)和扁平板旁压仪(dilatonmeter)。

梅纳G型旁压仪(预钻式),其最大压力10 MPa,探头直径58 mm,探头测量腔长210 mm,加护腔总长420 mm。试验采用直径58 mm的旁压探头或加直径74 mm的护管,探头最大膨胀量约600 cm^3。试验时读数间隔为1 min、2 min、3 min,以3 min的读数为准进行整理。

旁压试验对钻孔的要求:钻孔时尽量用低速钻进,以减小对孔壁的扰动;孔壁完整,且不能穿过大块石;试验孔径与旁压探头直径要尽量接近。

试验前对旁压仪进行了率定。率定内容包括旁压器弹性膜约束力和旁压器的综合变形,目的是校正弹性膜和管路系统所引起的压力损失或体积损失。

5.3.3 偏桥水电站旁压试验

采用法国梅纳G型预钻式旁压仪,在坝区现场对坝址区ZK65号钻孔堆积物进行了原位旁压试验，获得了黏土层旁压模量及极限压力等原位试验力学指标。

试验步骤：先用较大口径的钻头钻孔至试验黏土层顶部，再用合适口径的钻头进行旁压试验钻孔，进尺 1.2~1.5 m。如未遇大块石则下旁压探头进行旁压试验；否则，对已进尺部位进行扩孔至先前进尺位置，再钻旁压试验孔。

根据 ZK65 号孔现场旁压试验绘制的旁压荷载 P 与体积 V 关系变化曲线(见图 5-8)，经进一步整理可以得到旁压荷载与旁压位移(以半径 R 的变化表示)的关系曲线。

5.3.3.1　极限压力

极限压力 P_L，理论上指的是当 P—V 旁压曲线通过临塑压力后使曲线趋于铅直的压力。由于受加荷压力或中腔体积变形量的限制，实际工程中很难达到，因此一般采用 2 倍体积法，即按下式计算的体积增量 V_L 时所对应的压力为极限压力 P_L 值。

$$V_L = V_c + 2V_0 \tag{5-3}$$

式中：V_L 为对应于 P_L 时的体积增量，cm^3；V_c 为旁压器中腔初始体积，cm^3；V_0 为弹性膜与孔壁紧密接触时(相当于土层的初始静止侧压力 K_0 状态，对应压力 P_0)的体积增量，cm^3。

在试验过程中，由于测管中液体体积的限制，试验较难满足体积增量达到 V_c+2V_0(相当孔穴原来体积增加 1 倍)的要求。这时，根据标准旁压曲线的特征和试验曲线的发展趋势，采用曲线板对曲线延伸(旁压试验曲线的虚线部分)，延伸的曲线与实测曲线应光滑自然地连接，取 V_L 所对应的压力作为极限压力 P_L。

5.3.3.2　旁压变形模量

由于细粒土的散粒性和变形的非线弹塑性，土体变形模量的大小受应力状态和剪应力水平的影响显著，且随测试方法的不同而变化。

通过旁压试验测定的变形模量称为旁压模量 E_m，是根据旁压试验曲线整理得出的反映土层中应力和体积变形(亦可表达为应变的形式)之间关系的一个重要指标，它反映了堆积物细粒土层横向(水平方向)的变形性质。根据梅纳的旁压试验分析理论，旁压模量 E_m 的计算公式为

$$E_m = 2(1 + \mu)(V_c + V_m)\frac{\Delta P}{\Delta V} \tag{5-4}$$

式中：E_m 为旁压模量，kPa；μ 为土的泊松比(对黏土根据土的软硬程度取 0.45~0.48，对黏土夹砾石土取 0.40)；V_m 为平均体积增量(取旁压试验曲线直线段两点间压力所对应的体积增量的一半)，cm^3；$\frac{\Delta P}{\Delta V}$为 P—V 曲线上直线段斜率，kPa/cm^3。

经计算求得各测试点的旁压模量结果见表 5-4。

一般情况下，旁压模量 E_m 比 E_0 小，这是因为 E_m 是综合反映了土层拉伸和压缩的不同性能，而平板载荷试验方法测定的 E_0 只反映了土的压缩性质，它是在一定面积的承压板上对堆积物细粒土逐级施加荷载，观测土体的承受压力和变形的原位试验。旁压试验为侧向加荷，E_m 反映的是土层横向(水平方向)的力学性质，E_0 反映的是土层垂直方向的

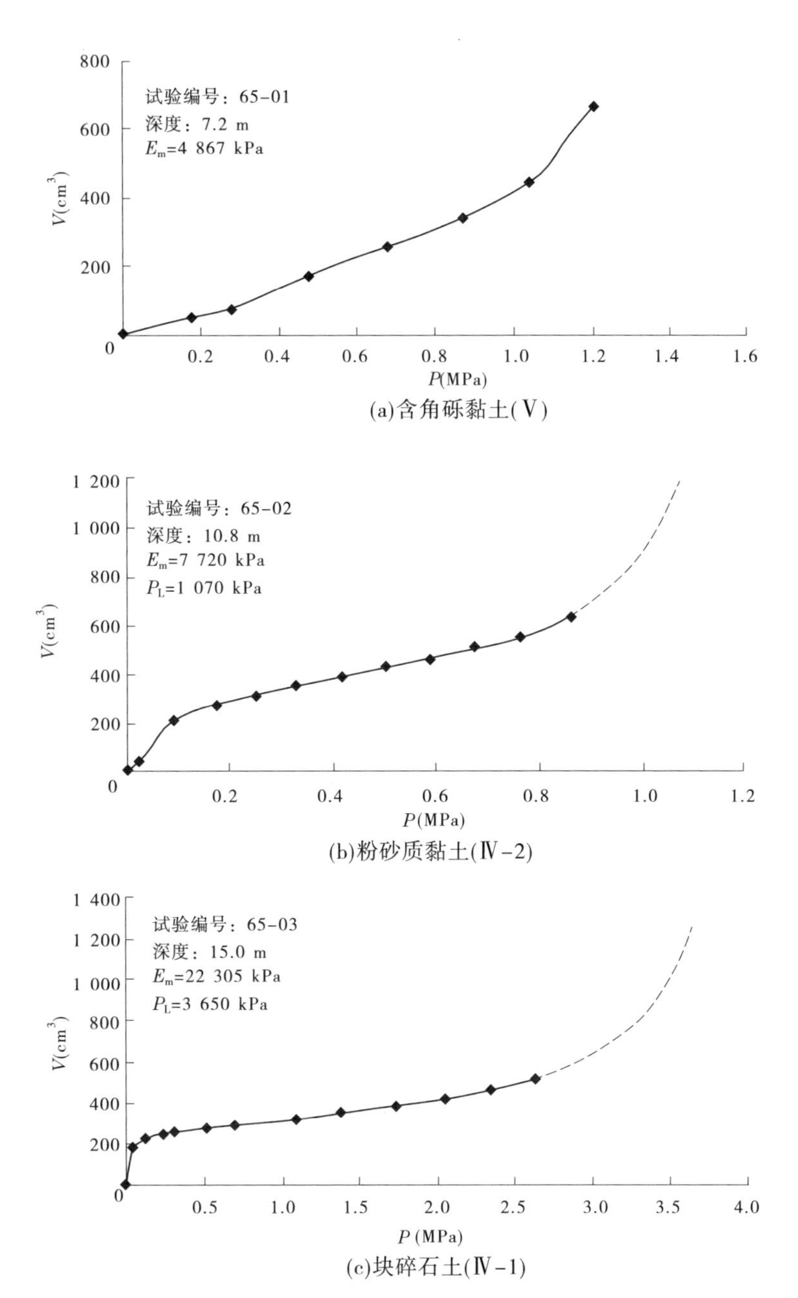

(a)含角砾黏土(Ⅴ)

(b)粉砂质黏土(Ⅳ-2)

(c)块碎石土(Ⅳ-1)

图5-8 ZK65号孔旁压试验曲线

力学性质。

变形模量是计算坝基变形的重要参数，表示在无侧限条件下受压时土体所受的压应力与相应的压缩应变之比。梅纳提出用土的结构系数α将旁压模量和变形模量联系起来。

$$E_m = \alpha E_0 \tag{5-5}$$

式中，α 值为 0.25~1，它是土的类型和 E_m/P_L 比值的函数，梅纳根据大量对比试验资料将其制成表格，给出经验值见表 5-5。

表 5-4 旁压试验计算结果

试验编号		V_c (cm^3)	V_0 (cm^3)	V_L (cm^3)	P_L (kPa)	V_m (cm^3)	$\Delta P/\Delta V$ (MPa/cm^3)	E_m (kPa)
ZK65	65-01	550				240	1.9/900	4 867
	65-02	812	190	1 192	1 070	405	1.4/640	7 720
	65-03	812	220	1 252	3 650	320	1.9/270	22 305
	65-04	812	170	1 152	2 400	290	2.24/380	18 189
	65-05	812	220	1 252	4 800	465	3.5/380	32 933
	65-06	812	100	1 012	7 850	170	8.0/240	91 653
	65-07	812	50	912	3 700	109	1.5/100	40 064
	65-08	550	0	550	2 200	60	1.45/140	18 472
	65-10	550	120	790	2 100	250	1.3/140	21 543
	65-11	812	270	1 352	6 400	375	4.0/200	68 846
	65-12	812	130	1 072	4 900	240	7.0/520	41 068
	65-13	812	170	1 152	5 800	330	6.0/490	39 154

实际上，E_m/P_L 值的变化范围较大，根据表 5-5 和各试验的 E_m/P_L 值，对黏土的 E_m/P_L 值取 0.67，泥夹卵砾土的 E_m/P_L 值取 0.5，含泥中粗砂的 E_m/P_L 值取 0.33。这样取值计算得到的变形模量总体上是偏小和安全的。经计算求得的各测试点的变形模量 E_0 结果见表 5-6，旁压试验成果汇总见表 5-7。

统计各孔旁压试验结果的汇总情况，这些试验结果反映了各试验土层的绝对软硬情况和承载能力。

表 5-6 和表 5-7 中的旁压试验成果反映了黏土层的绝对刚度和强度，也反映了土层的土性状态，也包含有有效上覆压力的影响。对于相同土性状态的黏土层，有效上覆压力（埋置深度）越大则旁压模量和极限压力越大。

表 5-8 为旁压试验成果统计结果，表 5-9 为前人总结的常见土的旁压模量和极限压力值的变化范围。

表 5-5　土的结构系数经验值

土类	E_m/P_L	超固结土	正常固结土	扰动土	变化趋势
淤泥	E_m/P_L				
			1		
黏土	E_m/P_L	>16	9~16	7~9	大 ↑
		1	0.67	0.5	小
粉砂	E_m/P_L	>14	8~14		
		0.67	0.5	0.5	
砂	E_m/P_L	>12	7~12		
		0.5	0.33	0.33	
砾石和砂	E_m/P_L	>10	6~10		
		0.33	0.25	0.25	

表 5-6　旁压模量计算

试验编号		土类和土的状态	E_m (kPa)	P_L (kPa)	E_m/P_L	μ	E_0 (kPa)
ZK65	65-01	黑色黏土	4 867			0.67	7 264
	65-02	红色黏土,夹少量砂砾石	7 720	1 070	7.21	0.67	11 523
	65-03	含黏土砂砾石	22 305	3 650	6.11	0.50	44 609
	65-04	含黏土砂砾石	18 189	2 400	7.58	0.50	36 378
	65-05	含黏土砂砾石	32 933	4 800	6.86	0.50	65 866
	65-06	含黏土砂砾石	91 653	7 850	11.68	0.50	183 307
	65-07	灰黑色黏土	40 064	3 700	10.83	0.67	59 796
	65-08	灰黑夹土红色黏土	18 472	2 200	8.40	0.67	27 570
	65-10	土红色黏土	21 543	2 100	10.26	0.67	32 154
	65-11	青黑色黏土	68 846	6 400	10.76	0.67	102 755
	65-12	土红色黏土	41 068	4 900	8.38	0.67	61 296
	65-13	含黏土中粗砂	39 154	5 800	6.75	0.33	118 649

表 5-7　旁压试验成果汇总

试验编号		试验点深度(m)	岩性(岩组)	旁压试验极限压力 P_L(kPa)	旁压模量 E_m(kPa)	变形模量 E_0(kPa)
ZK65	65-01	7.2	含角砾黏土(Ⅴ)		4 867	7 264
	65-02	10.8	粉砂质黏土(Ⅳ-2)	1 070	7 720	11 523
	65-03	15.0	块碎石土(Ⅳ-1)	3 650	22 305	44 609
	65-04	17.8	块碎石土(Ⅳ-1)	2 400	18 189	36 378
	65-05	21.9	块碎石土(Ⅳ-1)	4 800	32 933	65 866
	65-06	27.4	块碎石土(Ⅳ-1)	7 850	91 653	183 307
	65-07	37.75	粉砂质黏土(Ⅲ)	3 700	40 064	59 796
	65-08	38.98	粉砂质黏土(Ⅲ)	2 200	18 472	27 570
	65-10	42.0	粉砂质黏土(Ⅲ)	2 100	21 543	32 154
	65-11	44.38	粉砂质黏土(Ⅲ)	6 400	68 846	102 755
	65-12	47.58	粉砂质黏土(Ⅲ)	4 900	41 068	61 296
	65-13	49.4	粉砂质黏土(Ⅲ)	5 800	39 154	118 649

表 5-8　不同岩组旁压试验成果统计

岩组		Q_4^{al}-Ⅴ	Q_3^{al}-Ⅳ		Q_3^{al}-Ⅲ
岩性		漂块石碎石土夹砂卵砾石层	粉砂质黏土(Ⅳ-2)	块碎石土(Ⅳ-1)	粉砂质黏土
极限压力 P_L (kPa)	最大值	—	2 570	7 850	6 400
	最小值	—	810	2 400	2 100
	平均值	1 140	1 605	4 675	4 183
旁压模量 E_m(kPa)	最大值	7 926	26 043	91 653	68 846
	最小值	4 867	3 830	18 189	18 472
	平均值	6 396.5	11 829	41 270	38 191
变形模量 E_0(kPa)	最大值	15 853	38 871	183 307	118 649
	最小值	7 264	5 717	36 378	27 570
	平均值	11 559	17 656	82 540	67 037

表 5-9　常见土的旁压模量和极限压力值的变化范围

土类	旁压模量 E_m(100 kPa)	极限压力 P_L(100 kPa)
淤泥	2~5	0.7~1.5
软黏土	5~30	1.5~3.0
可塑黏土	30~80	3~8
硬黏土	80~400	8~25
泥灰岩	50~600	6~40
粉砂	45~120	5~10
砂夹砾石	80~400	12~50
紧密砂	75~400	10~50
石灰岩	800~20 000	50~150

为了便于比较和分析试验结果、评价细粒土力学状态，采用归一的方法以消除有效上覆压力 σ'_v 的影响，即把在不同有效上覆压力 σ'_v 下的试验结果归一为统一的有效上覆压力 σ'_v 下进行比较。归一中采用旁压模量 E_m(kPa)与有效上覆压力 σ'_v 的如下关系：

$$E_m(\text{kPa}) = E_{m(98\ \text{kPa})}(\sigma'_v/P_a)^{0.5} \tag{5-6}$$

式中：$E_{m(98\ \text{kPa})}$ 为有效上覆压力等于 98 kPa 下的旁压模量值；P_a 为工程大气压力，取 98 kPa。

表 5-10 给出了经过压力归一后的旁压模量 $E_{m(98\ \text{kPa})}$ 的结果。

表 5-10　旁压模量归一化计算

试验编号	土名	试验点深度(m)	上部土层数	土层厚度(m)	土层浮容重(kN/m^3)	有效分层压力(kPa)	有效总压力 σ'_v(kPa)	旁压模量(kPa)	归一旁压模量(kPa)
65-01	含角砾黏土(Ⅴ)	7.20	1	7.2	11.42	82.22	82.22	4 867	5 313
65-02	粉砂质黏土(Ⅳ-2)	10.80	2	10.0	11.42	114.20	122.66	7 720	6 900
				0.8	10.58	8.46			
65-03	块碎石土(Ⅳ-1)	15.00	3	10.0	11.42	114.20	170.75	22 305	16 898
				1.8	10.58	19.04			
				3.2	11.72	37.50			
65-04	块碎石土(Ⅳ-1)	17.80	3	10.0	11.42	114.20	203.56	18 189	12 620
				1.8	10.58	19.04			
				6.0	11.72	70.32			

续表 5-10

试验编号	土名	试验点深度(m)	上部土层数	土层厚度(m)	土层浮容重(kN/m^3)	有效分层压力(kPa)	有效总压力σ'_v(kPa)	旁压模量(kPa)	归一旁压模量(kPa)
65-05	块碎石土(Ⅳ-1)	21.90	3	10.0	11.42	114.20	251.62	32 933	20 553
				1.8	10.58	19.04			
				10.1	11.72	118.37			
65-06	块碎石土(Ⅳ-1)	27.40	3	10.0	11.42	114.20	316.08	91 653	51 035
				1.8	10.58	19.04			
				15.6	11.72	182.83			
65-07	粉砂质黏土(Ⅲ)	37.75	4	10.0	11.42	114.20	430.02	40 064	19 126
				1.8	10.58	19.04			
				18.2	11.72	213.30			
				7.75	10.77	83.47			
65-08	粉砂质黏土(Ⅲ)	38.98	4	10.0	11.42	114.20	443.26	18 472	8 686
				1.8	10.58	19.04			
				18.2	11.72	213.30			
				8.98	10.77	96.72			
65-10	粉砂质黏土(Ⅲ)	42.00	4	10.0	11.42	114.20	475.79	21 543	9 777
				1.8	10.58	19.04			
				18.2	11.72	213.30			
				12.0	10.77	129.24			
65-11	粉砂质黏土(Ⅲ)	44.38	4	10.0	11.42	114.20	501.42	68 846	30 436
				1.8	10.58	19.04			
				18.2	11.72	213.30			
				14.38	10.77	154.87			
65-12	粉砂质黏土(Ⅲ)	47.58	4	10.0	11.42	114.20	535.88	41 068	17 562
				1.8	10.58	19.04			
				18.2	11.72	213.30			
				17.58	10.77	189.34			
65-13	粉砂质黏土(Ⅲ)	49.40	4	10.0	11.42	114.20	555.49	39 154	16 446
				1.8	10.58	19.04			
				18.2	11.72	213.30			
				19.4	10.77	208.94			

通过对压力归一的旁压模量值 $E_{m(98\ kPa)}$ 的分析,可以比较各细粒土的相对软硬状态和评价土层的土性状态。表 5-11 给出了归一后旁压模量 $E_{m(98\ kPa)}$ 的统计结果,其最大值、最小值相差 3.5 倍。各岩组土层的旁压试验结果比较离散,反映了堆积物结构复杂、密实度差异大等特点,以致试验点对应的细粒土土性状态变化较大。

表 5-11　归一化后旁压模量统计

岩组		Q_4^{al}-V	Q_3^{al}-Ⅳ		Q_3^{al}-Ⅲ
岩性		漂块石碎石土夹砂卵砾石层	粉砂质黏土(Ⅳ-2)	块碎石土(Ⅳ-1)	粉砂质黏土
归一后旁压模量 $E_{m(98\ kPa)}$(kPa)	最大值	10 182	25 449	51 035	30 436
	最小值	5 313	4 256	12 620	8 686
	平均值	7 746	11 907	25 277	17 006

5.4　多布水电站冰水堆积物物理力学性质

多布水电站河床分布有 360 m 的深厚冰水堆积物,为查明其变形强度特性,开展了现场载荷试验、砂层钻孔旁压试验和动力触探试验等,通过多方法的原位测试,获取了冰水堆积物的变形模量和承载力特征值,并对三种方法进行对比分析。

5.4.1　载荷试验

载荷试验是研究和取得地基承载力、变形模量的最基本方法,是一种较接近于实际基础受力状态和变形特征的现场模拟性试验。多布水电站在坝址区多成因深厚堆积物中开展了 16 组载荷试验。试验采用圆形刚性承压板法,所选用的承压板直径 35 cm,加荷方式采用逐级连续升压直至破坏的加压方式。

根据现场试验原始记录,计算出荷载值 P(MPa)及相应的沉降量 S(mm),绘制出 P—S 关系曲线(见图 5-9~图 5-20),并根据此曲线确定比例极限 P_0、屈服极限 P_r 和极限荷载 P_L,各强度特征点,其载荷试验成果详见表 5-12。

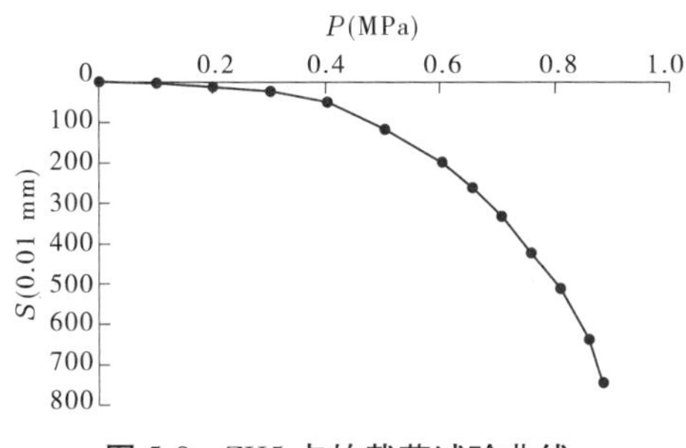

图 5-9　ZH5 点的载荷试验曲线

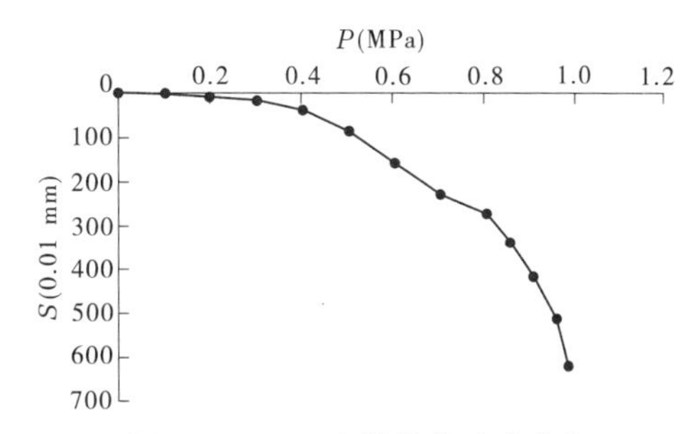

图 5-10　ZH6 点的载荷试验曲线

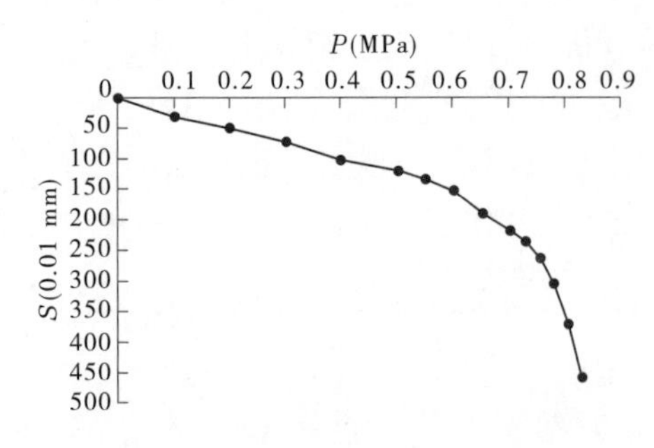

图 5-11　ZH7 点的载荷试验曲线

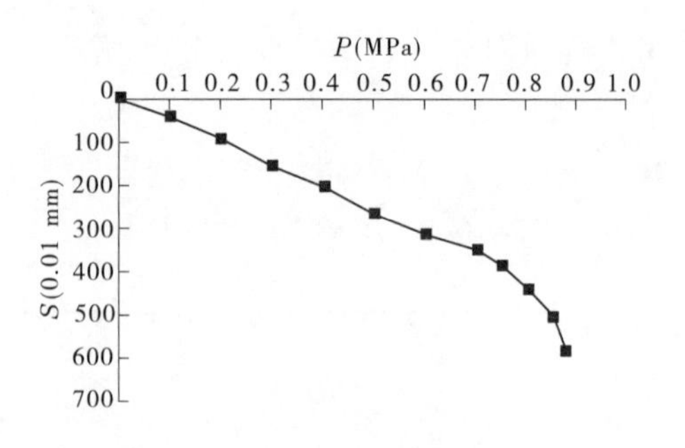

图 5-12　ZH8 点的载荷试验曲线

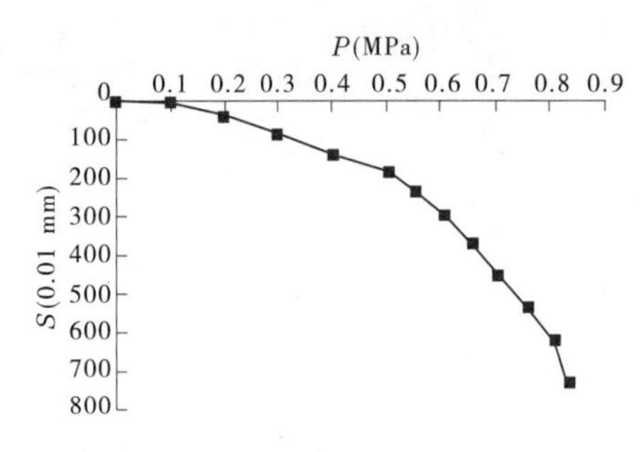

图 5-13　ZH9 点的载荷试验曲线

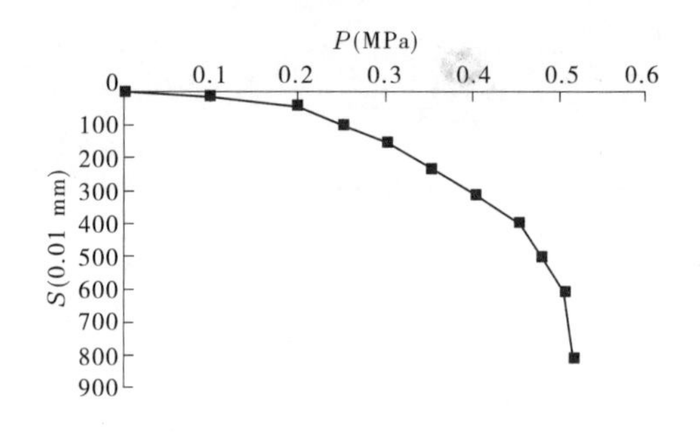

图 5-14　ZH10 点的载荷试验曲线

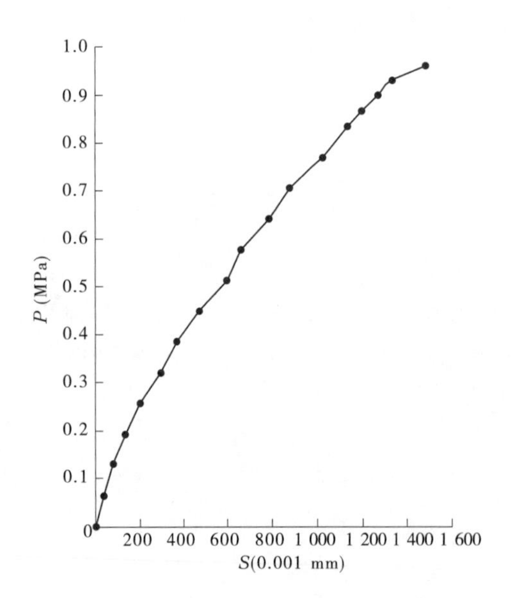

图 5-15　ZH11 点的载荷试验曲线

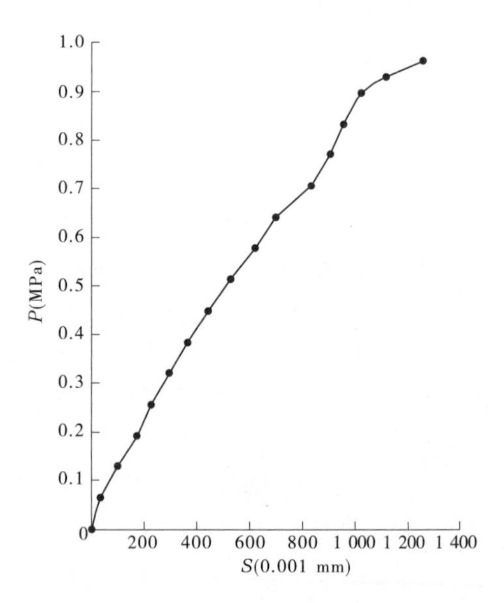

图 5-16　ZH12 点的载荷试验曲线

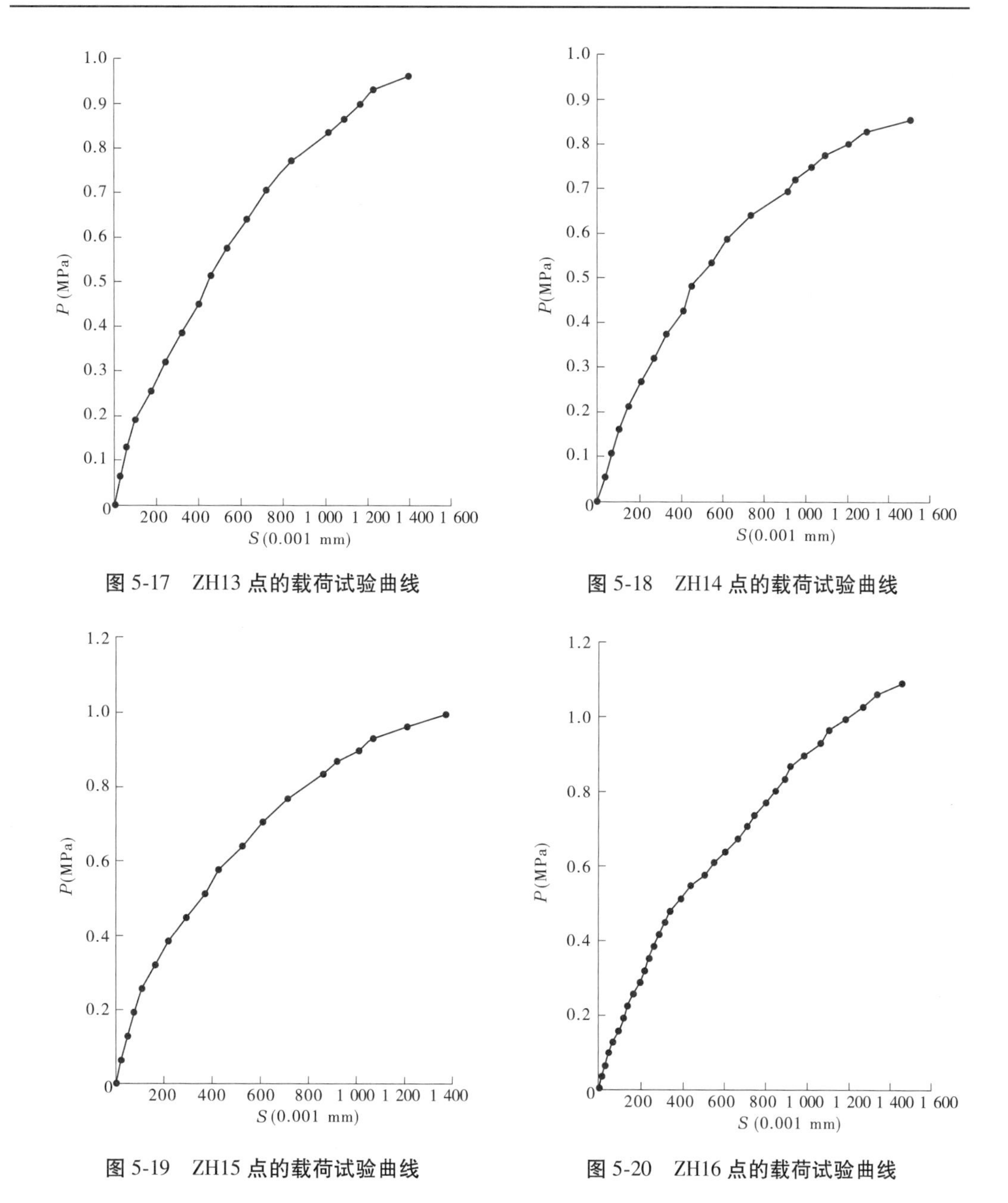

图 5-17　ZH13 点的载荷试验曲线

图 5-18　ZH14 点的载荷试验曲线

图 5-19　ZH15 点的载荷试验曲线

图 5-20　ZH16 点的载荷试验曲线

第 1 层滑坡堆积块碎石土层（Q_4^{del}）岩组极限荷载为 0.233 MPa，屈服极限为 0.181 MPa，比例极限为 0.129 MPa，变形模量为 35.2 MPa。

中粗砂夹层（Q_4^{al}-Ss）岩组的极限荷载范围值 0.962~1.090 MPa，平均值 0.999 MPa；屈服极限范围值 0.705~0.834 MPa，平均值 0.775 MPa；比例极限范围值 0.257~0.321 MPa，平均值 0.289 MPa；变形模量范围值 25.896~51.258 MPa，平均值 36.148 MPa。

试验成果（见表 5-12）表明，第 2 层的含漂砂卵砾石层岩组的极限荷载范围值为 0.505~1.374 MPa，平均值 1.011 MPa；屈服极限范围值 0.404~1.035 MPa，平均值 0.808 MPa；比例极限范围值 0.202~0.647 MPa，平均值 0.461 MPa；变形模量范围值 71~195

MPa,平均值 107.6 MPa。

第 6 层($Q_3^{al}-Ⅳ_1$)含砾中细砂层为泄洪闸地基土,现场又做了 3 组载荷试验,见表 5-12 中 ZH17～ZH19,该岩组的极限荷载范围值 0.984～1.064 MPa,平均值 1.015 MPa;屈服极限范围值 0.731～0.798 MPa,平均值 0.761 MPa;比例极限范围值 0.306～0.366 MPa,平均值 0.335 MPa;变形模量范围值 36.7～41.3 MPa,平均值 39.1 MPa。

第 7 层($Q_3^{al}-Ⅲ$)含块石砂卵砾石层为厂房地基土,现场也做了 3 组载荷试验,见表 5-12 中 ZH20～ZH22,该岩组的极限荷载范围值 1.179～1.239 MPa,平均值 1.206 MPa;屈服极限范围值 0.944～1.003 MPa,平均值 0.983 MPa;比例极限范围值 0.502～0.561 MPa,平均值 0.531 MPa;变形模量范围值 97.47～121.99 MPa,平均值 108.1 MPa。

表 5-12　载荷试验成果统计分析

试验编号	试验位置	岩组	极限荷载		屈服极限		比例极限		变形模量(MPa)
			应力(MPa)	沉降量(cm)	应力(MPa)	沉降量(cm)	应力(MPa)	沉降量(cm)	
ZH1	左岸台地	Q_4^{del}	0.233	0.486	0.181	0.235	0.129	0.101	35.2
ZH2	左岸厂房	$Q_4^{al}-Sgr_1$	1.164	1.163	0.905	0.989	0.388	0.171	71
ZH3	右岸漫滩		1.374	1.134	1.035	0.684	0.453	0.153	93
ZH4	右岸厂房		1.241	1.072	0.940	0.543	0.647	0.233	87
ZH5	左岸漫滩		0.858	0.635	0.656	0.260	0.404	0.050	195
ZH6			0.959	0.513	0.807	0.273	0.505	0.086	142
ZH7			0.832	0.458	0.732	0.236	0.555	0.134	100
ZH10			0.505	0.607	0.404	0.310	0.202	0.042	116
最小值			0.505	0.458	0.404	0.236	0.202	0.042	71
最大值			1.374	1.163	1.035	0.989	0.647	0.233	195
平均值(去掉最大值、最小值)			1.011	0.798	0.808	0.409	0.461	0.119	107.6
ZH8	河心滩	$Q_4^{al}-Sgr_2$	0.883	0.585	0.757	0.387	0.606	0.314	47
ZH9			0.832	0.732	0.656	0.368	0.505	0.182	67
平均值			0.858	0.659	0.707	0.378	0.556	0.248	57
ZH11	左岸台地	$Q_4^{al}-Ss$	0.962	1.487	0.705	0.879	0.257	0.199	31.152
ZH12	左岸台地		0.962	1.262	0.705	0.830	0.321	0.299	25.896
ZH13	左岸台地		0.962	1.398	0.770	0.839	0.257	0.175	35.424
ZH14	左岸台地		1.026	1.492	0.834	0.906	0.321	0.207	37.406
ZH15	左岸台地		0.994	1.352	0.834	0.847	0.289	0.136	51.258
ZH16	左岸台地		1.090	1.457	0.802	0.848	0.289	0.195	35.749
最大值			1.090	1.492	0.834	0.906	0.321	0.299	51.258

续表 5-12

试验编号	试验位置	岩组	极限荷载		屈服极限		比例极限		变形模量(MPa)
			应力(MPa)	沉降量(cm)	应力(MPa)	沉降量(cm)	应力(MPa)	沉降量(cm)	
最小值	0.962	1.262	0.705	0.83	0.257	0.136	25.896		
平均值	0.999	1.408	0.775	0.858	0.289	0.202	36.148		
ZH17	泄洪闸基础	Q_3^{al}-Ⅳ$_1$	1.064	1.361	0.798	0.714	0.366	0.190	41.3
ZH18	泄洪闸基础		0.997	1.375	0.764	0.738	0.332	0.181	39.3
ZH19	泄洪闸基础		0.984	1.337	0.731	0.728	0.306	0.179	36.7
平均值			1.015	1.358	0.761	0.727	0.335	0.183	39.1
ZH20	厂房基础	Q_3^{al}-Ⅲ	1.179	0.931	0.944	0.528	0.502	0.099	104.84
ZH21	厂房基础		1.239	1.129	1.003	0.574	0.561	0.119	97.47
ZH22	厂房基础		1.200	0.985	1.003	0.554	0.531	0.090	121.99
平均值			1.206	1.015	0.983	0.552	0.531	0.103	108.1

5.4.2　钻孔旁压试验

在坝址区冰水堆积物采用 PY-3 型预钻式旁压仪，在 ZK28 等钻孔进行了 18 组旁压试验，成果见表 5-13。$P—V$ 旁压曲线（部分）见图 5-21～图 5-24。

表 5-13　第 5 层粉细砂土（Q_3^{al}-Ⅳ$_2$）旁压试验成果

试验编号		深度(m)	极限压力 P_L(MPa)	承载力 f_0(Pa)	侧压力系数 K_0	旁压模量 E_m(MPa)	变形模量 E_0(MPa)
ZK28	PY28-1	17.0	0.34	0.20	0.19	7	21
	PY28-2	18.5	0.22	0.11	0.13	5	14
	PY28-3	19.8	0.42	0.23	0.19	7	20
ZK34	PY34-1	16.5	0.48	0.31	0.25	8	25
	PY34-2	19.0	0.40	0.25	0.20	9	26
ZK35	PY35-1	15.5	0.32	0.16	0.27	8	26
	PY35-2	17.5	0.38	0.22	0.21	10	31
ZK37	PY37-1	12.0	0.34	0.17	0.35	6	19
	PY37-2	14.0	0.38	0.20	0.30	8	23

续表 5-13

试验编号		深度(m)	极限压力 P_L (MPa)	承载力 f_0 (Pa)	侧压力系数 K_0	旁压模量 E_m(MPa)	变形模量 E_0(MPa)
ZK38	PY38-1	11.0	0.30	0.17	0.30	5	15
	PY38-2	12.8	0.32	0.19	0.25	7	23
	PY38-3	26.8	0.38	0.21	0.16	11	34
	PY38-4	28.5	0.42	0.20	0.20	14	43
ZK39	PY39-1	22.4	0.32	0.15	0.17	6	17
	PY39-2	26.0	0.34	0.14	0.13	5	14
ZK57	PY57-1	18.0	0.26	0.15	0.16	7	22
	PY57-2	19.5	0.56	0.28	0.33	20	61
	PY57-3	21.5	0.59	0.31	0.37	28	86
最小值			0.22	0.11	0.13	5	14
最大值			0.59	0.31	0.37	28	86
平均值			0.38	0.20	0.23	9.5	28.9

试验成果(见表 5-13)表明,第 5 层粉细砂土($Q_3^{al}-Ⅳ_2$)侧压力系数为 0.13~0.37,平均值 0.23;变形模量 14~86 MPa,平均值 28.9 MPa。基本与粉细砂土经验值相符合。由单孔试验数据可以看出,各项指标随孔深的增大而增加。

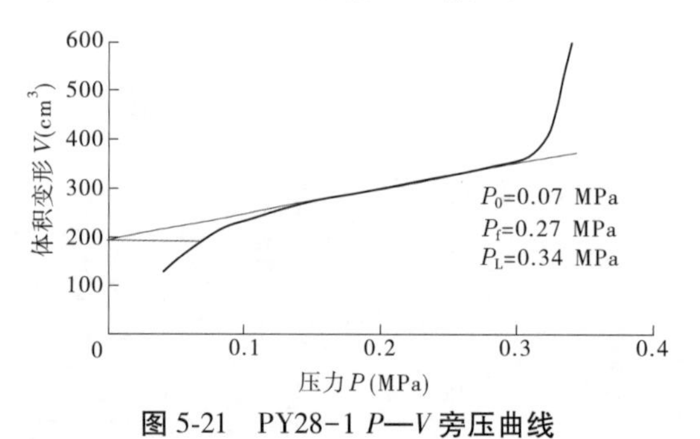

图 5-21 PY28-1 P—V 旁压曲线

5.4.3 动力触探试验

冰水堆积物的变形模量是主要的工程特性参数之一,该项指标在工业与民用建筑中研究较多,特别是西南地区河流中有大量研究,用表 5-14 中的资料建立的关系式[见式(5-7)],有很好的相关性。

$$E_0 = 4.224N_{63.5}^{0.774} \tag{5-7}$$

$$R = 0.99$$

式中:E_0 为冰水堆积物变形模量,MPa;$N_{63.5}$ 为动探击数;R 为相关性系数。

600
500
400
300
200
100
0
体积变形 V(cm³)
P_0=0.09 MPa
P_f=0.40 MPa
P_L=0.48 MPa
0.1
0.2
0.3
0.4
压力 P(MPa)

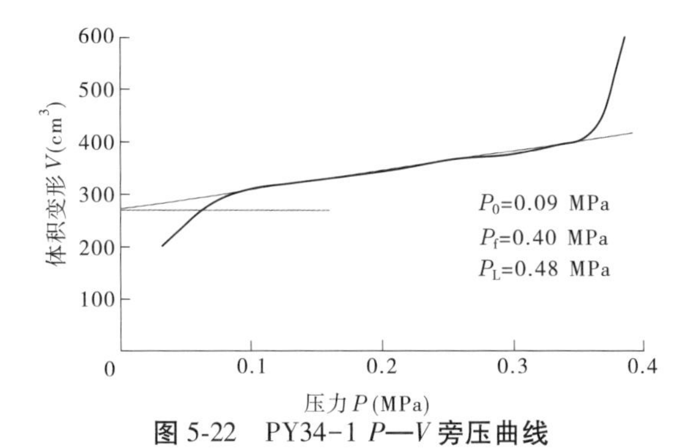

图 5-22　PY34-1 P—V 旁压曲线

600
500
400
300
200
100
0
体积变形 V(cm³)
P_0=0.08 MPa
P_f=0.33 MPa
P_L=0.40 MPa
0.1
0.2
0.3
0.4
0.5
压力 P(MPa)

图 5-23　PY34-2 P—V 旁压曲线

600
500
400
300
200
100
0
体积变形 V(cm³)
P_0=0.09 MPa
P_f=0.25 MPa
P_L=0.32 MPa
0.1
0.2
0.3
压力 P(MPa)

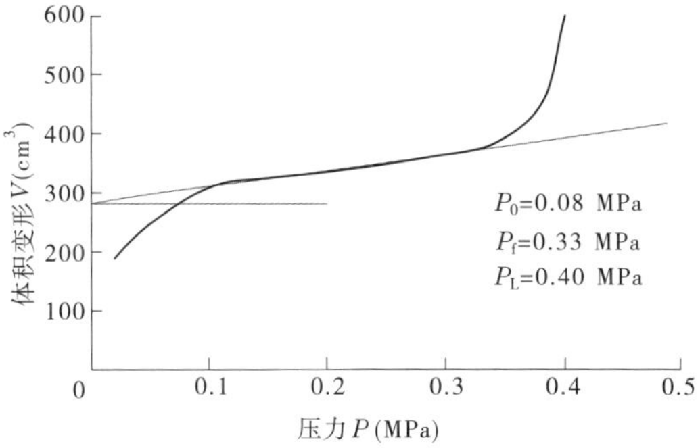

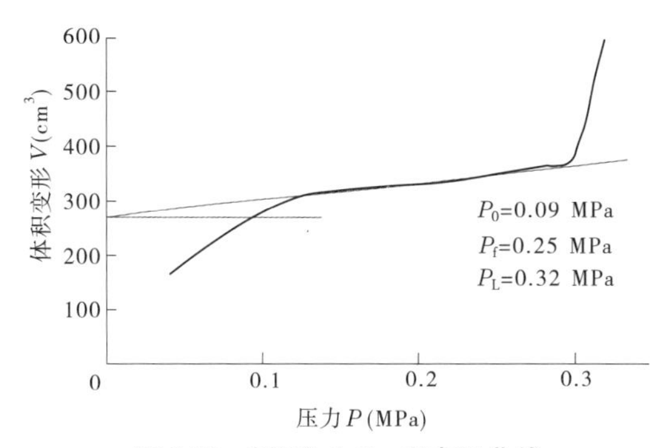

图 5-24　PY35-1 P—V 旁压曲线

表 5-14　冰水堆积物变形模量与 $N_{63.5}$ 关系

击数平均值($N_{63.5}$)	3	4	5	6	7	8	9	10	12	14
E_0(MPa)	10	12	14	16	18.5	21	23.5	26	30	34
击数平均值($N_{63.5}$)	16	18	20	22	24	26	28	30	35	40
E_0(MPa)	37.5	41	44.5	48	51	54	56.5	59	62	64

在钻孔内自上而下进行了动力触探(或标贯)试验。坝址区深厚冰水堆积的 Q_4^{del}、$Q_4^{al}-Sgr_2$、$Q_4^{al}-Sgr_1$、Q_3^{al}-Ⅲ岩组为粗粒土,而且其埋深较浅,在这些冰水堆积部位进行了重型动力触探试验。根据重型动力触探,查阅《工程地质手册》等相关规范与手册,可以

确定相应地层的承载力、变形模量、孔隙比等值。

主要在坝址钻孔进行了重型动力触探，根据钻孔资料与动力触探试验资料，堆积物相关岩组的动力触探试验结果见表5-15。根据动力触探试验结果，采用相关关系式，确定了粗粒土的承载力和变形模量。

表5-15　重型动力触验成果汇总

岩组	实测击数 $N63.5$(击)	孔隙比	承载力(kPa)	变形模量(MPa)	密实度
第1层(Q_4^{del})	18	0.33	645	39.6	密实
第2层(Q_4^{al}-Sgr_2)	20	0.38	817	43.7	密实
第3层(Q_4^{al}-Sgr_1)	25	0.31	969	53.1	密实
第7层(Q_3^{al}-Ⅲ)	25	0.32	923	47	密实

水利水电工程对粗粒土变形模量的确定大多依靠载荷试验，由表5-16可以看出，除表层滑坡堆积物外，其余地层载荷试验确定的变形模量值比动力触探确定的高出2倍以上。经分析认为，动力触探在冰水堆积物层中遇大的卵石、漂粒时击数很高，而穿过其间的孔隙时击数又变小，因而借助动力触探击数评价变形模量时留有较大的安全裕度。因此，用经验公式获得的变形模量值是可靠的。

表5-16　不同方法获取的变形模量参数值　　(单位:MPa)

岩组	变形模量		
	载荷试验	旁压试验	动力触探试验
第1层(Q_4^{del})	35.2		39.6
第2层(Q_4^{al}-Sgr_2)	102		43.7
第3层(Q_4^{al}-Sgr_1)			53.1
第5层(Q_3^{al}-Ⅳ$_2$)	36.15	28.9	
第6层(Q_3^{al}-Ⅳ$_1$)	39.1		
第7层(Q_3^{al}-Ⅲ)	108.1		47

5.4.4　三轴试验

深厚冰水堆积物三轴试验时砂卵石的控制级配见表5-17，从表中可以看出，粗粒含量较高，卵砾石比例占70%以上。三轴试验选定的试样级配控制标准见表5-18，粗粒含量有大于60 mm的颗粒。

表 5-17 冰水堆积物三轴试验时砂卵石的控制级配

编号	粗粒含量(%)	颗粒组成(mm)										D_{60}	D_{10}	不均匀系数
		40~60(%)	20~40(%)	10~20(%)	5~10(%)	2~5(%)	1~2(%)	0.5~1(%)	0.25~0.5(%)	0.1~0.25(%)	<0.1(%)			
F1′	77.5	6.20	24.8	26.70	19.8	4.60	2.40	1.40	8.10	4.50	1.50	16.0	0.32	50.0
F2′	61.65	11.60	18.88	16.93	14.24	10.20	6.35	4.40	4.50	3.80	9.10	13.50	0.13	103.80
F3′	78.5	20.72	29.11	19.63	9.04	3.10	2.40	1.85	1.90	2.65	9.60	26.0	0.11	236.4
F4′	75.83	17.85	27.80	19.11	11.07	2.59	2.41	3.82	4.97	5.20	5.18	23.0	0.23	100.0
F1	62.0	11.5	23.0	16.0	11.5	15.27	6.99	4.60	2.20	4.85	4.09	16.0	0.36	44.4
F2	80.0	23.2	29.5	16.8	10.5	8.04	3.68	2.42	1.16	2.55	2.15	27.5	1.40	19.6

完成的6组三轴试验,其强度参数见表5-18。据此求得的摩擦角标准值:

$$\varphi_k = 41.9°, 即 f = 0.89$$

表 5-18 三轴试验选定的试样级配控制标准

试样编号	试验状态	控制密度(g/cm^3)	$\tau=\sigma\tan\varphi+c$	
			c(MPa)	φ(°)
F1-Ⅰ	饱和	2.28	0.20	41.3
F1-Ⅱ	饱和	2.36	0.08	46.4
F2-Ⅰ	饱和	2.22	0.14	43.0
F2-Ⅱ	饱和	2.30	0.20	43.2
F1′	饱和	2.19	0.20	42.3
F2′	饱和	2.19	0.30	43.5

5.4.5 现场原位剪切试验

为查明多布水电站河床冰水堆积物抗剪强度特性,共完成了5组混凝土/砂砾石抗剪试验,其中坝址河心滩3组,试验成果见表5-19和表5-20。

根据现场试验原始记录,分别计算出各级荷载下剪切面上的正应力和剪应力及相应的变形,绘制不同正应力下剪应力与剪切变形$\tau—\varepsilon$关系曲线,同时根据$\tau—\varepsilon$关系曲线,确定出峰值强度及各剪切阶段特征值。用图解法绘制各剪切阶段正应力和剪应力($\tau—\sigma$)关系曲线,按库仑公式计算出相应的f值和c值。典型曲线见图5-25~图5-27。

表 5-19　混凝土/粗粒土抗剪强度试验成果

试验编号	岩性	抗剪强度指标		
		项目	强度指标	
			f'	c'(MPa)
ZJ1	砂卵砾石	峰值	0.84	0.15
		直线段	0.45	0.10
		屈服值	0.75	0.12
ZJ2	砂卵砾石	峰值	0.50	0.13
		直线段	0.28	0.09
		屈服值	0.42	0.11
ZJ3	砂卵砾石	峰值	0.53	0.11
		直线段	0.34	0.06
		屈服值	0.46	0.08
ZJ4	砂卵砾石	峰值	0.62	0.17
		直线段	0.36	0.08
		屈服值	0.42	0.16
ZJ5	砂卵砾石	峰值	0.72	0.14
		直线段	0.54	0.07
		屈服值	0.69	0.11

表 5-20　混凝土/粗粒土抗剪试验成果分析

序号	直线段		屈服值		峰值	
	f'	c'(MPa)	f'	c'(MPa)	f'	c'(MPa)
ZJ1	0.45	0.10	0.75	0.12	0.84	0.15
ZJ2	0.28	0.09	0.42	0.11	0.50	0.13
ZJ3	0.34	0.06	0.46	0.08	0.53	0.11
ZJ4	0.36	0.08	0.42	0.16	0.62	0.17
ZJ5	0.54	0.07	0.69	0.11	0.72	0.14
最大值	0.54	0.10	0.75	0.16	0.84	0.17
最小值	0.28	0.06	0.42	0.08	0.50	0.11
平均值	0.39	0.08	0.55	0.12	0.64	0.14

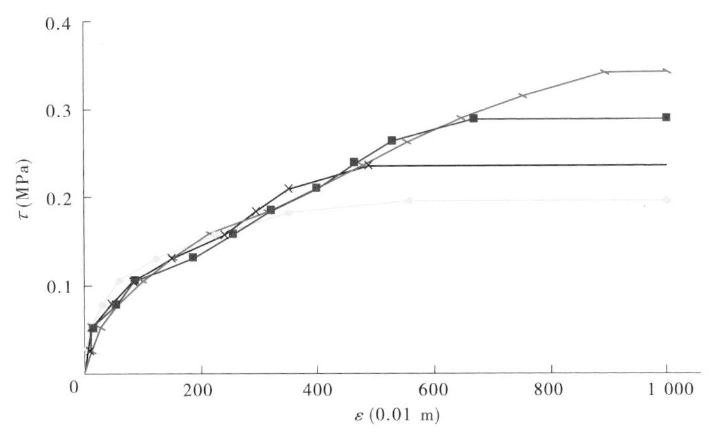

图 5-25　不同正应力作用下 ZJ4 抗剪试验τ—ε 曲线

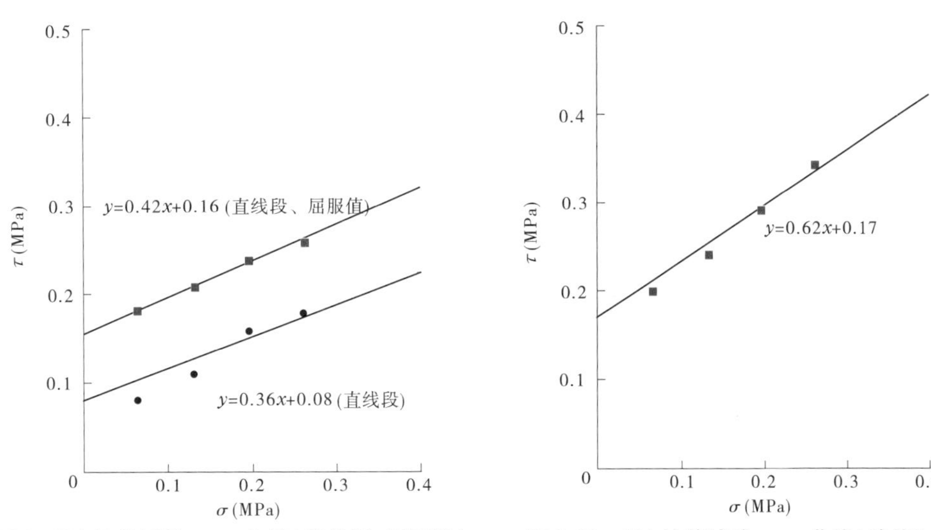

图 5-26　ZJ4 抗剪试验τ—σ 曲线(直线段、屈服值)　图 5-27　ZJ4 抗剪试验τ—σ 曲线(峰值)

从τ—ε 关系曲线特征来看,其破坏形式属塑性破坏。在剪应力初期,试体与底部砂砾石层面具有一定的咬合能力,但随着剪应力的增加,其底部砂砾进一步受挤压致使原有结构产生相对错动,缓慢地进入屈服阶段而渐渐出现裂缝,剪切位移随着剪应力的增加而增大,直至破坏。从剪断面来看,多数试件底部的砂砾石均被上部混凝土体粘起 3~10 cm,有部分试件并非是沿其接触面剪切破坏,而是沿砂砾石本身剪断的。由于是在大颗粒间产生错动,所以在很大程度上就增大了其摩擦力,使得 f 值偏高。此类曲线的直线段、屈服值并不明显,而剪应力值略有偏低。

从绘制的τ—σ 关系曲线和抗剪(断)试验成果可知,各点的相关性较好,其中直线段内聚力为 0.06~0.10 MPa,内摩擦系数为 0.28~0.54;屈服值内聚力为 0.08~0.16 MPa,内摩擦系数为 0.42~0.75;峰值内聚力为 0.11~0.17 MPa,内摩擦系数为 0.50~0.84。与其他同类工程相比,其强度指标基本相近。

5.4.6 动力三轴剪切试验

为获取冰水堆积物在动力作用下的强度特性,获取相关强度指标,对多布水电站坝基冰水堆积物开展了动力三轴剪切试验。试验设备采用英国 GDS 公司的电机控制动三轴试验系统(见图 5-28)。其特点是精度高、操作方便、功能齐全,轴向静荷载、动荷载、围压和轴向变形均采用独立闭环控制,最大围压为 2 000 kPa,最大轴向荷载为 15 kN。动应力、静应力、孔隙水压力、变形均由相应的传感器和电测系统完成测试。动力试验时可以施加正弦波、半正弦波、三角波和方波以及用户自定义波形,最大激振频率为 5 Hz,设备的试样直径尺寸有 39.1 mm、61.8 mm 和 101 mm 三种。

图 5-28 英国 GDS 公司的电机控制动三轴试验系统

由于试验主要针对第 6 层、第 8 层的含砾中粗砂层,试验选用的尺寸为直径 39.1 mm、高度 80 mm。制样时共分 3 层制样,每层质量为总质量的 1/3,使试料变得均匀密实。采用抽气饱和方式进行试样饱和。经测定 B 值一般能达到 0.96 以上,饱和效果良好。饱和过程结束后,在不排水条件下先缓慢施加围压;对于固结应力比 $K_c>1$ 的试验,达到预定压力后打开排水阀使上下界面同时排水固结约 30 min,按照一定的速率施加所需要的竖向荷载后继续固结。

5.4.6.1 动弹性模量和阻尼比试验

(1)打开动力控制系统和量测系统的仪器的电源,预热 30 min。振动频率采用 0.33 Hz,输入波形采用正弦波。

(2)根据试验要求确定每次试验的动应力,在不排水条件下对试样施加动应力,测记动应力、动应变和动孔隙水压力,直至预定振次后停机,打开排水阀排水,以消散试样中因振动而产生的孔隙水压力。每一周围压力和固结应力比情况下动应力分为 6~10 级施加。

(3)按上述方法,进行各级周围压力和固结应力比下的动弹性模量和阻尼比试验。

(4)试验周围压力共分 4 级,分别为 200 kPa、500 kPa、800 kPa 和 1 200 kPa;固结应力比为 1.5 和 2.0;轴向动应力分 6~10 级施加,各级动应力 3 振次。

5.4.6.2　动残余变形试验

(1)打开动力控制系统和量测系统的仪器的电源,预热 30 min。振动频率采用 0.1 Hz,输入波形采用正弦波。

(2)根据试验要求确定每次试验的动应力,在排水条件下对试样施加动应力,测记动应力、动应变和体变,直至预定振次停止振动。

(3)按上述方法进行各级周围压力和固结应力比下的动力残余变形试验。

(4)试验围压分 3~4 级,固结应力比分两种,分别为 1.5 和 2.0;轴向动应力共 3 级,分别为 $\pm 0.3\sigma_3$、$\pm 0.6\sigma_3$、$\pm 0.9\sigma_3$;各级轴向动应力施加 30 振次,频率为 0.1 Hz。

5.4.6.3　动强度试验

动强度试验的振动频率为 1.0 Hz,输入波形为正弦波。动强度试验是试样固结结束后在不排水的情况下施加动应力进行振动直到破坏,通过计算机采集试验中的动应力、动应变及动孔压的变化过程。在同一试验条件(相同的制样干密度、固结应力比、周围压力)下,分别施加 4~6 个不同的动应力进行动强度试验,固结应力比分别为 1.5 和 2.0 两种。破坏标准为轴向应变等于 5%或超静孔隙水压力等于周围压力。

5.4.6.4　沈珠江动力本构模型试验结果

1. 动弹性模量和阻尼比试验结果

对动弹性模量和阻尼比模型参数进行整理,代表过程曲线如图 5-29 所示,整理得到的相关模型参数见表 5-21。

表 5-21　动弹性模量和阻尼比试验成果

分层	ρ_d(g/cm^3)	k_2'	n	k_2	k_1'	k_1	λ_{max}
第 6 层	1.57	1 117	0.555	420	4.0	3.0	0.27
第 8 层	1.60	1 225	0.533	460	4.9	3.7	0.26

2. 动残余变形试验结果

图 5-30 为第 6 层动残余变形试验整理曲线,整理得到的模型参数见表 5-22。

表 5-22　动残余变形试验成果

分层	ρ_d(g/cm^3)	c_1(%)	c_2	c_3	c_4(%)	c_5
第 6 层	1.57	1.01	1.56	0	7.53	1.37
第 8 层	1.60	0.97	1.52	0	7.28	1.37

3. 动强度试验成果

图 5-31 为第 6 层动应力 σ_d、动剪应力比 $\sigma_d/2\sigma_0$ 与破坏振次 N_f 的关系曲线图,其中 σ_0 为振前试样 45°面上的有效法向应力,表示为$\sigma_0=(K_c+1)\sigma_3/2$,$K_c$ 为固结比。

5.4.6.5　非线性应力应变参数试验

三轴剪切试验能较好地反映应力—应变关系。因此,采用三轴仪进行三轴剪切试验(CD),确定粗粒土的非线性应力应变参数。根据试验成果分析整理出 E—B 模型、南水模型的应力应变参数。

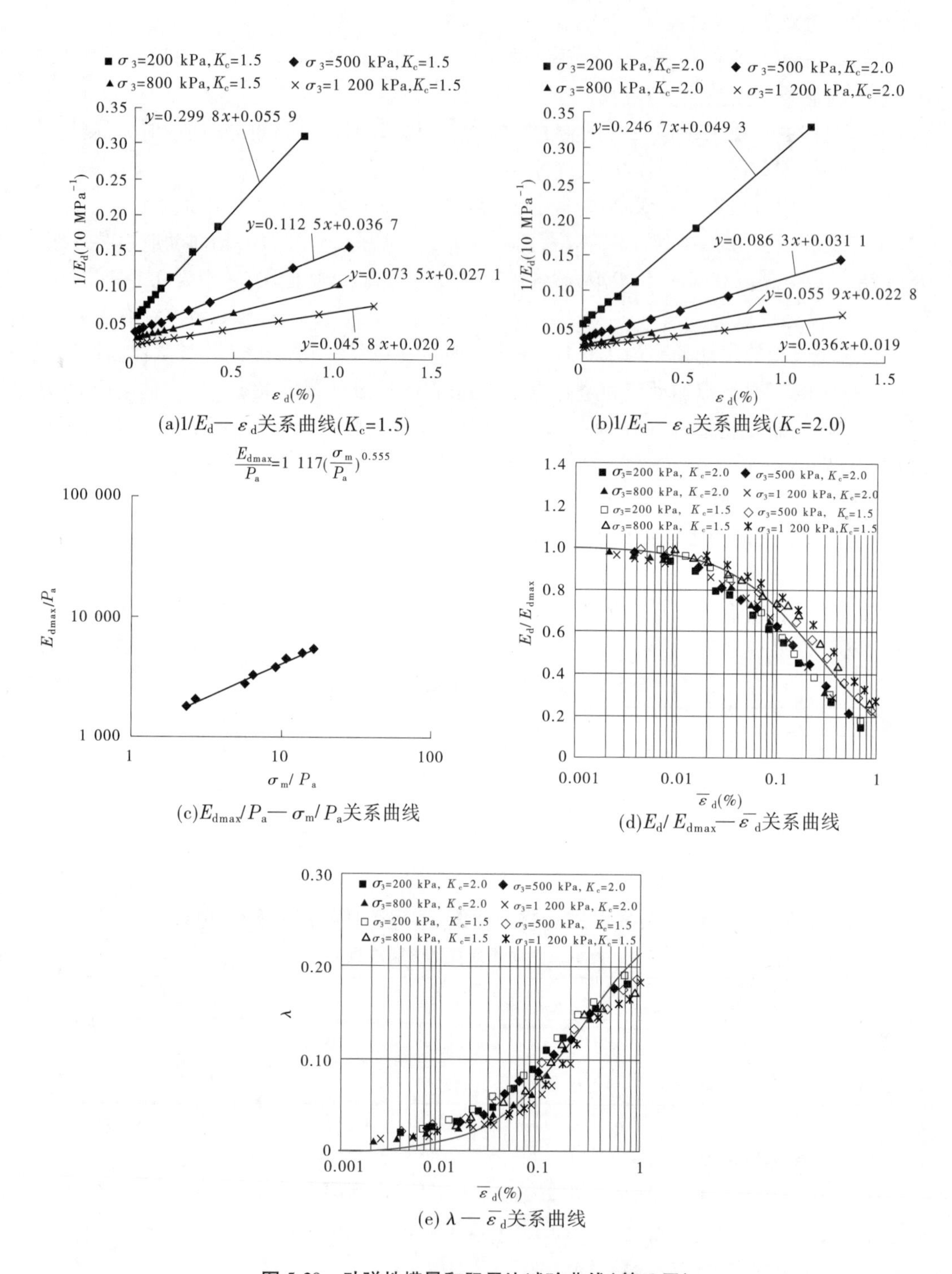

(a) $1/E_d$—ε_d关系曲线(K_c=1.5)

(b) $1/E_d$—ε_d关系曲线(K_c=2.0)

(c) E_{dmax}/P_a—σ_m/P_a关系曲线

(d) E_d/E_{dmax}—$\bar{\varepsilon}_d$关系曲线

(e) λ—$\bar{\varepsilon}_d$关系曲线

图 5-29　动弹性模量和阻尼比试验曲线(第 6 层)

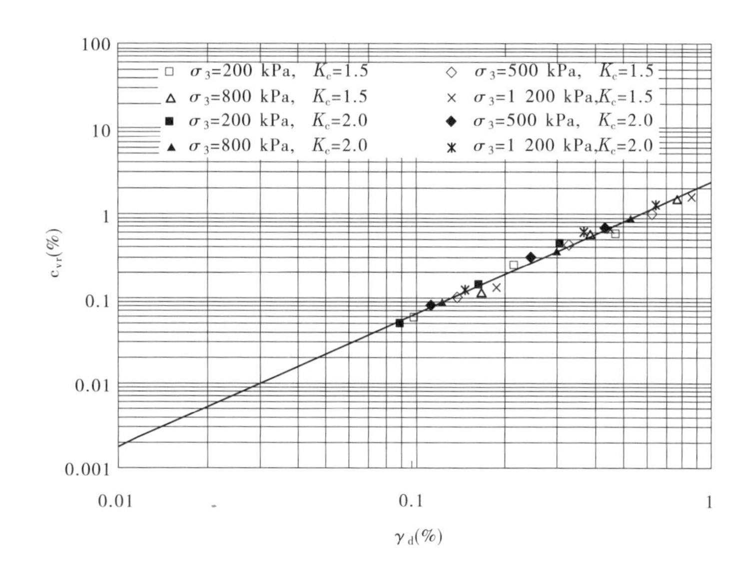

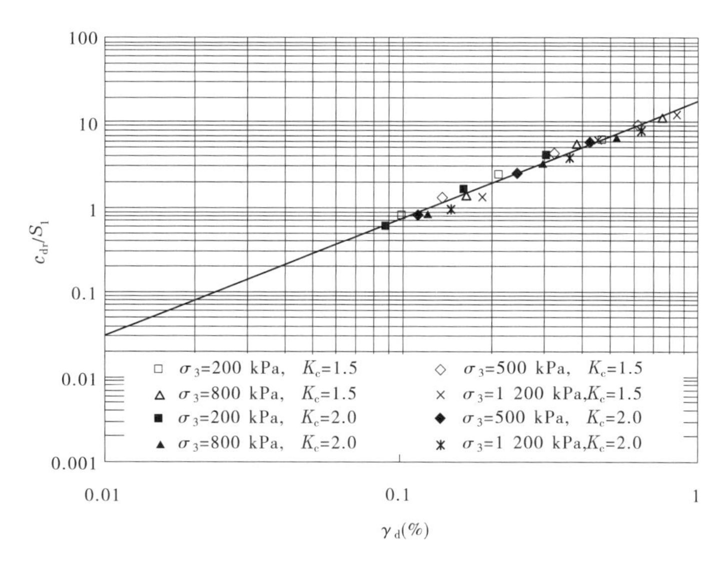

图5-30　第6层残余变形模型参数整理曲线

1. E—B 模型参数

E—B 模型是邓肯等在 E—μ 模型的基础上，提出用弹性体变量 B 代替切线泊松比 μ，并认为 c 值为零，用过原点的各应力圆切线确定不同围压下的 φ 值。同时考虑到土体在受荷过程中有加荷→卸荷→再加荷情况，又增加了反映水位升高、降落情况的有关应力应变特性参数，即卸荷、再加荷弹性模量 E_{ur} 及参数 K_{ur} 等。堆积物粗粒土 E—B 模型应力应变参数成果见表5-23。

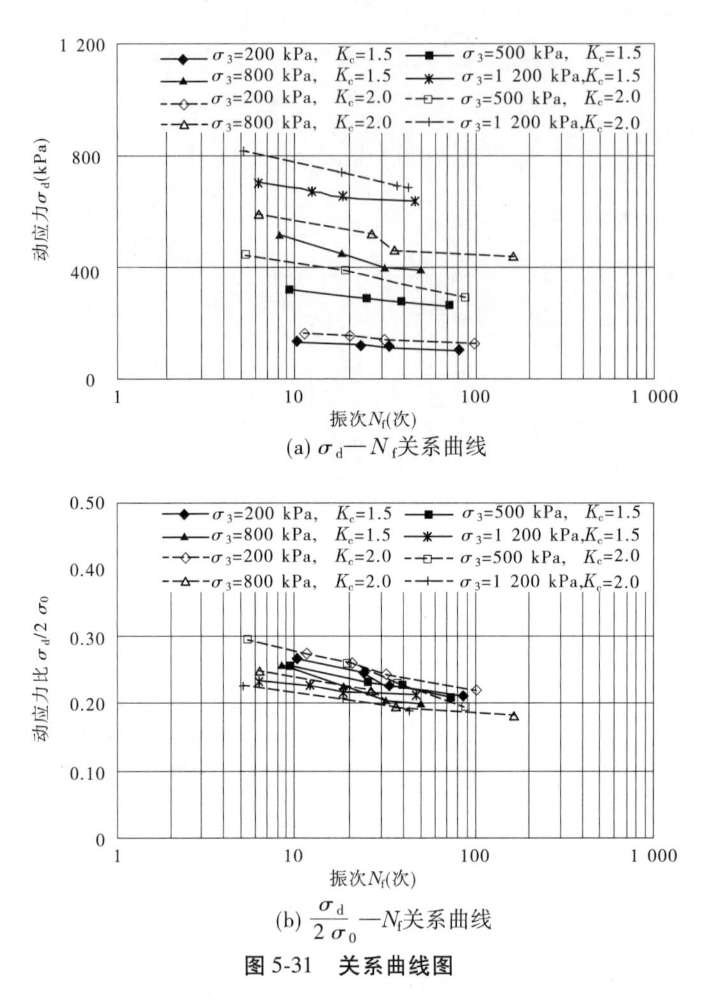

(a) σ_d—N_f关系曲线

(b) $\frac{\sigma_d}{2\sigma_0}$—$N_f$关系曲线

图 5-31　关系曲线图

表 5-23　堆积物粗粒土 E—B 模型应力应变参数成果

岩组	试验曲线	干密度 (g/cm^3)	试验状态	E—B 模型参数									
				K	n	c	φ	φ_0	$\Delta\varphi$	R_f	K_{ur}	K_b	m
Ⅳ$_1$、Ⅴ	平均线	2.21	CD	337	0.785	40	32.7	—	—	0.56	—	219	0.172
Ⅰ、Ⅱ	平均线	2.16	CD	1 194	0.493	—	—	43.7	6.6	0.88	1 293	899	0.219

2. 南水模型参数

南水弹塑性模型是由南京水科院沈珠江院士提出的，计算参数根据三轴试验的应力应变曲线求得，其中前几个参数同邓肯 E—B 模型，其余 c_d、n_d、R_d 三个参数是与土样剪胀性有关，c_d 为 $\sigma_3/P_a=1$ 时的最大剪缩体应变，ε_{vd}，n_d 反映 ε_{vd} 随 σ_3 变化的规律，$R_d=(\sigma_1-\sigma_3)_d/(\sigma_1-\sigma_3)_{ult}$ 为剪胀比，其值随 σ_3 略有变化。堆积物粗粒土南水模型参数成果见表 5-24。

表 5-24　堆积物粗粒土南水模型参数成果

岩组	试验曲线	干密度(g/cm^3)	试验状态	南水模型参数									
				K	n	c	φ	φ_0	$\Delta\varphi$	R_f	R_d	c_d	n_d
Ⅳ、Ⅴ	平均线	2.21	CD	337	0.785	40	32.7	—	—	0.56	0.39	0.003 9	0.592 9
Ⅰ、Ⅱ	平均线	2.16	CD	1 194	0.493	—	—	43.7	6.6	0.88	0.83	0.002 5	0.838 2

5.5　雪卡水电站现场载荷试验

载荷试验是模拟水工建筑物基础堆积物土体受荷条件的一种测试方法，采用直径为 50 cm 的圆形刚性承压板进行。在保持坝基土的天然状态下，在一定面积的承压板上向坝基土逐级施加荷载，并观测每级荷载下坝基土的变形特性。测试所反映的是承压板以下 1.5~2.0 倍承压板宽深度内土层的应力—应变关系，能比较直观地反映坝基土的变形特性，用以评定坝基堆积物土体的承载力、变形模量，并预估建筑基础的沉降量。

利用百分表测量试件变形，并根据比例极限计算堆积物变形模量。试验采用逐级连续加荷直到粗粒土破坏的加荷方式。粗粒土变形稳定以同应力两次测量相对变形量小于 5%为标准。

西藏巴河雪卡水电站，坝址区河床冰水堆积物按其组成物特性大致可分为崩坡积块石碎石土层、冲洪积块石砂砾卵石层和冰水堆积含块石砂砾卵石层 3 层。按照设计要求，上面两层予以挖除，因此对第三层进行载荷试验。试验布置了 3 个试点，其中 2 个试点选择在河床平趾板的上游，1 个试点选择在河床平趾板的下游。

该试验层分布于河床底部，组成物主要为卵石和砾石，干密度一般为 2.05~2.12 g/cm^3。据钻孔动力触探、抽水、声波测试和旁压试验，该层的物理力学参数指标为：允许承载力[R]=0.5~0.6 MPa，渗透系数 K=30~80 m/d，变形模量为 40~60 MPa，剪切波速为 410~480 m/s，剪切模量为 35.3~48.38 MPa，泊松比为 0.38~0.39，孔隙比为 0.26~0.32，呈密实—中等密实状态。

5.5.1　试验方案

5.5.1.1　试验最大压力确定

根据设计最大坝高确定载荷试验的最大压力不小于 3.0 MPa。

5.5.1.2　试验设备

试验采用堆载法，试验中采用的基本设备如下。

1. 承压板

采用了直径为 1.0 m(面积 0.785 m^2)、厚度为 30 mm 的 2 块圆形承压板，承压板具有足够的刚度。

2. 载荷台

根据载荷试验最大压力，载荷台上堆载的重量接近 300 t，搭建了 6.5 m×9 m 的载荷台。

3. 加荷及稳压系统

采用了 3 个 150 t 和 300 t 的千斤顶。将千斤顶、高压油泵、稳压器分别用高压油管连接构成一个油路系统，通过传力柱将压力稳定地传递到承压板上。

4. 观测系统

采用 2 根长 6 m 的"工"字钢作为基准梁，利用 4 套百分表（带磁性表座）观测承压板的沉降量。

5. 荷载

借用其他分项工程使用的钢板做荷载（提高了加载效率）。

5.5.1.3　加载方式及试验过程控制

载荷试验加荷方式采用分级沉降相对稳定法的加载模式，加荷等级分 10 级，每级施加 0.3 MPa。在试验大纲中初步确定。当出现下列情况之一时终止试验：

（1）承压板周边的土层出现明显的侧向挤出、周边的土层出现明显隆起或径向裂缝持续发展；

（2）本级荷载产生的沉降量大于前级荷载的沉降量的 5 倍，荷载与沉降曲线出现明显陡降；

（3）达到最大试验应力 3.0 MPa。由于试验土石料层模量较高，3 组试验最终均达到最大试验应力 3.0 MPa 才中止。

5.5.2　试验结果

（1）获取的 3 组试验的 *P*（载荷）—*S*（沉降量）曲线，如图 5-32～图 5-34 所示。

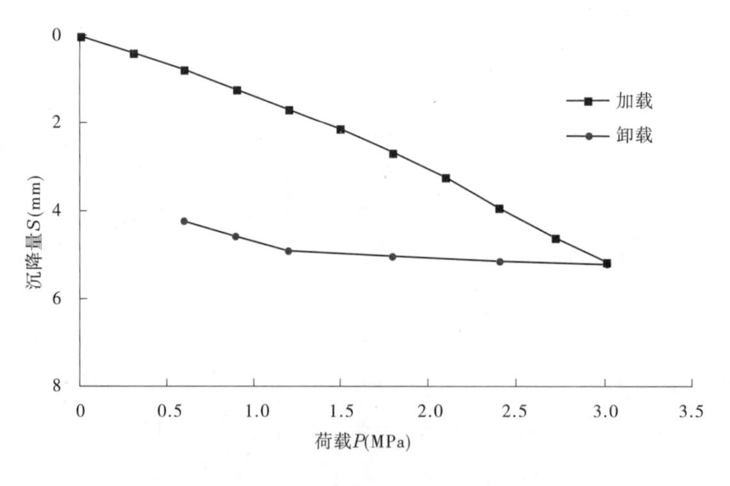

图 5-32　1#试验点 *P*—*S* 曲线

（2）试验 *P*—*S* 曲线分析，根据试验成果绘制荷载（*P*）—变形（*S*）曲线。按照曲线确定出粗粒土的比例极限、屈服极限和极限荷载，并根据比例极限计算粗粒土的变形模量值，公式采用：

$$E_0 = \pi/4 \cdot (1 + \mu^2) \cdot P_d/W_0 \tag{5-8}$$

式中：E_0 为堆积物变形模量，MPa；P_d 为作用于试验面上的比例极限，MPa；μ 为泊桑比；

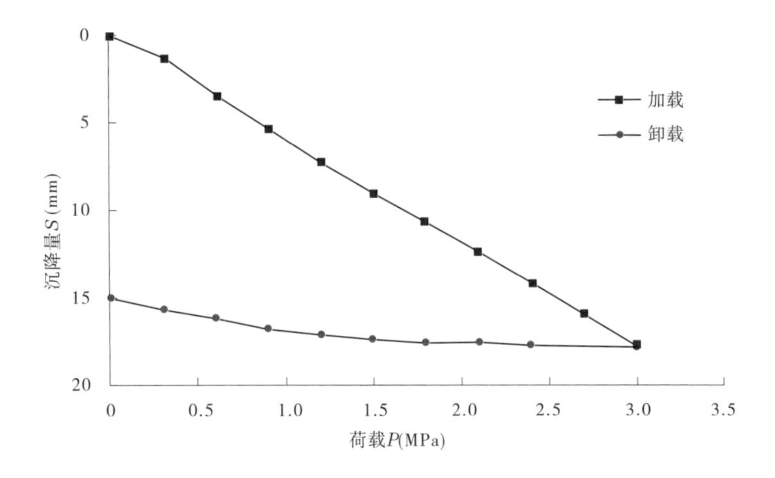

图 5-33　2#试验点 P—S 曲线

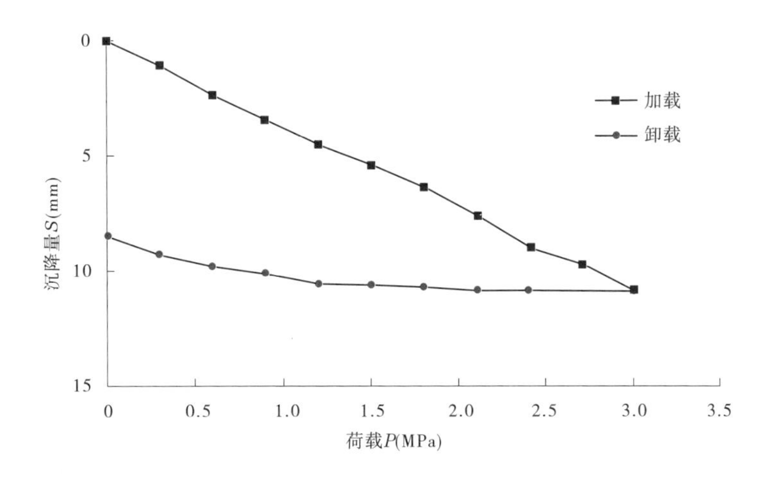

图 5-34　3#试验点 P—S 曲线

W_0 为堆积物对应于比例极限的变形，cm。

从 P—S 曲线可以看出，在进行的 3 组试验中，在 0~3 MPa 加载范围内 P—S 曲线基本呈线性变化，并没有出现明显的拐点，即在设计载荷 3 MPa 内，可以采用其最大值 3 MPa 计算其变形模量。

关于承载力特征值的确定，依据《建筑地基基础设计规范》(GB 50007—2011)附录 C.0.6 要求应符合下列规定：

(1)当 P—S 曲线上有比例界限时，应取该比例极限所对应的荷载值。

(2)当极限荷载小于对应比例界限的荷载值的 2 倍时，取极限荷载值的一半。

(3)当不能按上述两款要求确定时，当压板面积为 0.25~0.50 m^2 时，可取 S/b = 0.01~0.15 所对应的荷载，但其值不应大于最大加载量的一半。

但直接使用上述规定有一定困难，而且不一定合理。《建筑地基基础设计规范》(GB 50007—2011)是针对建筑基础规定的，其对载荷板的基本要求为0.25～0.50 m^2。《水利水电工程土工试验规程》(DL/T 5355—2006)虽然是针对水利水电工程规定的，但对载荷板的要求仍沿用了0.25～0.50 m^2 的要求。

由于堆积物与坝料的粒径大，试验要求的荷载往往为3 MPa甚至更高。当确定承载力特征值无法按比例极限荷载或极限荷载确定时，就需要采用规定的第3标准，但对于大型水利工程坝料与地基的大型平板载荷试验，其控制值往往是"最大加载量的一半"，这明显是保守的。

确定建筑地基承载力时，须考虑条形基础或复合地基的变形稳定性。而对于水利水电高坝工程，其坝体部分受到坝肩的约束，坝基更接近于半无限体，在自重与水压力的作用下虽然可能发生一定的沉降量，但并不能造成不可控制的变形失稳。因此，取承载力特征值为"最大加载量的70%"较合理，也能够保证工程的安全。根据上述分析，平板载荷试验结果见表5-25。

表5-25 大型平板载荷试验的沉降量、变形模量与承载力

试验编号	最大荷载 P (MPa)	最大沉降量 S (mm)	承载力 (MPa)	最大荷载70%时的荷载 (MPa)
1#	3.0	5.12	431	2.10
2#	3.0	18.04	123	1.65注
3#	3.0	10.85	204	2.10

注： 2#试验中当 $P=1.65$ MPa时，沉降量 $S=10$ mm，10/1 000(承压板直径)=0.01。

根据表5-25可知，在所进行的3组试验中，在加载范围0～3.0 MPa内，$P—S$ 曲线基本呈线性变化，并没有出现明显的拐点，即在设计载荷3.0 MPa内，以最大设计载荷3 MPa的70%计算其变形模量，得出3个点的变形模量分别是431 MPa、123 MPa、204 MPa，与以往由旁压试验得出的变形模量值相当。

由于试验的砂砾料强度较高，无法按照比例界限与极限荷载确定承载力，取试验最大加载值的50%，即1.5 MPa为承载力标准值，此值大大高于以往由重型动力触探得出的承载力。

5.6 哇沿水库冰水堆积物物理力学性质

5.6.1 冰水岩组划分

根据钻孔揭露，坝基深厚冰水堆积物自上而下分为①、②、③层，见图4-1。

第①层：分布于坝基堆积物上部，厚度25～35 m，地面高程3 375～3 381 m，底部分布高程3 341～3 353 m，为全新世冲积成因，岩性为砂砾石，夹有不连续中粗砂含砾石透镜体，厚10～20 cm。卵砾石磨圆多呈次圆—圆状，一般粒径3～6 cm，最大粒径20 cm，其成分以安山岩、花岗岩为主。

第②层:分布于堆积物中部,为全新世冲积成因,岩性为砂砾石,厚30~35 m,底部分布高程3 310~3 313 m,夹含砾石中粗砂透镜体,透镜体厚10~20 cm,砾石呈次棱角—次圆。

第③层:分布于堆积物底部,只在ZK09-2、ZK09-3、ZK3中揭露,厚15~25 m,分布宽度201 m,为晚更新世冰积成因,岩性为含卵石砾石层,颗粒较上层粗,卵石含量可达20%左右,夹粗砂透镜体夹层,厚度10~20 cm,最大粒径大于40 cm。

5.6.2 物理力学特性

5.6.2.1 堆积物密度及密实程度

在坝基堆积物工程特性研究中,采用SM植物胶护壁金刚石单动双管钻探工艺,取原状样试验,采取率达95%。针对性地选择了坝基中部ZK09-2、ZK09-3两个钻孔取原状样进行密度试验,共做了30组岩芯密度试验,见表5-26,其成果统计分析:第①层砂砾石干密度2.0~2.10 g/cm^3,粗砂层透镜体干密度1.6 g/cm^3;第②层砂砾石干密度2.06~2.10 g/cm^3,砂层透镜体干密度1.79 g/cm^3;第③层砂砾石干密度1.84~2.20 g/cm^3,砂层透镜体干密度1.85 g/cm^3。

表5-26 河谷钻孔岩芯密度试验成果

钻孔编号	岩性描述	试验深度(m)	天然密度(g/cm^3)	含水量(%)	天然干密度(g/cm^3)
ZK09-2	砾石	8.1~11.6	2.12(2)	5.69(2)	2.05(2)
	中粗砂	17.7~17.8	1.86	16.50	1.60
	砾石	23.9~46	2.18(4)	7.93(4)	2.07(4)
	中粗砂	55.5~55.7	1.78	19.70	1.49
ZK09-3	中粗砂夹砾石	26.4~26.5	1.98	10.76	1.79
	砾石	22.1~38.6	2.24(6)	8.27(6)	2.075(6)
	砾石夹中粗砂	39.2~39.3	2.13	7.24	1.99
	砾石	40.0~44.6	2.39(4)	9.74(4)	2.18(4)
	中粗砂	48.0~54.2	2.04(3)	10.8(3)	1.74(3)
	砾石	54.3~75.7	2.16(6)	8.55(6)	1.98(6)

在ZK09-2钻孔中20 m范围不同深度进行了超重型动力触探试验,结果见表5-27。ZK09-2超重型动力触探结果表明10 m以上堆积物属于稍密状态,10~20 m处于中等密实状态。

表 5-27　坝基砾石层动力触探试验成果

钻孔编号	试验深度(m)	锤击数(击)	修正后锤击数(击)	密实度	备注
ZK09-2	2.4	4	4	稍密	超重型
	4.4	4	4	稍密	
	6.6	6	6	稍密	
	8.3	4	4	稍密	
	10.4	7	6	稍密	
	12.5	11	9	中密	
	14.1	11	8	中密	
	16.0	12	9	中密	
	18.4	9	7	中密	
	20.4	11	8	中密	

5.6.2.2　**颗粒级配**

选择了ZK1、ZK2、ZK3三个代表性钻孔，采用金刚石双管单动植物胶护壁钻探取芯技术，取原状样，进行分层取样颗粒级配试验。表5-28为坝基冰水堆积物颗分试验成果汇总。

第①层：根据探坑取样颗分试验结果，卵石含量3.6%，砾石含量60.4%，砂含量32.2%左右，含泥量3.8%；根据7组钻孔岩芯样颗分试验，卵石含量平均10.59%，砾石含量平均71.84%，<2 mm的细粒含量平均17.57%，含泥量平均3.24%，不均匀系数44.85。

第②层：根据12组钻孔岩芯样颗分试验，卵石含量平均11.1%，砾石含量平均71.6%，小于2 mm的含量平均17.3%，含泥量平均4.3%，不均匀系数平均70.9，该层局部夹有粉土夹层。

第③层：根据4组钻孔岩芯样颗分试验，卵石含量平均25.4%，砾石含量平均54.4%，小于2 mm的含量平均20.2%，含泥量平均6.1%，不均匀系数平均55.26，该层卵石含量较高，卵石局部含量可达20%，底部含有大漂石，结构密实。

表 5-28　坝基砂砾石颗分试验成果汇总

层位及组数		颗粒级配										含泥量(%)	比重
		颗粒组成(%)				d_{60} (mm)	d_{50} (mm)	d_{30} (mm)	d_{10} (mm)	不均匀系数	曲率系数		
		卵石	砾石	砂粒	细粒								
		>60 mm	60~2 mm	2~0.075 mm	<0.075 mm								
第①层	平均值(7)	10.59	71.84	14.33	3.24	25.03	18.47	8.61	0.65	44.85	4.56	3.24	2.67
	最大值(7)	25.20	88.10	22.80	4.60	31.75	23.06	12.22	1.14	79.50	7.48	4.60	2.69
	最小值(7)	0	59.80	10.90	1.00	17.91	12.36	2.71	0.24	21.63	1.64	1.00	2.65
第②层	平均值(12)	11.1	71.6	13.0	4.3	25.1	18.3	8.6	1.2	70.9	3.7	4.3	2.7
	最大值(12)	33.9	82.8	32.3	7.9	46.9	33.8	18.7	3.5	438.4	15.2	7.9	2.7
	最小值(12)	0	57.0	5.5	1.5	7.6	4.6	1.1	0.0	8.4	1.3	1.5	2.6
第③层	平均值(4)	25.4	54.4	14.1	6.1	38.772	25.845	9.271	0.701	55.26	3.24	6.1	2.67
	最大值(4)	30.6	62.6	14.6	13.7	41.389	26.144	9.725	0.735	56.33	3.92	13.7	2.67
	最小值(4)	20.1	52.5	13.6	2.3	36.154	25.545	8.816	0.667	54.18	2.56	2.3	2.66

5.7　引大济湟西干渠冰水堆积物物理力学特性

5.7.1　物理力学性质

青海引大济湟西干渠冰水堆积物的卵石隧洞长度约 13.4 km，以漂块石及卵砾石为主，夹中、细砂及粉质黏土夹层或透镜体。结构中密—密实，无胶结，泥沙质充填。天然密度 2.18~2.29 g/cm^3，天然干密度 2.14~2.19 g/cm^3；天然含水量小于 5%；渗透系数 10^{-3} cm/s，属中等透水。

主要岩性为冰水堆积的砂砾石，一般粒径 3~10 cm，最大粒径 40 cm，泥沙质充填，磨圆一般，多呈次圆状—棱角状，洞壁去除大颗粒形成稳定凹穴，大颗粒锤击可敲出，母岩为闪长岩、砂岩、云母片岩。其中，97~100 m 左侧顶部有 30 cm 厚的黏土透镜体，两侧及顶部有粉砂夹层;91 m 处左侧及顶部有 3 块孤石,尺寸分别为 0.7 m×0.5 m、1.5 m×0.8 m、1.3 m×0.7 m;89~87 m 左侧顶部有尺寸 1.2 m×0.8 m 左右的孤石;85 m 处左侧距离底部 50 cm 处从上到下有 2 块孤石,尺寸分别为 0.8 m×0.6 m、1.2 m×1.1 m,顶部有 1 块孤石,尺寸为 1.5 m×1.1 m,右侧中部有 2 块孤石,尺寸为 0.5 m×0.4 m、0.7 m×0.6 m,83~84 m 左侧中上部有一层厚度 40 cm 左右的黏土透镜体,81.5~83 m 右侧顶部有一层厚度 25~40 cm 的黏土透镜体;75~81 m 段左侧有 5 块粒径为 1.2~1.6 m 的孤石,有一 4 m 长黏土透镜体,右侧有 1.0 m×0.8 m、1.6 m×1.3 m 的 2 块孤石,有一 5 m 长厚度 0.2~1.0 m 的黏土透镜体,透镜体呈灰白色,下部砂砾石层接触带有 10 cm 厚度的锈黄色染色;68~66 m 处左侧距离底部 0.8 m 处有 2 块 1.3 m×0.6 m、0.8 m×0.3 m 的孤石;66~60 m 段左壁中部有一层厚度 0.2~0.6 m 的粉砂层,62~61 m 段有 1.1 m×0.6 m 孤石,顶部有一层厚度 0.8 m 左右的粉砂层,顶部右侧有一 0.8 m×0.6 m 孤石,右壁 68~54 m 段有厚度 0.3~1.2 m 的粉砂层;62.5 m 处有 1 m×1 m 的孤石;56~55 m 有 1.4 m×0.8 m 的孤石;51~45 m 段左壁中部有 1.2 m×0.6 m 的孤石;右壁有 1.1 m×1.0 m 孤石一块;52~30 m 段,顶部胶结较差,有掉块,进行了简单的支护,48 m 处右壁中上部夹有 1.2 m×0.5 m 的粉砂层;47 m 处顶部有 0.7 m×0.6 m 孤石;48~43 m 段左壁有两段粉砂夹层,厚度 0.6~1.2 m,右壁有 0.2~0.8 m 厚的粉砂夹层,43 m 处有 0.7 m×0.6 m 孤石;38 m 处右壁底部有 1.2 m×0.7 m 孤石;35~29 m 右壁顶部有厚度 0.8 m 左右的粉砂夹层;34~32 m 段左壁顶部有一厚度 0.6 m 左右的粉砂夹层;29~27 m 有厚度 0.8 m 左右的粉砂夹层;27~25 m 有 1.3 m×1.2 m、2 m×1.1 m 的 2 块孤石;23~20 m 段左壁中上部有厚度 0.5 m 左右的粉砂夹层,右壁有 1.3 m×0.9 m、0.9 m×0.8 m2 块孤石;20 m 处有 0.5 m×0.6 m、0.6 m×0.6 m 2 块孤石;18~16 m 段有 0.9 m×0.6 m、1.0 m×0.8 m、2.2 m×1.1 m 3 块孤石;15~5 m 段无大孤石,为含漂砂卵石层,粒径 5~20 cm,最大可见 0.4 m,漂石含量 20%左右;5~0 m 段,左壁中部 3 m 处有 1.1 m×0.8 m 孤石,右壁顶部有 1.5 m×0.7 m 孤石。

中—上更新统卵石主要分布在黑林沟右岸—前窑村一带,是构成该段隧洞围岩及明渠地基的主要岩性,天然露头较少,大部分被坡积黄土状土覆盖。

5.7.1.1　颗粒组成

根据对部分冲沟内卵石的颗分试验(见表 5-29)。下宽沟、庄头等大通盆地西部边缘丘陵一带分布的砂砾石以卵石为主,而在阴坡村分布的砂砾石以砾石为主。从天然露头调查,该层中含漂石,漂石最大可见粒径 80 cm。卵、砾成分:黑林河—水草湾以前段以花岗片麻岩、片麻岩、石英片岩为主,宗阳沟—松林段以石英岩为主。

表 5-29　冰水堆积物颗分试验成果统计

取样位置	取样组数	颗粒组成				不均匀系数	曲率系数	比重
		卵石(%)	砾石(%)	砂粒(%)	黏粉粒(%)			
下宽沟左岸	3	29.5~71.1	19.7~45	5~12	4.2~13.5	54.11~1 409.5	7.8~21.51	2.62
庄头左岸	3	41.5~58.1	24.8~37.3	14.5~21.1	2.6~3.1	176.55~365.24	3.06~14.77	2.66
阴坡村右岸	3	10.2~13.5	43.8~57.8	15.6~16.7	12.2~18.4	187.54~249.62	0.28~1.09	2.64
哈洲平硐 1	5	36.8~46.5	33.1~47.8	9.2~17.1	5.7~9.2	102.5~559.7	3.16~4.67	2.68
白崖湾平硐 2	10	12.2~53.4	20.3~47.3	16.7~30.3	7.1~27.2	214.2~1 251.8	0.37~2.47	2.67

在 8#隧洞出口和 20#隧洞出口布置深度分别为 50 m 和 100 m 的 2 条砂砾石平硐(见图 5-35),在不同深度处取样进行现场颗分试验。根据试验结果,8#隧洞出口平硐中卵石含量 36.8%~46.8%,砾石含量 33.1%~47.8%,砂含量 9.2%~17.1%,黏粉粒含量 5.7%~9.2%,最大可见颗粒粒径 83 cm;20#隧洞出口处平硐中卵石含量 12.2%~53.4%,砾石含量 20.3%~47.3%,砂含量 16.7%~30.3%,黏粉粒含量 7.1%~27.2%,最大可见粒径 1.8 m。从两平硐揭露情况及试验成果看,同一地点处砂砾石颗粒组成差异较小,只有局部粉土、砂夹层、透镜体的存在导致局部颗粒组成差异较大。从两条平硐颗粒组成比较,20#隧洞出口处平硐中大颗粒及细颗粒含量明显较高,砾石含量明显较低,颗粒级配较差,存在明显的分选堆积现象,平硐中细颗粒集中堆积段缺少大颗粒骨架的支撑作用,为砂砾石隧洞围岩稳定的薄弱段。

图 5-35　引大济湟冰水堆积物性状

5.7.1.2　密实度

根据干渠沿线冲沟内中—上更新统卵石层孔内动力触探试验(见表 5-30),修正后击数 11~34.8 击,密实程度为中密—密实,根据对部分冲沟两侧岸坡中—上更新统卵石的密度试验(见表 5-31),天然密度 2.18~2.28 g/cm³,天然干密度 2.14~2.19 g/cm³;天然含水量均小于 5%。

表 5-30　冰水堆积物重型动力触探试验成果统计

钻孔编号	钻孔位置	地层岩性	试验深度(m)	修正后击数	密实度
XZK9	黑林沟右岸	卵石	10.6~14.4	12.3	中密
XZK12	中庄沟右岸	卵石	6~19.6	11	中密
XZK14	下宽沟右岸	卵石	8.3~18	17~28	中密—密实
XZK16	吴什家右岸	卵石	3.0~19.9	19.4~35.6	中密—密实
XZK17	尕漏左岸山梁	卵石	17.0~17.1	34.8	密实
XZK19	尕漏右岸山梁	卵石	11.7~11.8	18.9	中密
XZK21	兰家左岸山梁	卵石	17.0~17.3	12.5~27	中密—密实

表 5-31　冰水堆积物密度试验成果统计

试验位置	试验编号	天然密度 (g/cm³)	天然密度平均值 (g/cm³)	天然含水量 (%)	天然含水量平均值 (%)	天然干密度 (g/cm³)	天然干密度平均值 (g/cm³)
吴什庄左岸	1	2.18	2.23	2.1	3.2	2.14	2.16
	2	2.21		3.2		2.14	
	3	2.26		3.4		2.19	
	4	2.25		3.9		2.17	
庄头左岸	1	2.20	2.23	3.0	3.5	2.14	2.16
	2	2.19		2.8		2.13	
	3	2.28		4.3		2.19	
	4	2.25		3.7		2.17	
尕漏村左岸	1	2.18		2.1		2.14	

5.7.2　工程地质总体评价

该类隧洞地下水活动轻微—中等，开挖过程中有渗水、滴水现象，局部段位于地下水位以下，存在突水、突泥等重大工程地质问题。由于其整体性极差，含水量较高时隧洞易产生大规模塌方，成洞条件差，建议施工中采用先导孔探测、超前灌浆等支护措施。

5.8　黑泉水库大三轴试验

对黑泉水库坝基冰水堆积物,南京水利科学研究院采用直径为500 mm的大三轴剪切仪进行抗剪试验,当制样混合料采用>5 mm的颗粒含量超过70%,在控制干密度2.24 g/cm^{3}条件下,φ值E—V模型为41°~42°,E—B模型为46°~48°。压缩变形试验,分级加荷载最大稳定压力为6 MPa时,压缩系数为(0.92~1.16)×10^{-2} MPa^{-1},压缩模量为104~129 MPa,体积压缩系数(0.77~0.9) ×10^{-2} MPa^{-1}。坝基冰水堆积物测试成果见表5-32。

表5-32　坝基冰水堆积物测试成果

试样编号	天然密度(g/cm^3)	天然含水量(%)	天然干密度(g/cm^3)	比重	孔隙率(%)	相对密度(Dr)
试验组数	10	10	10	10	10	10
最大值	2.42	4.3	2.32	2.83	24.17	1.0
最小值	2.16	1.9	2.07	2.69	16.24	0.46
平均值	2.29	3.1	2.22	2.75	19.19	0.64

饱和固结快剪试验,在控制干密度ρ_d=2.11~2.24 g/cm^{3}条件下φ=39°~44°,平均值为42°,天然休止角为36°。说明坝基砂砾石具有一定强度,属低压缩性土。

5.9　哇洪水库冰水堆积物物理力学性质

哇洪水库位于青海省海南州共和县切吉乡境内,枢纽工程主要由拦水大坝、溢洪道、导流放水洞等组成。坝型为混凝土面板砂砾石坝,坝高46.0 m,坝顶高程3 599.50 m,正常蓄水位3 595.11 m,总库容1 210万m^3,为Ⅲ等中型工程。溢洪道布置于右岸,长480 m,导流放水洞布置于左岸,长371 m。水库主要任务是城乡供水和农业灌溉。

5.9.1　地形地貌

坝址位于哇洪沟出山口段,河道顺直,总体方向NE32°。左岸山体雄厚,最高处海拔3 780 m,自然边坡陡峻,坡度为45°~70°,局部陡立,边坡表部发育数条侵蚀浅沟,深度一般1~3 m,大部分堆积碎块石及粉土。坝址处河谷开阔,呈宽U形,海拔3 552~3 560 m,谷底宽200~270 m,现代河床位于河谷左侧,宽15~30 m,由于下游电站引水渠道建于河谷右岸,枯水期河水全部引入渠道,现代河床基本干涸,只有在洪水季现代河床有水流。谷底右侧发育高漫滩,漫滩宽度180~220 m,高漫滩高出现代河床0.5~1.5 m。右侧发育一马鞍形垭口,将靠河谷右岸一低矮山丘与左岸主山体分割,山丘顶部高程3 616 m,靠河谷侧坡度上陡下缓,高程3 573 m以下坡度10°~15°,坡脚修建电站引水渠时开挖呈陡立坎,高程3 573 m以上坡度20°~25°。山丘右侧垭口呈浅U形,垭口最低点高程约3 604

m,左侧坡度 20°左右,右侧山体上陡下缓,3 624 m 以下 20°~25°,3 624 m 以上 25°~35°,最高处海拔 3 700 m。

5.9.2 冰水堆积物分布特征

坝址堆积物主要有第四系全新统冲洪积含漂砂砾卵石层、上更新统漂卵石层、坡积粉土、坡积碎石土、洪积含漂砂砾卵石层和崩坡积碎、块石。

第四系全新统冲洪积含漂砂砾卵石层呈带状连续分布于河谷上部,结构稍密—中密,厚 20.5~23.6 m,河漫滩段局部表层覆盖有薄层粉砂。

第四系上更新统冲洪积漂卵石层连续分布于河谷全新统冲洪积含漂砂砾卵石层之下,结构密实,局部具轻微泥质胶结特性。根据钻孔揭露,河谷该层顶部分布高程 3 531.81~3 537.40 m,厚 18.8~29.5 m。

左岸坡根分布有崩坡积碎、块石层,结构松散,具架空结构,最大粒径 0.8 m,一般粒径 15~25 cm,厚 2~4 m。

右岸台地覆盖层上部为坡积粉土,结构稍密,干燥,一般厚 2~4 m,在坡脚处最大厚度可达 7 m,底部夹少量碎石。下部为坡积碎石土,结构松散—稍密,具架空大孔隙结构,厚 2~3 m。在坝轴线靠下游侧碎石土下分布洪积含漂砂砾卵石层,结构密实。

右岸岸坡表层为坡积粉土,厚 0.5~4 m;下部为坡积碎石土层,厚 2~3 m。右岸山体和垭口分布有厚层槽状花岗岩全风化层,厚 12~22 m。为浅黄色含角砾中粗砂层,下部角砾含量较高。

5.9.3 堆积物结构及组成

第四系主要分布于河床、漫滩、台地及两岸岸坡地带。按其成因可分为如下几种:

(1)上更新统冲洪积层(Q_3^{alp}):主要由漂卵砾石组成,分布于哇洪河河谷全新统冲洪积砂砾石层之下,漂卵石粒径一般为 20~60 cm,最大粒径 1.5 m,多呈圆状—次圆状,磨圆度较好,分选一般,结构密实,局部具轻微泥质胶结特征,厚度 18.8~29.5 m。

(2)全新统冲洪积层(Q_4^{alp}):冲洪积成因,青灰色,分布于现代河床及河漫滩。以松散卵砾石为主,含漂石,夹中粗砂透镜体,表层分布有粉土、粉细砂层。卵砾石一般粒径 2~30 cm,漂石最大可见 0.8 m,成分以花岗岩、砂岩、火山岩为主。卵砾石多呈次圆状,磨圆度较好,分选一般,结构松散—稍密,厚 20.5~23.6 m。

(3)上更新统洪积层(Q_4^{pl}):表层主要为土黄色粉土,厚 1.50~3.0 m,下部为洪积碎石土层,分布于坝址右岸台地,厚 8~40 m,靠近坝线处厚度较薄,靠下游冲沟沟口处厚度较大。

(4)全新统崩坡积层(Q_4^{dl+col}):主要为块石、碎石土,具架空结构,总体较松散,结构不均一,块石最大可见粒径 2 m,分布于坝址左岸山根及岸坡中下部凹槽部位,厚度随地形变化较大,一般厚 2~5 m,局部厚度可达 10 m。

(5)全新统坡积层(Q_4^{dl}):主要分布于右岸山丘顶部及岸坡表部,在左岸岸坡平缓地段也有少量分布,主要为粉土、碎石土层,结构松散,一般厚度 4~10 m。

5.9.4 冰水堆积物物理力学性质

5.9.4.1 颗粒组成

上更新统冲洪积层(Q_3^{alp})(见图5-36),主要由漂卵砾石组成,分布于哇洪河河谷全新统冲洪积含漂砂砾卵石层之下。根据颗分试验资料(见表5-33),漂卵石含量29.6%~52.9%,砾石含量26.4%~58.5%,砂含量3.9%~11.3%,砂以中粗砂为主,含泥量2.3%~14.9%。漂石一般粒径20~60 cm,最大粒径1.5 m,多呈圆状—次圆状,磨圆度较好,分选较好,结构密实,局部泥质胶结,厚35~43 m。

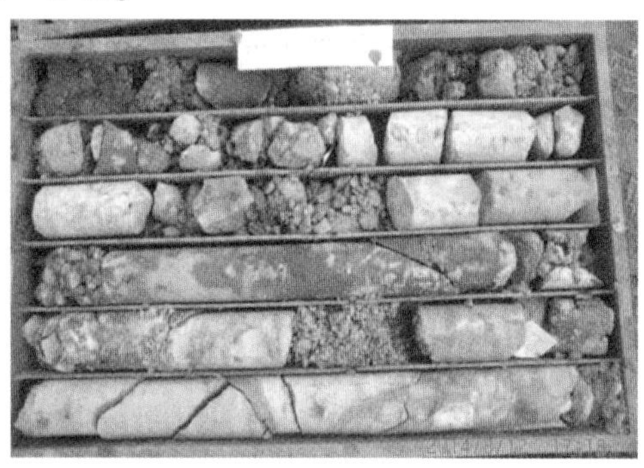

图5-36 第四系上更新统冰水堆积泥质漂卵石

表5-33 冰水堆积物颗分试验成果

野外编号	土壤分类	颗粒组成(%)				d_{60} (mm)	d_{50} (mm)	d_{30} (mm)	d_{10} (mm)	不均匀系数	曲率系数	含泥量(%)
		卵石	砾石	砂粒	细粒							
		>60 mm	60~20 mm	2~0.075 mm	<0.075 mm							
ZK7-1	卵石混合土	37.4	49.3	10.4	2.9	55.55	40.92	18.12	0.88	63.0	6.7	2.9
ZK7-2	卵石混合土	37.4	51.7	8.4	2.5	56.39	44.30	20.31	1.55	36.3	4.7	2.5
ZK7-3	卵石混合土	35.4	39.5	10.2	14.9	47.60	26.64	5.27	0.03	1 641.4	20.1	14.9
ZK6-4	混合土卵石	52.9	40.9	3.9	2.3	71.92	62.54	31.82	6.06	11.9	2.3	2.3
ZK6-5	卵石混合土	29.6	58.5	8.4	3.5	43.34	31.83	14.67	1.23	35.1	4.0	3.5
ZK6-6	混合土卵石	51.2	26.4	11.3	11.1	87.06	62.48	9.57	0.05	1 741.2	21.0	11.1
组数		6	6	6	6	6	6	6	6	6	6	6
平均值		40.6	44.4	8.8	6.2	60.31	44.78	16.63	1.63	588.1	9.8	6.2
最大值		52.9	58.5	11.3	14.9	87.06	62.54	31.82	6.06	1 741.2	21.0	14.9
最小值		29.6	26.4	3.9	2.3	43.34	26.64	5.27	0.03	11.9	2.3	2.3

5.9.4.2 物理力学性质

根据钻孔取样做漂卵石密度试验,干密度为2.20~2.32 g/cm^3,平均值2.24 g/cm^3。根据钻孔抽水、注水试验其渗透系数为2.4×10^{-3}~4.4×10^{-3} cm/s,平均渗透系数为3.2×10^{-3} cm/s,属中等透水层。根据工程地质类比,冲洪积漂卵砾石承载力0.35~0.45 MPa。

5.9.4.3　剪切波测试

根据钻孔中剪切波速测试成果(见表 5-34),其纵波波速 133~1 130 m/s,平均值 625 m/s;横剪切波速度 76~743 m/s,平均值 384 m/s,泊松比平均值 0.21,剪切模量 456 MPa,杨氏模量 1 116 MPa,体积模量 862 MPa。其纵波及剪切波速度阈值相差 8~9 倍,主要原因为堆积物中分布不同粒径的土颗粒,粗颗粒的漂、卵石与细粒土的速度值差距大。

表 5-34　冰水堆积物剪切波速度测试成果统计

钻孔编号	深度(m)	纵波速度(m/s)	横剪切波速度(m/s)	密度(g/cm^3)	剪切模量(MPa)	杨氏模量(MPa)	体积模量(MPa)
ZKC-3	24	499	378	2.65	377.90	1 050.555 6	1 591.75
	25	551	362	2.65	346.91	811.438 3	409.21
	26	463	299	2.65	236.52	530.425 3	233.44
	27	767	390	2.65	403.83	923.170 1	431.01
	28	386	285	2.65	215.51	571.173 3	544.45
	29	689	431	2.65	491.25	1 080.267 3	449.55
	30	882	538	2.65	768.28	1 812.602 4	943.05
	31	895	611	2.65	988.65	2 378.753 1	1 335.00
	32	763	445	2.65	523.99	1 115.622 5	427.00
	33	724	334	2.65	295.47	734.692 1	476.90
	34	551	362	2.65	346.91	947.099 7	1 169.58
	35	735	588	2.65	915.22	2 052.457 7	903.27
	36	947	595	2.65	938.35	2 598.462 3	3 752.74
	37	608	487	2.65	629.52	1 477.481 5	754.21
	38	353	285	2.65	214.72	599.647 0	964.31
	39	961	508	2.65	683.71	1 962.537 2	5 048.47
	40	763	545	2.65	786.16	2 053.814 7	1 766.51

续表 5-34

钻孔编号	深度(m)	纵波速度(m/s)	横剪切波速度(m/s)	密度(g/cm^3)	剪切模量(MPa)	杨氏模量(MPa)	体积模量(MPa)
ZKC-7	3	349	269	2.65	191.54	471.4302	291.67
	4	382	290	2.65	222.45	523.062 7	268.80
	5	414	321	2.65	273.31	684.831 9	461.78
	6	475	367	2.65	356.38	880.637 7	554.96
	7	516	402	2.65	428.25	1 092.687 2	812.13
	8	598	444	2.65	522.41	1 164.889 3	504.17
	9	631	348	2.65	320.93	822.706 1	628.32
	10	759	382	2.65	386.70	1 029.062 4	1 012.30
	11	747	338	2.65	302.75	830.168 6	1 073.08
	12	774	454	2.65	546.21	1 351.932 7	858.58
	13	798	616	2.65	1 006.21	2 489.755 8	1578.95
	14	885	475	2.65	597.91	1 551.653 8	1 277.54
	15	840	544	2.65	784.23	1 785.847 8	823.58
	16	857	526	2.65	733.19	1 755.655 5	966.57
	17	871	531	2.65	745.99	1 798.062 9	1016.40
	18	963	633	2.65	1 061.83	2 378.573 8	1 043.34
	19	896	565	2.65	846.31	1 979.221 9	997.58
	20	906	471	2.65	588.85	1 547.653 1	1 387.73
	21	725	385	2.65	391.82	1 022.345 2	872.10
	22	868	544	2.65	784.81	1 846.214 0	950.35
	23	929	584	2.65	902.56	2 118.963 6	1 082.86
	24	935	616	2.65	1 006.37	2 245.577 4	973.82
	25	940	724	2.65	1 388.07	3 407.983 5	2 085.15
	26	966	597	2.65	944.17	2 249.356 9	1 213.97
	27	949	616	2.65	1 006.51	2 286.107 7	1 045.79
	28	953	743	2.65	1 462.93	3 730.475 2	2 763.33
	29	956	713	2.65	1 347.63	3 035.034 1	1 352.74

续表 5-34

钻孔编号	深度(m)	纵波速度(m/s)	横剪切波速度(m/s)	密度(g/cm^3)	剪切模量(MPa)	杨氏模量(MPa)	体积模量(MPa)
ZKC-8	3.5	237	152	2.65	61.124 2	140.828 7	67.444 3
	4	204	113	2.65	33.957 7	86.689 7	64.626 7
	4.5	438	140	2.65	51.964 1	149.990 6	440.218 6
	5	292	227	2.65	136.720 3	345.773 0	244.736 2
	5.5	473	322	2.65	274.852 9	586.502 1	225.719 2
	6	531	263	2.65	183.005 2	489.541 1	502.111 0
	6.5	133	76	2.65	15.345 3	38.508 4	26.167 0
	7	318	216	2.65	123.638 4	265.465 3	103.751 4
	7.5	344	154	2.65	62.471 8	171.828 2	229.557 5
	8	398	307	2.65	249.902 4	617.718 9	389.856 6
	8.5	274	176	2.65	82.366 5	188.616 9	88.549 0
	9	330	265	2.65	186.546 0	524.743 4	935.093 1
	9.5	796	473	2.65	591.898 7	1453.352 9	889.567 2
	10	549	312	2.65	257.961 6	651.024 4	455.637 0
	10.5	318	227	2.65	136.551 9	278.428 7	96.575 6
	11	605	234	2.65	144.514 7	408.203 5	775.981 6
	11.5	380	196	2.65	101.802 4	268.506 9	246.923 5
	12	239	189	2.65	94.660 7	252.668 7	254.608 0
	12.5	398	177	2.65	82.896 1	228.280 9	309.096 4
	13	265	159	2.65	67.163 3	163.700 1	96.980 8
	13.5	549	318	2.65	268.602 6	669.708 9	440.575 9
	14	398	265	2.65	186.546 0	409.954 5	170.304 7
	14.5	605	159	2.65	67.146 3	196.437 9	879.139 3
	15	531	318	2.65	268.602 5	654.668 4	387.823 0
	15.5	377	222	2.65	130.111 4	321.548 0	202.740 1
	16	1 130	274	2.65	198.476 4	583.072 6	3 121.872 1
ZKC-9	20	746	469	2.65	582.72	1 367.93	698.8
	21	522	347	2.65	319.38	704.93	296.38
	22	665	405	2.65	435.27	1 048.07	589.99
	23	675	538	2.65	766.19	2 096.13	2 644.37
	24	626	351	2.65	327.22	830.81	600.72
	25	576	222	2.65	130.70	369.25	704.18
	26	751	388	2.65	399.11	1 052.08	963.65
	27	679	408	2.65	441.13	1 073.98	633.19
	28	729	436	2.65	503.04	1 229.89	738.59
	29	510	303	2.65	242.72	596.61	366.93
最大值		1 130	743	2.65	1 462.93	3 730.475 2	5 048.47
最小值		133	76	2.65	15.345 3	38.508 4	26.167 0
平均值		625	384	2.65	456	1 116	862

第 6 章　冰水堆积物水文地质试验

在河床深厚冰水堆积物水文地质勘察中，渗透特性是勘察工作的重点，也是设计和施工中关键参数的组成部分。目前，常规确定渗透系数的现场试验主要有抽水试验、注水试验、微水试验、示踪法试验、渗透变形试验等，这些方法的主要缺点是试验周期长，耗费人力和物力多，受野外作业条件制约大。在有些堆积物勘察中，具有距离远、条件差、勘察难度大等特点，因此需要开发应用测试方式简单、操作速度快的水文地质试验技术。

水利水电工程河床深厚冰水堆积物水文地质参数测试的主要内容一般有：

(1)地下水位、水头(水压)、水量、水温、水质及其动态变化，地下水基本类型、埋藏条件和运动规律。

(2)堆积物水文地质结构，含水层、透水层与相对隔水层的厚度，埋藏深度和分布特征，划分含水层(透水层)与相对隔水层。

(3)堆积物地下水的补给、径流、排泄条件。

(4)渗透张量计算、给水度计算、影响半径计算等。

6.1　试坑注水试验

河床深厚冰水堆积物常用的试坑注水试验方法有试坑法、单环法和双环法。

6.1.1　试坑法注水试验

6.1.1.1　基本要求

试坑法注水试验(如图 6-1 所示)的基本要求如下：

(1)试坑深 30~50 cm，坑底一般高出潜水位 3~5 m，最好大于 5 m；

(2)坑底应修平并确保试验土层的结构不被扰动；

(3)应在坑底铺垫 2~5 cm 厚粒径为 5~10 mm 的砾石或碎石作为过滤缓冲层；

(4)水深达到 10 cm 后，开始计录时间及量测注入水量，并绘制 $Q—t$ 关系曲线；

(5)试验过程中，应保持水深在 10 cm，波动幅度不应大于 0.5 cm，注入的清水水量量测精度应小于 0.1 L。

6.1.1.2　操作方法

试验开始时，控制流量连续平衡，并保持坑中水层厚为常数值(厚 10 cm)。当注入水量达到稳定并延续 2~4 h(渗透速度历时曲线趋向水平)，试验即可结束。详细内容参考《工程地质手册》第五版第 1 251 页。

6.1.1.3　优缺点

该方法的优点是安置简便；缺点是受侧向渗透影响较大，成果精度低。

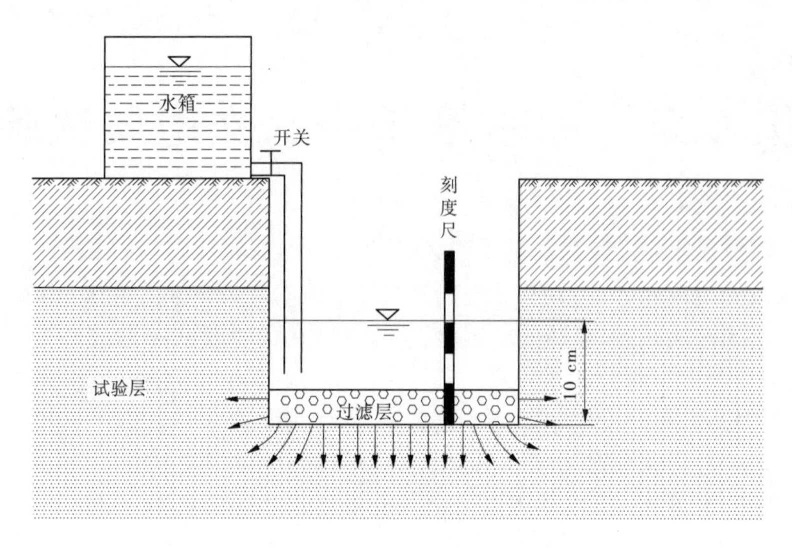

图 6-1 试坑法注水试验示意图

6.1.1.4 计算公式

渗透系数的计算公式为

$$K = \frac{16.67Q}{F} \tag{6-1}$$

式中:K 为试验土层渗透系数,cm/s;Q 为注入流量,L/min,1 L/min = 16.67 cm^3/s;F 为试坑底面面积,cm^2。

6.1.2 单环法注水试验

6.1.2.1 基本要求

单环法注水试验如图 6-2 所示,基本要求如下:

(1)注水环(铁环)嵌入试验土层深度不小于 5 cm,且环外用黏土填实,确保周边不漏水;

(2)水深达到 10 cm 后,开始每隔 5 min 量测 1 次,连续量测 5 次,以后每隔 20 min 量测 1 次,连续量测次数不少于 6 次;

(3)当连续 2 次观测的注入流量之差不大于最后一次注入流量的 10%时,试验即可结束,并取最后一次注入流量作为计算值。

6.1.2.2 优缺点

其优点是单环法注水试验适用于地下水位以上的砂土、砂卵砾石等土层,安置简单;缺点是未考虑受侧向渗透的影响,成果精度稍差。

6.1.2.3 计算公式

渗透系数的计算公式为

$$K = \frac{16.67Q}{F}$$

式中:F 为方便计算可使环内径为 35.75 cm,即 $F = 1\ 000\ cm^2$。

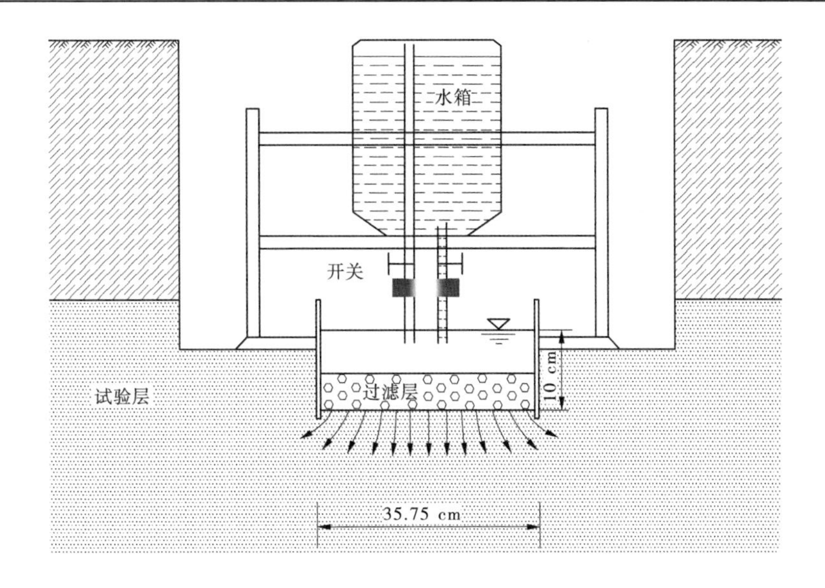

图 6-2　单环法注水试验示意图

6.1.3　双环法注水试验

6.1.3.1　基本方法

双环法注水试验(如图 6-3 所示)要求如下:

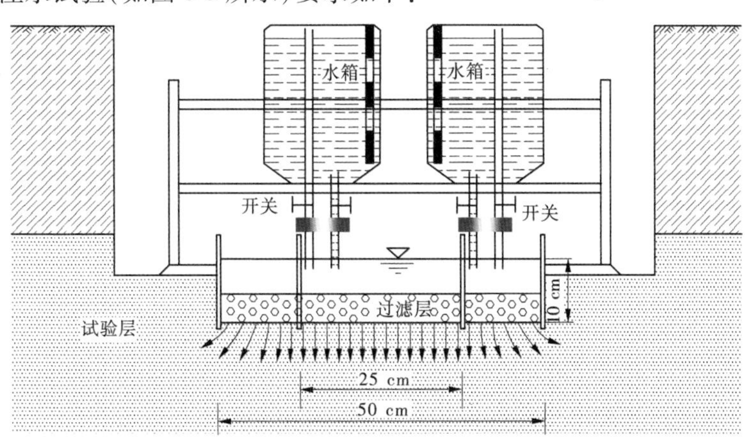

图 6-3　双环法注水试验示意图

(1)两注水环(铁环)按同心圆状嵌入试验土层深度不小于 5 cm,并确保试验土层的结构不被扰动,环外周边不漏水;

(2)水深达到 10 cm 后,开始每隔 5 min 量测 1 次,连续量测 5 次,之后每隔 15 min 量测 1 次,连续量测 2 次,之后每隔 30 min 量测 1 次,连续量测次数不少于 6 次;

(3)当连续 2 次观测的注入流量之差不大于最后一次注入流量的 10%时,试验即可结束,并取最后一次注入流量作为计算值;

(4)试验前在距 3~5 m 试坑处打一个比坑底深 3~4 m 的钻孔,并每隔 20 cm 取土样测定其含水量。试验结束后,应立即排出环内积水,在试坑中心打一个同样深度的钻孔,每隔 20 cm 取土样测定其含水量与试验前资料对比以确定注水试验的渗入深度。

6.1.3.2　**优缺点**

其优点是双环法注水试验适用于地下水位以上的粉土层和黏性土层,基本排除侧向渗透的影响,成果精度较高;缺点是安置、操作较复杂。

6.1.3.3　**计算公式**

渗透系数的计算公式为

$$K = \frac{16.67Q}{F(H + Z + 0.5H_a)} \tag{6-2}$$

式中:K 为试验土层的渗透系数,cm/s;Q 为内环的注入流量,L/min,干燥炎热条件下应扣除蒸发水量;F 为内环的底面积,cm^2;H 为试验水头,cm;H=10 cm;H_a 为试验土层的毛细上升高度,cm;Z 为从试坑底算起的渗入深度,cm。

试坑内环直径 25 cm,外环直径为 50 cm。

6.1.4　引大济湟工程注水试验

在引大济湟西干渠冰水堆积物中,对干渠段 1[#]、3[#]勘探平硐部分卵石进行了单环法注水试验(见表 6-1~表 6-3,图 6-4),从试验结果看,渗透系数均为 10^{-3}cm/s,属中等透水。

表 6-1　1[#]平硐现场注水试验成果表

位置(m)	密度 ρ(kg/m^3)	含水率 ω(%)	干密度 $\rho_干$(kg/m^3)	渗透系数 K(cm/s)
50	2.395	6.42	2.25	3.26×10^{-3}
45	2.334	7.12	2.178	
40	2.45	6.94	2.291	3.27×10^{-3}
35	2.467	8.19	2.28	
30	2.196	6.658	2.06	3.29×10^{-3}
25	2.419	6.85	2.263	
20	2.42	7.58	2.249	3.18×10^{-3}
15	2.286	7.79	2.122	
10	2.216	7.44	2.063	3.12×10^{-3}
5	1.84	7.22	1.713	

表 6-2　3# 平硐现场注水试验成果表

位置(m)	密度 ρ(kg/m³)	含水率 ω(%)	干密度 $\rho_{干}$(kg/m³)	渗透系数 K(cm/s)
100	2.107	6.75	1.97	1.66×10^{-2}
95	2.319	8.13	2.14	
90	2.34	7.08	2.185	7.54×10^{-3}
85	2.414	9.03	2.21	
80	2.252	6.38	2.116	3.78×10^{-3}
75	2.309	8.53	2.128	
70	2.309	8.81	2.122	1.35×10^{-2}
65	2.346	6.03	2.21	
60	2.278	7.15	2.125	5.12×10^{-3}
55	2.38	5.93	2.25	
50	2.41	10.15	2.187	3.07×10^{-3}
45	2.18	5.15	2.07	
40	2.21	6.61	2.073	5.15×10^{-3}
35	1.952	5.25	1.883	
30	2.209	3.58	2.133	5.97×10^{-3}
25	2.179	4.4	2.087	
20	2.415	6.73	2.26	3.18×10^{-3}
15	2.614	5.58	2.472	
10	2.26	7.12	2.11	2.12×10^{-3}
5	2.418	9.59	2.2	

表 6-3　西干渠中—上更新统卵石渗水试验成果统计

试验位置	岩性	组数	渗透系数范围值(cm/s)	平均值(cm/s)	渗透性等级
吴什庄左岸	卵石	4	$1.9\times10^{-3}\sim5.6\times10^{-3}$	3.1×10^{-3}	中等透水
庄头左岸	卵石	4	$3.2\times10^{-3}\sim5.1\times10^{-3}$	4.5×10^{-3}	中等透水
尕漏村右岸	卵石	4	$4.2\times10^{-3}\sim7.9\times10^{-3}$	6.3×10^{-3}	中等透水

图 6-4　3# 平硐现场单环法注水试验

6.2　钻孔注水试验

钻孔注水试验是现场测定岩土层渗透系数的一种简便有效的原位试验方法，工程实践中已经得到了广泛的应用并积累了一定的经验。

钻孔常水头注水试验适用于渗透性比较大的壤土、粉土、砂土和砂卵砾石层或不能进行压水试验的风化破碎岩体、断层破碎带等透水性较强的岩土体。

6.2.1　钻孔常水头注水试验

6.2.1.1　基本要求

钻孔常水头注水试验结构简图见图 6-5，试验应符合下列规定：

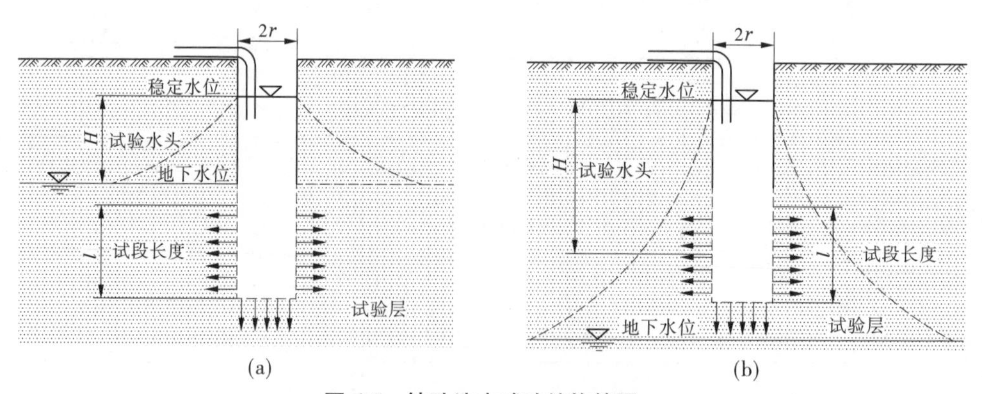

图 6-5　钻孔注水试验结构简图

（1）试验装置好，确认试验段已隔离后，向孔内注入清水至一定高度或至孔口并保持稳定,测定水头值。保持水头不变,观测注入流量。

(2)开始每5 min量测1次,连续量测5次,之后每隔20 min量测1次,至少连续量测6次,并绘制$Q—t$关系曲线。

(3)当连续2次量测的注入流量之差不大于最后一次注入流量的10%时,试验即可结束,取最后一次注入流量作为计算值。

6.2.1.2　**渗透系数计算公式**

(1)当注水试验段位于地下水位以下时,渗透系数宜采用如下方法进行计算:

对深厚层且水平分布宽的含水层渗透系数可按下列公式进行计算:

当$l/r \leqslant 4$时

$$K = \frac{0.08Q}{rS\sqrt{(2l + r)/4r}} \tag{6-3}$$

当$l/r > 4$时

$$K = \frac{0.366Q}{lS}\lg\frac{2l}{r} \tag{6-4}$$

式中:l为注水试段长度或过滤器长度,m;Q为稳定注水量,m^3/d;S为孔中试验水头高度,m;r为钻孔或过滤器内半径,m。

对渗透性比较大的粉土、砂土和砂卵砾石层或不能进行压水试验的风化破碎岩体、断层破碎带等透水性较强的岩体,则可按下式进行计算:

$$K = \frac{16.67Q}{AS} \tag{6-5}$$

式中:A为形状系数,cm,按表6-4选用;S为孔中试验水头高度,m。

(2)当注水试验段位于地下水位以上,且$50<H/r<200$、$H\leqslant 1$ m时,渗透系数宜采用下式进行计算

$$K = \frac{7.05Q}{lH}\lg\frac{2l}{r} \tag{6-6}$$

式中:H为孔中试验水头高度,m;其他符号意义同前。

6.2.2　钻孔降水头注水试验

6.2.2.1　**基本要求**

钻孔降水头注水试验适用于地下水位以下粉土、黏性土层或渗透系数较小的岩层。试验结构简图见图6-5,试验应符合下列规定:

(1)试验装置好,确认试验段已隔离后,向孔内注入清水至一定高度或至孔口并保持稳定,作为初始水头值,停止供水;

(2)开始间隔时间1 min,连续观测5次,然后间隔时间10 min,观测3次。后期观测间隔时间应根据水位下降速度确定,可每隔30 min量测1次,并在现场绘制$\ln(H_t/H_0)$—t关系曲线(见图6-6),当水头下降比与时间关系不呈直线时说明试验不正确,应检查重新试验;

(3)当试验水头下降到初始试验水头的30%或连续观测点达到10个以上时,可结束试验。

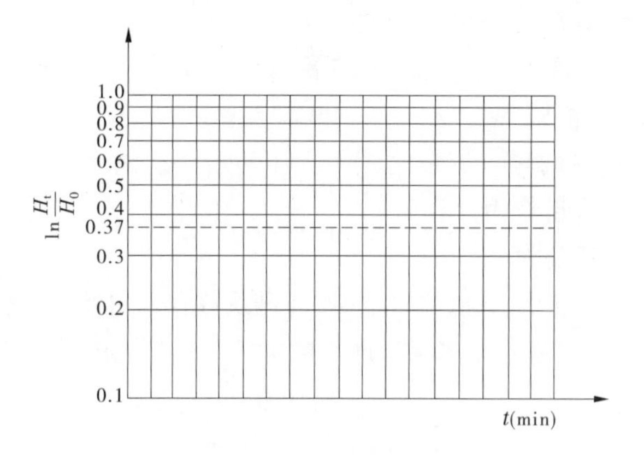

图 6-6　$\ln\frac{H_t}{H_0}$—t 关系图

6.2.2.2　渗透系数计算公式

渗透系数可按下式进行计算：

$$K=\frac{0.052\ 3r^2}{AT} \tag{6-7}$$

式中：r 为套管内半径，cm；T 为滞后时间，min，可用式 $T=\frac{t_2-t_1}{\ln\frac{H_1}{H_2}}$ 计算或在 $\ln\frac{H_t}{H_0}$—t 关系图上图解；t_1、t_2 为试验某一时刻的时间，min；H_1、H_2 为在试验时间 t_1、t_2 时的试验水头，cm。

表 6-4　钻孔形状系数值 A

试验条件	示意图	A 值	备注
试段位于地下水位以下，钻孔套管下至孔底，孔底进水	$2r$　稳定水位　H　试验水头　地下水位　试验层	5.5r	
试段位于地下水位以下，钻孔套管下至孔底，孔底进水，试验土层顶板为不透水层	$2r$　稳定水位　H　试验水头　地下水位　试验层	4r	

续表 6-4

试验条件	示意图	A 值	备注
试段位于地下水位以下，孔内不下套管或部分下套管，试验段裸露或下花管，孔壁与孔底进水	$2r$；稳定水位；H 试验水头；地下水位；l 试段长度；试验层	$m\dfrac{2\pi l}{\ln\dfrac{ml}{r}}$	$\dfrac{ml}{r}>8$ $m=\sqrt{K_h/K_v}$，式中，K_h、K_v 分别为试验土层的水平、垂直渗透系数。无资料时，m 值可根据土层情况估算
试段位于地下水位以下，孔内不下套管或部分下套管，试验段裸露或下花管，孔壁和孔底进水，试验土层顶部为不透水	$2r$；稳定水位；H 试验水头；地下水位；l 试段长度；试验层	$\dfrac{2\pi l}{\ln\dfrac{2ml}{r}}$	$\dfrac{ml}{r}>10$ $m=\sqrt{K_h/K_v}$，式中，K_h、K_v 分别为试验土层的水平、垂直渗透系数。无资料时，m 值可根据土层情况估算

6.2.3　哇沿水库钻孔注水试验

察汗乌苏河哇沿水库坝基冰水堆积物钻孔揭露最大厚度 84.4 m，根据抽、注水试验成果（见表 6-5），卵、砾石层各层之间由于密实度及含泥量的不同，在透水性上存在一定差异。上部 0~30 m 渗透系数 11.73~82.62 m/d，为强透水层；30~60 m 渗透系数 12.53~23.07 m/d，为强透水层；60 m 以下渗透系数 4.16~19.71 m/d，为中等透水—强透水层。在坝基渗漏量计算时，由相应公式计算坝基总体渗透系数在水平向计算时取值为：0~30 m 取 46.2 m/d，30~60 m 取 17.8 m/d，60~84.4 m 取 10.8 m/d。

表 6-5　钻孔抽、注水试验成果

位置	试验深度（m）	试验方法	渗透系数		透水性分级
			m/d	cm/s	
ZK1	13	钻孔抽水	25.84	2.99×10^{-2}	强透水层
	13	钻孔抽水	19.17	2.22×10^{-2}	强透水层
	21.6	钻孔抽水	11.73	1.36×10^{-2}	强透水层
	36.1	钻孔注水	12.53	1.45×10^{-2}	强透水层
	61.6	钻孔注水	4.16	4.81×10^{-3}	中等透水层
ZK3	12.05	钻孔抽水	47.02	5.44×10^{-2}	强透水层
	18.4	钻孔抽水	82.62	9.56×10^{-2}	强透水层
	31.2	钻孔注水	23.07	2.67×10^{-2}	强透水层
	62	钻孔注水	8.56	9.91×10^{-3}	中等透水层
	72	钻孔注水	19.71	2.28×10^{-2}	强透水层

续表 6-5

位置	试验深度(m)	试验方法	渗透系数		透水性分级
			m/d	cm/s	
ZK09-1	11.6	钻孔注水	32.1	3.72×10^{-2}	强透水层
	13.5	钻孔注水	53.0	6.13×10^{-2}	强透水层
ZK09-4	6.0	钻孔注水	50.4	5.83×10^{-2}	强透水层
	9.7	钻孔注水	61.6	7.13×10^{-2}	强透水层
	15.8	钻孔注水	79.0	9.14×10^{-2}	强透水层

6.3 同位素示踪法水文地质参数测试

放射性同位素测试技术测定含水层水文地质参数的方法是国内外于 20 世纪 70 年代初发展起来的,并于 20 世纪 70 年代后期从实验室逐渐走向生产实践,因此该方法目前已被国外广泛应用。我国自 20 世纪 80 年代开始使用该技术,并在 20 世纪 90 年代得到较大范围应用和推广。

放射性同位素示踪法测井技术在测定含水层水文地质参数方面经过多年理论与实践已取得了长足进展。该方法目前可以测定含水层诸多水文地质参数,例如地下水流向、渗透流速(v_f)、渗透系数(K_d)、垂向流速(v_v)、多含水层的任意层静水头(S_i)、有效孔隙度(n)、平均孔隙流速(u)、弥散率(α_l、α_T)和弥散系数(D_l、D_T)等。

该技术与传统水文地质试验相比具有许多优点,可以解决传统水文地质试验无法解决的实际问题,与传统抽水试验相比主要具有以下特点:①可以测试厚度很大的松散堆积物的地下水参数;②比抽水试验取得的参数质量更高、数量更多,能较大限度地满足地质分析和方案设计要求;③不会对钻孔附近地层的稳定性产生影响,而抽水试验则会影响抽水孔附近地层的稳定性;④可获得用抽水试验不能获得的参数;⑤该方法是利用地下水天然流场来测试地下水参数,而抽水方法则是从钻孔中抽水造成水头或水位重新分布来获得水文地质参数,因此更能反映自然流场条件下的水文地质参数,所获得的参数更能反映实际情况。

目前使用的测试仪器多是在 20 世纪 90 年代由我国自行设计研发的放射性同位素地下水参数测试仪器,该仪器结构如图 6-7 所示。

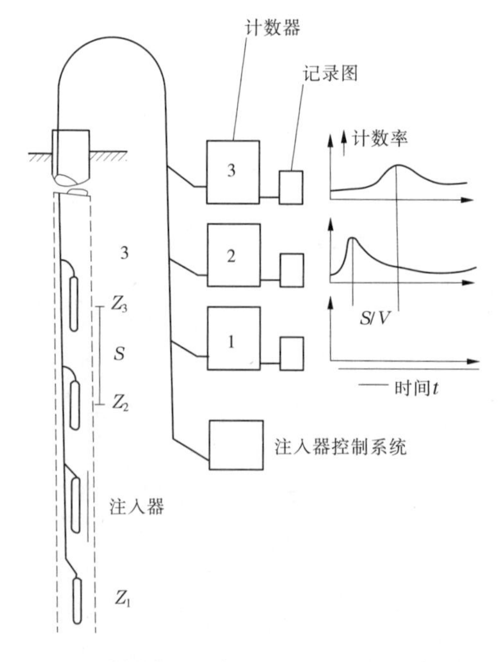

图 6-7 放射性同位素地下水参数测试仪器结构

6.3.1 基本原理

该方法的基本原理是对井孔滤水管中的地下水用少量示踪剂^{131}I标记,标记后的水柱示踪剂浓度不断被通过滤水管的含水层渗透水流稀释而降低。其稀释速率与地下水渗流流速有关,根据这种关系可以求出地下水渗流流速,然后根据达西定律可以获得含水层渗透系数。

放射性同位素测井技术不受井液温度、压力、矿化度影响,测试灵敏度高、方便快捷、准确可靠,可测孔径为50~500 mm,孔深超过500 m。根据测试方法以及测试目的,该方法可以分为多种类型(见表6-6)。

表6-6　同位素示踪法测定堆积物水文地质参数方法分类

Ⅰ级分类	Ⅱ级分类	可测参数
单孔技术	单孔稀释法	渗透系数、渗流流速
	单孔吸附示踪法	地下水流向
	单孔示踪法	孔内垂向流速、垂向流量
多孔技术	多孔示踪法	平均孔隙流速、有效孔隙度、弥散系数

采用同位素示踪法测试堆积物水文地质参数时,当河流水平流速测试范围为0.05~100 m/d、垂向流速测试范围为0.1~100 m/d时,每次投放量应低于1×10^8 Bq。当水流$v_v>0.1$ m/d时,相对误差小于3%;当$v_f>0.01$ m/d时,相对误差小于5%。

6.3.2 计算理论与方法

同位素单孔稀释法测试含水层渗透系数的方法可分为公式法和斜率法。

6.3.2.1 公式法

公式法确定含水层渗透系数是根据放射性同位素初始浓度($t=0$时)计数率和某时刻放射性同位素浓度计数率的变化来计算地下水渗流流速,然后根据达西定律求出含水层渗透系数。示踪剂浓度变化与地下水渗透流速之间的关系服从下列公式:

$$v_f = (\pi r_1/2\alpha t)\times \ln(N_0/N) \tag{6-8}$$

式中:v_f为地下水渗透流速,cm/s;r_1为滤水管内半径,cm;N_0为同位素初始浓度($t=0$时)计数率;N为t时刻同位素浓度计数率;α为流场畸变校正系数;t为同位素浓度从N_0变化到N的观测时间,s。

根据式(6-8)可以获得含水层中地下水渗流流速,然后根据达西定律关系式(6-9)可以计算含水层渗透系数。

$$v_f = K_d J \tag{6-9}$$

式中:K_d为含水层渗透系数,cm/s;J为水力坡度。

根据式(6-8)和式(6-9),含水层渗透系数为

$$K_d = [(\pi r_1/2\alpha t)\times \ln(N_0/N)]/J \tag{6-10}$$

应用式(6-10)计算含水层渗透系数 K_d,实际上是利用两次同位素浓度计数率的变化来计算含水层渗透系数 K_d。

6.3.2.2 斜率法

斜率法是根据测试获取的 t—$\ln N$ 曲线斜率来确定含水层渗透系数,该方法考虑了某测点的所有合理测试数据,测试成果更具全面性与代表性。从理论上讲,若含水层中的地下水为稳定层流,t—$\ln N$ 曲线为直线,可以根据曲线斜率计算渗透速度 v_f。因此,若实际测试曲线为直线时,说明测试试验是成功的,测试结果是可靠的。

斜率法计算含水层渗透系数的具体方法是:首先根据测试数据绘制 t—$\ln N$ 曲线,通过 t—$\ln N$ 曲线一方面可以分析测试试验是否成功,另一方面能够确定 t—$\ln N$ 曲线斜率,为含水层渗透系数计算提供必要参数;然后应用下列计算公式计算含水层渗透系数。

$$K = \pi r_1/(2\alpha v_f) \times \ln N_0 - \pi r_1/(2\alpha v_f) \times \ln N \tag{6-11}$$

式(6-11)中的 $\pi r_1/2\alpha v_f \times \ln N_0$ 可以看成常数,则 t—$\ln N$ 曲线的斜率为 $-\pi r_1/(2\alpha v_f)$。

设曲线的斜率为 m,则

$$m = -3.14 r_1/(2\alpha v_f)$$

$$v_f = -3.14 r_1/(2\alpha m) \tag{6-12}$$

根据 t—$\ln N$ 数曲线上获得的 m 值,即可获得含水层地下水渗透流速。

在渗透流速测试时,同时测得试验钻孔处的水力坡度,根据达西定律可计算含水层渗透系数。可用式(6-13)计算含水层渗透系数。

$$K_d = -3.14 r_1/(2\alpha m J) \tag{6-13}$$

该方法根据测试试验的 t—$\ln N$ 半对数曲线斜率计算含水层渗透系数,它考虑了某测点的所有合理测试数据。

6.3.2.3 计算参数的确定

采用放射性同位素示踪法测试地下水参数受多种因素影响,例如钻孔直径、滤管直径、滤管透水率、滤管周围填砾厚度、填砾粒径等因素对测试结果都有一定影响,进行试验参数处理时应考虑这些影响因素,以使试验结果更可靠、更合理、更能反映实际情况。

采用该方法计算堆积物渗透系数主要涉及流场畸变校正系数和水力坡度 2 个参数。通过多年实践总结提出了放射性同位素示踪法测试含水层渗透系数的流场畸变校正系数 α,该参数考虑了多种因素对测试成果的影响,引入该参数可以使获取的渗透系数更能反映实际情况。为了在确定含水层地下水流速的基础上计算含水层渗透系数,还应通过现场测试确定测试孔附近的地下水同步水力坡度。

6.3.2.4 流场畸变校正系数 α 的确定

流场畸变校正系数 α 是由于含水层中钻孔的存在引起的滤水管附近地下水流场产生畸变而引入的一个参变量。其物理意义是地下水进入或流出滤水管的两条边界流线,在距离滤水管足够远处两者平行时的间距与滤水管直径之比。

1. 流场畸变校正系数 α 的计算理论

流场畸变校正系数 α 受多种因素的影响,主要受测试孔的尺寸与结构影响,一般情况下流场畸变校正系数 α 的计算分两种情况:

(1)在均匀流场且井孔不下过滤管、不填砾裸孔时,取 $\alpha=2$。有滤水管的情况下一般由下列公式计算获得：

$$\alpha = 4/\{1 + (r_1/r_2)^2 + K_3/K_1[1 - (r_1/r_2)^2]\} \tag{6-14}$$

式中：K_1 为滤水管的渗透系数，cm/s；K_3 为含水层的渗透系数，cm/s；r_1 为滤水管的内半径，cm；r_2 为滤水管的外半径，cm。

（2）对于既下滤管又有填砾的情况，流场畸变校正系数 α 与滤管内、外半径，滤管渗透系数，填砾厚度及填砾渗透系数等多因素有关。流场畸变校正系数 α 可用下列公式进行计算：

$$\alpha = 8/\{(1 + K_3/K_2)\{1 + (r_1/r_2)^2 + K_2/K_1[1 - (r_1/r_2)^2]\} + (1 - K_3/K_2) \times \{(r_1/r_3)^2 + (r_2/r_3)^2 + [(r_1/r_3)^2 - (r_2/r_3)^2]\}\} \tag{6-15}$$

式中：r_3 为钻孔半径，cm；K_2 为填砾的渗透系数，cm/s；其余符号含义同上。

2. K_1、K_2 和 K_3 的确定方法

1）滤水管渗透系数 K_1 的确定

滤水管渗透系数 K_1 的确定涉及测试井滤网的水力性质，可据过滤管结构类型通过试验确定，或通过水力试验测得，或类比已有结构类型基本相同的过滤管来确定。粗略的估计是 $K_1 = 0.1f$，f 为滤网的穿孔系数（孔隙率）。

2）填砾渗透系数 K_2 的确定

填砾渗透系数 K_2 可由下列公式确定：

$$K_2 = C_2 d_{50}^2 \tag{6-16}$$

式中：C_2 为颗粒形状系数，当 d_{50} 较小时，可取 $C_2 = 0.45$；d_{50} 为砾料筛下的颗粒重量占全重50%时可通过网眼的最大颗粒直径（mm），通常取粒度范围的平均值。

3）含水层渗透系数 K_3 的估算

如果在堆积物钻探时，$K_1 > 10K_2 > 10K_3$，且 $r_3 > 3r_1$，则 α 与 K_3 没有依从关系。但实际上很难实现 $K_1 > 10K_2$，而且只有滤水管的口径很小时才能达到 $r_3 > 3r_1$。虽然 α 依赖含水层渗透系数 K_3，但若分别对式（6-14）的条件为 $K_3 \leq K_1$ 和对式（6-15）的条件为 $K_3 \leq K_2$ 时，则 K_3 对 α 的影响很小，可忽略不计，也可参照已有抽水试验资料或由估值法确定，也可由公式估算。

6.3.2.5 地下水水力坡降 J 的确定

水力坡降是表征地下水运动特征的主要参数，它一方面可以通过试验的方法确定；另一方面可以通过钻孔地下水位的变化来确定。应用放射性同位素法测试堆积物渗透系数时，应测定与同位素测试试验同步的地下水水力坡降，以便计算测试含水层的渗透系数。

6.3.3 测试方法

测试时首先根据含水层埋深条件确定井孔结构和过滤器位置，选取施测段；然后用投源器将人工同位素放射性^{131}I 投入测试段，进行适当搅拌使其均匀；接着用测试探头对标记段水柱的放射性同位素浓度值进行测量。人工放射性同位素^{131}I 为医药上使用的口服液，该同位素放射强度小、衰变周期短，因此使用人工放射性同位素^{131}I 进行水文地质参数测试不会对环境产生危害。

为了保证放射源能在每段搅拌均匀,每个测试试验段长度一般取2 m,每个测段设置观测3个测点,每个测点的观测次数一般为5次。在半对数坐标纸上绘制稀释浓度与时间的关系曲线,若稀释浓度与时间的关系曲线呈直线关系,说明测试试验是成功的。

6.3.4 溪古水电站放射性同位素水文地质测试实例

九龙河溪古水电站坝址区河床冰水堆积物一般厚30~40 m,最厚达45.5 m。从层位分布和物质组成特征上,堆积物可分为三大岩组,即上部的Ⅰ岩组为河流冲积和洪水泥石流堆积的漂块石、碎石土混杂堆积形成的粗粒土层,中部的Ⅱ岩组为堰塞湖相的粉质黏土层,下部的Ⅲ岩组为冰水堆积形成的砂卵砾石层。采用同位素示踪法对ZK331进行渗透系数测试。堆积物物质组成见表6-7。

表6-7　ZK331堆积物物质组成特征

孔深(m)	堆积物名称	物质组成
0~5.60	含块碎石砂卵砾石层	块石为变质砂岩占10%。砂砾石中1~3 cm的砾石占10%,5~7 cm的砾石占2%,其余为中粗砂
5.6~20.5	粉质黏土层	呈青灰色及灰白色,中密状态,部分岩芯呈柱状,含有0.3~1 cm的少量砾石
20.5~24.6	含碎石泥质砂砾石层	青灰色,碎石占30%~35%,未见砾石

按照测试要求,每个测试点有5次读数,根据公式法每个测点可以计算4个渗透系数值,根据测试获取的t—ln$N$半对数曲线应用斜率法可以获得1个渗透系数值。

6.3.4.1 计算参数的确定

根据渗透系数测试孔的结构特征、堆积物物质特征等条件,通过计算分析,流场畸变校正系数α采用2.41。根据同期河流水面水位测量结果,测试孔附近的同期河流水面水力坡度J为6.92‰。

6.3.4.2 ZK331渗透系数测试成果分析

1.0~5.6 m段

测试可靠性分析:该段为含块碎石砂砾石层,厚度为5.6 m。完成了3.5 m长度段、5个试验点的测试。该段4.0 m处测试的t—ln$N$半对数曲线如图6-8所示,曲线具有良好的线性关系,相关性系数为0.987 7,说明该段测试成果是可靠的。

孔深0~5.6 m段的测试成果见表6-8,计算的渗透系数为3.441×10^{-2}~1.691×10^{-1} cm/s,两种计算方法获得的测试结果比较接近。从堆积物物质组成特征综合分析,该段同位素法测试的渗透系数是合理的。

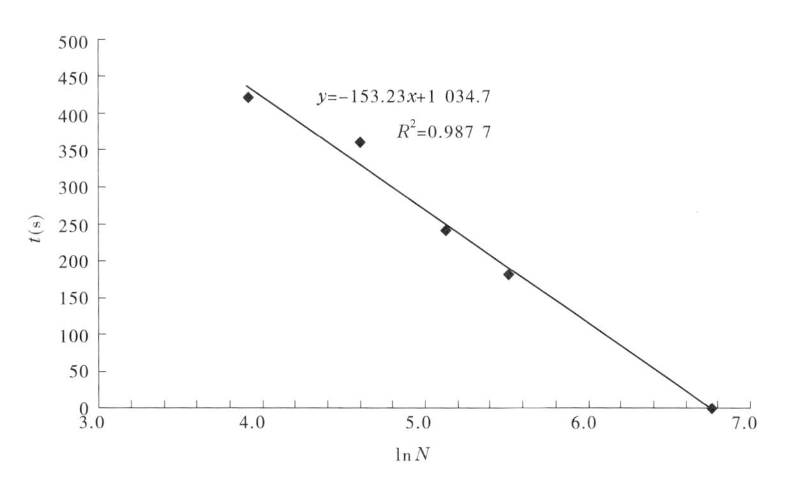

图 6-8　ZK331 孔深 4.0 m 处 t—ln$N$ 拟合曲线

表 6-8　ZK331 孔深 0~5.6 m 段堆积物渗透系数测试成果

测点位置(m)	公式法平均 K_d(cm/s)	拟合曲线斜率 m	斜率法平均 K_d(cm/s)
2.0	1.504×10^{-1}	-31.174	1.691×10^{-1}
3.0	1.381×10^{-1}	-40.652	1.297×10^{-1}
4.0	3.475×10^{-2}	-153.23	3.441×10^{-2}
4.5	9.026×10^{-2}	-59.578	8.849×10^{-2}
5.2	8.057×10^{-2}	-60.839	8.665×10^{-2}

2. 5.6~20.5 m 段堆积物渗透系数测试成果

ZK331 孔深 5.6~20.5 m 为粉质黏土层，微透水，用放射性同位素示踪法很难获取该段的渗透系数，根据其物质组成特征将其归为微透水。

3. 20.5~24.6 m 段测试成果

测试可靠性分析：完成了 4 个测试点。孔深 23 m 处测试的 t—ln$N$ 半对数曲线如图 6-9 所示，曲线具有较好的线性关系，说明该段的渗透系数测试是可靠的。

孔深 20.5~24.6 段测试结果见表 6-9，渗透系数为 7.464×10^{-4} ~ 1.220×10^{-3} cm/s，属于中等透水，从物质组成特征综合分析，该段的测试成果是合理的。

表 6-9　ZK331 号钻孔 20.5~24.6 m 段堆积物渗透系数测试成果

测点位置(m)	公式法平均 K_d(cm/s)	拟合曲线斜率 m	斜率法平均 K_d(cm/s)
21.0	1.160×10^{-3}	4 320.4	1.220×10^{-3}
22.0	7.464×10^{-4}	-6 614.4	7.970×10^{-4}
23.0	0.950×10^{-3}	-5 249.6	1.004×10^{-3}
24.0	0.997×10^{-3}	-4 822.0	1.093×10^{-3}

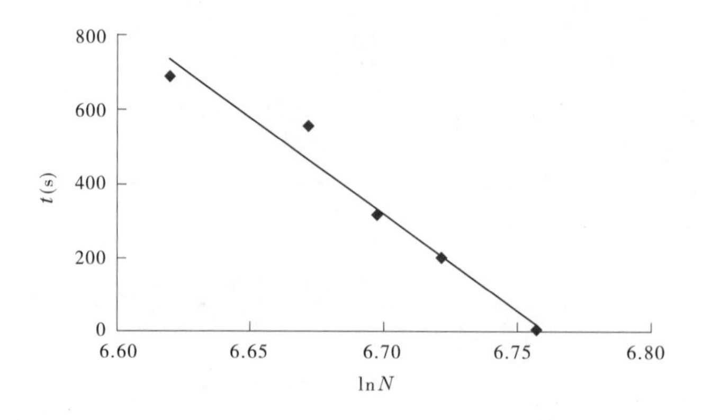

图 6-9　ZK331 孔深 23 m 的 t—ln$N$ 拟合曲线

6.3.4.3　渗透系数测试成果综合分析

通过对 ZK331 河床堆积物各段渗透系数分析汇总,渗透系数测试成果综合汇总见表 6-10。

表 6-10　ZK331 堆积物渗透系数测试成果综合汇总

层位编号	堆积物名称	孔深(m)	公式法平均 K_d(cm/s)	斜率法平均 K_d(cm/s)
1	含块碎石砂砾石层	0~5.6	9.882×10^{-2}	1.016×10^{-1}
2	粉质黏土层	5.6~20.5	$<1\times10^{-5}$	$<1\times10^{-5}$
3	含碎石泥质砂砾石层	20.5~24.6	9.634×10^{-4}	1.029×10^{-3}

6.3.4.4　渗透系数测试成果可靠性分析

根据《岩土工程试验监测手册》(林宗元)中不同试验状态下土体的渗透系数经验和范围值(见表 6-11、表 6-12),分析对比测试成果的可靠性。

表 6-11　不同颗粒组成物的渗透系数经验数值

岩性	土层颗粒		渗透系数(m/d)
	粒径(mm)	所占比重(%)	
粉砂	0.05~0.1	<70	1~5
细砂	0.1~0.25	>70	5~10
中砂	0.25~0.5	>50	10~25
粗砂	0.5~1.0	>50	25~50
极粗砂	1.0~2.0	>50	50~100
砾石夹砂			75~150
带粗砂的砾石			100~200
砾石			>200

注:此表数据为实验室中理想条件下获得的,当含水层夹泥量多时,或颗粒不均匀系数大于 2~3 时,取小值。

表 6-12　各类典型室内试验土渗透系数一般范围

土名	渗透系数(cm/s)	土名	渗透系数(cm/s)
黏土	$<1.2\times10^{-6}$	细砂	$1.2\times10^{-3}\sim6.0\times10^{-3}$
粉质黏土	$1.2\times10^{-6}\sim6.0\times10^{-5}$	中砂	$6.0\times10^{-3}\sim2.4\times10^{-2}$
粉土	$6.0\times10^{-5}\sim6.0\times10^{-4}$	粗砂	$2.4\times10^{-2}\sim6.0\times10^{-2}$
黄土	$3.0\times10^{-4}\sim6.0\times10^{-4}$	砾石	$6.0\times10^{-2}\sim1.8\times10^{-1}$
粉砂	$6.0\times10^{-4}\sim1.2\times10^{-3}$		

从以上可以看出,堆积物渗透系数具有以下主要特征:

(1)由于堆积物物质组成特征差异大,不同深度、不同层位的渗透系数差异大。孔深 0~5.6 m 的浅表层含块碎石砂砾石层的渗透系数较大,为 1.016×10^{-1} cm/s(斜率法平均值);渗透系数小的是粉质黏土层,孔深 5.6~20.5 m 的粉质黏土层的渗透系数小于 1×10^{-5} cm/s。

(2)据不同计算方法获得的渗透系数结果分析,一些测试点的公式法和斜率法获得的堆积物渗透系数有差异。造成这种现象的原因是多方面的,主要是测试孔结构没有严格按要求实施。总体认为,公式法和斜率法获得的堆积物渗透系数大部分基本一致,说明采用同位素示踪法测试获取的堆积物水文地质参数资料是合理可靠的。

6.3.4.5　堆积物渗透系数合理取值

1. 堆积物各岩组的渗透系数分析

根据测试结果确定的堆积物渗透系数统计结果见表 6-13。

表 6-13　堆积物的渗透系数统计

堆积物分类	渗透系数 K_d 最大值(cm/s)	渗透系数 K_d 最小值(cm/s)	渗透系数范围值 K_d(cm/s)	K_d 平均值(cm/s)
粗粒土(含块碎石砂砾石层)	1.691×10^{-1}	2.177×10^{-2}	$2.177\times10^{-2}\sim1.691\times10^{-1}$	8.23×10^{-2}
细粒土(粉质黏土层)	$<1\times10^{-5}$	$<1\times10^{-5}$	$<1\times10^{-5}$	$<1\times10^{-5}$
粗粒土(泥质砂砾石层)	3.605×10^{-3}	3.90×10^{-4}	$3.90\times10^{-4}\sim3.605\times10^{-3}$	1.43×10^{-3}

注:渗透系数 K_d 为斜率法计算值。

从表 6-13 统计结果可以看出,由于堆积物的物质组成、粒度特征差异大,各类的渗透系数差异大。从物质组成特征与堆积物渗透系数测试结果看,二者之间具有很好的相关性,即组成堆积物的物质颗粒越大,则其渗透系数越大,反之越小。

2. 渗透系数等级划分

将测试试验结果与《水力发电工程地质勘察规范》(GB 50287)的岩土渗透性等级(见

表 6-14）进行对比，以确定堆积物渗透性等级。

表 6-14　《水力发电工程地质勘察规范》（GB 50287）的岩土渗透性分级

渗透性等级	标准		岩体特征	土类
	渗透系数 K(cm/s)	透水率 q(Lu)		
极微透水	$K<10^{-6}$	$q<0.1$	完整岩石，含等价开度<0.025 mm 裂隙的岩体	黏土
微透水	$10^{-6}\leqslant K<10^{-5}$	$0.1\leqslant q<1$	含等价开度 0.025～0.05 mm 裂隙的岩体	黏土—粉土
弱透水	$10^{-5}\leqslant K<10^{-4}$	$1\leqslant q<10$	含等价开度 0.05～0.1 mm 裂隙的岩体	粉土—细粒土质砂
中等透水	$10^{-4}\leqslant K<10^{-2}$	$10\leqslant q<100$	含等价开度 0.1～0.5 mm 裂隙的岩体	砂—砂砾
强透水	$10^{-2}\leqslant K<1$	$q\geqslant 100$	含等价开度 0.5～2.5 mm 裂隙的岩体	砂砾—砾石卵石
极强透水	$K\geqslant 1$		含连通孔洞或等价开度>2.5 mm 裂隙的岩体	粒径均匀的巨砾

表 6-14 根据岩土渗透系数的大小将岩土渗透性分为 6 级。该表渗透性分级标准主要考虑了渗透系数和透水率指标，其中渗透系数是抽水试验获得的指标，透水率是压水试验获得的指标。

6.4　典型工程不同方法水文地质试验适宜性分析

6.4.1　典型工程试验地层

新疆塔里木河支流的下板地水库工程，地处帕米尔高原西昆仑剥蚀高山区，地质环境特殊，物理地质作用及第四纪冰川活动强烈，河谷冰水堆积物深厚、结构复杂。

根据邢丁家资料，河床堆积物厚 150 m 左右，由上而下可分为 4 大层：

（1）冲洪积及坡积层：一般厚 3～20 m，主要为砂卵砾石，局部含漂石及夹有薄层粉砂质壤土，成分复杂，结构松散，粒径大小不均，一般粒径 2～10 cm，最大可达 40 cm 左右。

（2）冰碛层：一般厚 26～88 m。主要为漂、块石层，颗粒大小不均，无分选，一般粒径 10～50 cm，最大可达 7 m 左右。钻探过程中浆液漏失严重，局部产生塌孔掉块现象。

（3）冰水沉积的粉细砂层：分布于冰碛层之中，呈透镜体状，埋深一般厚 18～30 m，最大可达 43 m 左右。主要为粉细砂层夹薄层粉砂质黏土，具水平层理，干密度为 1.50～1.60 g/cm^3。

（4）冰水沉积卵砾石层：分布于河床基底部，埋藏深，厚度 20～58 m，一般粒径 2～8

cm,较密实。

为了有效地获取本工程河床深厚冰水堆积物的水文地质参数值,采用了浅井抽水试验、自振法试验和同位素示踪法测试三种方法。

6.4.2　浅井抽水试验

根据抽水试验成果,计算其渗透系数为 17.4 m/d。该方法为常规试验方法,成果较准确,也较符合实际,但受探井开挖深度限制仅反映堆积物浅部的渗透性,无法取得深部的渗透系数。

6.4.3　自振法抽水试验

先造一小口径钻孔,然后利用仪器在孔内分段阻塞,通过对阻塞段加压与释放使孔内水位回升,自动监测系统将记录水位回升与时间的关系,从而测定出其渗流系数。试验每 5~10 m 为一段,分段进行自振法抽水,测试的各段渗透系数见表 6-15。

表 6-15　自振法抽水试验测试成果

测试深度(m)	地层岩性	渗透系数(m/d)
0~20	漂卵砾石层	15.4
21~40	粉细砂层上部	10.8
45~57	粉细砂层下部	14.4
67~90	漂石层	20.5
91~120	含块卵石层	11.4
121~147	砂卵砾石层	16.6

由表 6-15 可知,堆积物渗透系数为 10.8~20.5 m/d,平均值 14.85 m/d,属强透水层,上部 20 m 的值与浅井抽水试验结果基本一致。

6.4.4　同位素示踪法

在钻孔地下水中利用微量的放射性同位素标记滤水管中的水柱,被标记的地下水浓度被流过滤水管的水稀释,稀释速度与地下水渗流流速符合一定的关系,从而测定出地下水的渗透流速、流向、渗透系数和水力梯度等动态参数。每 2~5 m 为一测试段,分段进行。测试成果见表 6-16。

表 6-16　同位素示踪法测试成果

测试深度(m)	地层岩性	渗透流速(m/s)	渗透系数(m/d)
0~20	漂卵砾石层	0.04	2.74
21~40	粉细砂层	0.05	1.21
65~90	漂石层	17.3	205
91~120	含块卵石层	1.1	63
121~140	砂卵砾石层	0.38	26.3

由表 6-16 可知,该测试成果与前面 2 种方法获取的结果差异较大,从上至下测试的渗透系数也不均一,最大达 205 m/d,最小仅 1. 21 m/d,其不均一性基本符合冰碛层的特点,但个别孔段由于钻进中塌孔而进行了泥浆及水泥封堵,造成所测值偏小。

6. 4. 5　三种方法的渗透系数对比分析

由于三种方法测试结果存在差异,因此结合地层的结构特征,对三种方法测试成果进行了综合相关分析,得出如下结论:

(1)0~20 m 冲洪积层。开挖的竖井较直观,采用抽水试验测的渗透系数较符合实际,渗透系数值为 15. 4 m/d。而同位素示踪法受钻孔上部护壁的影响所测值偏小。

(2)21~40 m 粉细砂层。砂层较均一,结构稍密,渗透系数室内试验值仅 10^{-4} cm/s,自振法测值偏大,而同位素示踪法测值为 1. 21 m/d,较符合地层结构特点。渗透系数所以宜采用 1. 21 m/d。

(3)41~120 m 冰碛漂块石层。颗粒粗大,钻进中浆液漏失严重,自振法抽水受孔深及压力影响所测值偏小,同位素示踪法测量仪所测之值较符合实际,因此渗透系数宜采用 205 m/d。

(4)121~147 m 砂卵砾石层。鉴于深部同位素示踪法总体测试成果比较可靠,地层相对较密实,自振法抽水及同位素示踪法测量仪二者测值均较符合地层结构特点,建议采用其平均值 26. 3 m/d。

综上可知,在水利水电工程中,对于深厚冰水堆积物水文地质参数的测试,其不同的方法均有其优越性和适宜的条件。一般认为抽水试验在冰水堆积物浅部试验时比较适宜,获得的渗透系数值比较准确。自振法抽水及同位素示踪法可在任意深度获得冰水堆积物的水文地质参数,更适宜于深厚冰水堆积物地层。但由于自振法仪器设备尚少,因此不能在水利水电行业普及使用。同位素示踪法需采用示踪剂 ^{131}I 放射性物质,需要特殊审批,加之其衰变周期短,不能较长时间储存,所以使用单位也不多。

第 7 章　冰水堆积物物理力学参数取值方法

7.1　参数取值要求及原则

7.1.1　基本要求

深厚冰水堆积物的物理力学参数是水利水电工程设计的基础,其可靠性和适用性是对地质参数的基本要求。所谓可靠性是指参数能正确反映堆积物在规定条件下的性状,能比较有把握地估计参数值所在的区间。所谓适用性是指参数能满足设计假定条件和要求。

堆积物岩土参数的可靠性和适用性,首先取决于试样结构的扰动程度,不同的取样器和取样方法对试样的扰动程度不同,测试试验结果也不同;其次,试验方法和取值标准对堆积物参数取值也有重要的影响,对同一土层的同一指标用不同的试验标准所得的结果会有很大差异。

深厚冰水堆积物不同岩组物理力学性质参数有标准值和地质建议值两种。标准值是试验成果经过分析整理、统计修正或考虑概率、岩土强度破坏准则等经验修正后的参数值,仅反映堆积物试件的特性;地质建议值是地质人员根据试件所在岩组的总体地质条件对标准值进行调整后提出的,比标准值更符合堆积物所处的地质环境,具有更好的地质代表性,使参数的取值更加合理。

堆积物物理力学性质参数既要能反映岩土体客观存在的自然特性,又能反映不同工程荷载作用下的力学性质。因此,进行堆积物力学试验时,要求所施加的试验荷载要与工程附加给堆积物的实际荷载相同,从安全角度出发,试验荷载要大于工程荷载,其加载方向也要与工程施力的方向一致。所以,在提出堆积物物理力学参数值时,不仅要掌握堆积物参数的数据,而且要了解测试试验方法和标准,并对参数的可靠性和适用性进行评价。

7.1.2　基本原则

(1)收集工程所在地区冰水堆积物成因类型、物质组成和水文地质条件等地质资料,掌握堆积物的均质和非均质特性。

(2)了解枢纽布置方案、工程建筑类型、工程荷载作用方向与大小和对堆积物坝基设计要求。

(3)掌握堆积物试样的原始结构、天然含水量,以及试验时的加载方式和具体试验方法等控制试验质量的因素,分析成果的可信程度。

(4)物理力学性质参数应根据有关试验的规定分析研究确定,当不具备试验条件时也可通过工程类比、经验判断等方法确定。试验成果可按堆积物类别、岩组划分、区段或层位分类，分别用算术平均法、最小二乘法、图解法、数值统计法进行整理，并舍去不合理的离散值。

(5)应采用整理后的试验值作为标准值，再根据堆积物工程地质条件进行调整，提出地质建议值。当采用结构可靠度分项系数及极限状态设计方法时，堆积物的标准值应根据试验成果的概率分布的某一分位值确定。

(6)堆积物标准值是试验值经过统计修正或考虑保证率、强度破坏准则等经验修正后确定的。强度破坏是指试件的破坏形式属脆性破坏、弹塑性破坏或塑性破坏，根据抗剪试验时的剪切位移曲线判定。

(7)堆积物的物理力学性质参数应以室内试验为依据，当土体具有明显的各向异性或工程设计有特殊要求时应以原位测试成果为依据。

(8)堆积物的物理性质参数应以试验结果的算术平均值作为标准值，也可采用概率分布的 0.5 分位值作为标准值。

7.2　试验数据的分析方法

7.2.1　试验数据分析

按照堆积物岩组划分及分层、分类等具体工程地质条件的差别，对拟研究的堆积物进行分区，把工程地质条件相似地段或小区，划为一个单元或区段。根据工程地质单元或区段进行选点、试验和整理堆积物试验标准值，以使能真实地反映试验值的代表性，消除离散性。

7.2.1.1　数据统计与经验分布

为了掌握堆积物岩组的性状，需要通过原位试验或室内试验获得大量的数据，而这些数据往往是分散的、波动的。因此，必须经过处理才能显示出它们的规律性，得到其有代表性的特征值。通常更加行之可靠的做法是根据获取的数据归纳出一个合适的经验分布公式并进行分析。

7.2.1.2　数据分布的特征

反映数据分布规律的特征值有两类：①位置特征参数，是代表总体的平均水平的，如均值、众数和中值；②散度特征参数，是衡量波动大小的，反映绝对波动大小的有极差和标准差(或方差)，反映相对波动大小的是变异系数。

7.2.1.3　最少试验数量的确定

由于堆积物岩组存在试样和材料的不均匀性和试验随机误差、系统误差造成试验数据的离散性，为了抽样所得的地质参数能可靠地反映出堆积物岩组的主要特性，应根据不同等级水工建筑物对地质参数可靠度的要求来做规定。按概率统计法和相关规范要求，参加统计的样本数不宜少于 6 件。

7.2.2 《岩土工程勘察规范》(GB 50021—2001)(2009年版)的规定

(1)堆积物参数应根据水利水电工程特点和地质条件选用,并按下列内容评价其可靠性和适用性:

①取样方法及其他因素对试验结果的影响。

②采用的试验方法和取值标准。

③不同测试或试验方法所得结果的分析比较。

④试验方法与计算模型的适应性。

(2)堆积物参数统计应符合下列要求:

①物理力学指标应按不同岩组和层位分别统计。

②主要参数应按下列公式计算平均值、标准差和变异系数:

$$\phi_m = \frac{\sum_{i=1}^{n} \phi_i}{n} \tag{7-1}$$

$$\sigma_f = \sqrt{\frac{1}{n-1}\left[\sum_{i=1}^{n} \phi_i^2 - \frac{\left(\sum_{i=1}^{n} \phi_i\right)^2}{n}\right]} \tag{7-2}$$

$$\delta = \frac{\sigma_f}{\phi_m} \tag{7-3}$$

式中:ϕ_m 为岩土参数的平均值;σ_f 为岩土参数的标准差;δ 为岩土参数的变异系数。

③分析数据的分布情况并说明数据的取舍标准。

(3)堆积物的主要参数宜绘制沿深度变化的图件,并按变化特点划分相关性和非相关性,分析参数在不同方向上的变异规律。

相关性参数宜结合堆积物参数与深度的经验关系,按下式确定剩余标准差,并利用剩余标准差确定变异系数:

$$\sigma_r = \sigma_f \sqrt{1 - r^2} \tag{7-4}$$

$$\delta = \frac{\sigma_r}{\phi_m} \tag{7-5}$$

式中:σ_r 为剩余标准差;r 为相关系数,对非相关型:$r=0$。

(4)堆积物参数的标准值 ϕ_k 可按下列方法确定:

$$\phi_k = \gamma_s \phi_m \tag{7-6}$$

$$\gamma_s = 1 \pm \left\{\frac{1.704}{\sqrt{n}} + \frac{4.678}{n^2}\right\}\delta \tag{7-7}$$

式中:γ_s 为统计修正系数;

注:式中正负号按不利组合考虑。

统计修正系数 γ_s 也可按堆积物的类型和水工建筑物重要性、参数的变异性和统计数据的个数,根据经验选用。

7.3　物理力学参数取值方法

7.3.1　物理参数

（1）堆积物不同岩层、不同岩组的物理性质参数应根据统计方法，取其平均值作为物理参数标准值。

（2）数据统计的重要原则是：参加统计计算的数据应属同一岩组，非同一岩组的数据不能一起参加统计。

（3）同一岩组的数据应逐个进行检查，对由于过失误差而造成的试验数据应予剔除。

（4）当现场描述为两层或多层岩土，但物理指标值比较接近时应进行显著性检验。若检验通过可以作为一个岩层统计；若检验未通过，说明它们不属同一岩组，应单独统计。

（5）对于大样本容量可进行分段统计，将堆积物试验数据的变化范围分成间隔相等的若干区段，编制区段频数统计表计算其平均值，即直接用平均值作为地质参数使用。小样本容量的试验数据变异系数往往较大，此时地质参数宜采用最小或最大平均值，以保证安全。

7.3.2　力学强度参数

7.3.2.1　取值方法

（1）堆积物的抗剪强度宜采用试验峰值的小值平均值作为标准值。

（2）可采用概率分布的 0.1 分位值作为标准值。

（3）当采用有效应力进行稳定分析时，对三轴压缩试验成果，宜采用试验的平均值作为标准值。

（4）应结合试验点所在层位的地质条件，并与已建工程类比，对标准值做必要的调整后提出地质建议值。

7.3.2.2　混凝土坝、闸基础底面与堆积物的抗剪强度取值方法

（1）对细粒土坝基，内摩擦角标准值可采用室内饱和固结快剪试验内摩擦角值的 90%，凝聚力标准值可采用室内饱和固结快剪试验凝聚力值的 20%～30%。

（2）对粗粒土坝基，内摩擦角标准值可采用内摩擦角试验值的 85%～90%，不计凝聚力值。

7.3.2.3　采用总应力进行稳定分析时的标准值取值方法

（1）当坝基为细粒土层且排水条件差时，宜采用饱和快剪强度或三轴压缩试验不固结不排水抗剪强度。

（2）当坝基细粒土层薄而其上下土层透水性较好或采取了排水措施时，宜采用饱和固结快剪强度或三轴压缩试验固结不排水剪切强度。

（3）当堆积物坝基采用总应力分析时，宜采用总应力强度，并采用动三轴压缩试验测定动强度。

（4）当采用有效应力进行稳定分析时，对于黏性土类坝基，应测定或估算孔隙水压

力,以取得有效应力强度。

(5)当需要进行有效应力动力分析时,应测定饱和砂土的地震附加孔隙水压力,地震有效应力强度可采用静力有效应力强度作为标准值。对于液化性砂土,应以专门试验的强度作为标准值。

(6)对粉土和紧密砂砾等非液化土的强度,宜采用三轴压缩饱和固结不排水剪切试验测定的总强度和有效应力强度中的最小值作为标准值。

(7)具有超固结性的细粒土,承受荷载时呈渐进破坏,宜根据超固结细粒土和建筑物在施工期、运行期的干湿效应等综合分析后选取小值平均值。

7.3.3 变形参数取值

7.3.3.1 压缩模量、变形模量、弹性模量的区别及适用范围

(1)压缩模量的室内试验操作比较简单,但要得到保持天然结构状态的原状试样很困难。更重要的是试验在土体完全侧向受限的条件下进行,因此试验得到的压缩性规律和指标理论上只适用于刚性侧限条件下的沉降计算,其实际运用具有很大的局限性。现行规范中,压缩模量一般用于分层总和法、应力面积法的地基最终沉降计算。

(2)变形模量是根据现场载荷试验得到的,它是指土在侧向自由膨胀条件下正应力与相应的正应变的比值。相比室内侧限压缩试验,现场载荷试验排除了取样和试样制备等过程中应力释放及机械人为扰动的影响,更接近于实际工作条件,能比较真实地反映土在天然埋藏条件下的压缩性。该参数用于弹性理论法最终沉降估算中,但在载荷试验中所规定的沉降稳定标准带有很大的近似性。

(3)弹性模量的概念在实际工程中有一定的意义。当计算高耸水工建筑物在风荷载作用下的倾斜时发现,如果用土的压缩模量或变形模量指标进行计算,将得到实际上不可能那么大的倾斜值。这是因为风荷载是瞬时重复荷载,在很短的时间内土体中的孔隙水来不及排出或不完全排出,土的体积压缩变形来不及发生,这样荷载作用结束之后,发生的大部分变形可以恢复。因此,用弹性模量计算就比较合理一些。再比如,在计算饱和黏性土地基上瞬时加荷所产生的瞬时沉降时同样也应采用弹性模量。该常数常用于弹性理论公式估算建筑物的初始瞬时沉降。

根据上述三种模量适宜性的论述,压缩模量和变形模量的应变为总的应变,既包括可恢复的弹性应变,又包括不可恢复的塑性应变,而弹性模量的应变只包含弹性应变。在一般水利水电工程中,堆积物弹性模量就是指土体开始变形阶段的模量,因为土体发生弹性变形的时间非常短,土体在弹性阶段的变形模量等于弹性模量,变形模量更能适合土体的实际情况。常规三轴试验得到的弹性模量是轴向应力与轴向应变曲线中开始的直线段,即弹性阶段的斜率。

这些模量各有适用范围,本质上是为了在实验室或者现场模拟为再现实际工况而获取的值。一般情况下堆积物土体的弹性模量是压缩模量、变形模量的十几倍或者更大。

7.3.3.2 变形模量的取值

(1)土体的压缩模量可从压缩试验的压力—变形曲线上,以水工建筑物最大荷载下相应的变形关系选取标准值,或按压缩试验的压缩性能并根据其固结程度选取标准值;土

体的压缩模量、泊松比亦可采用概率分布的0.5分位值作为标准值。

(2)对于堆积物高压缩性软土,宜以试验的压缩量的大值平均值作为标准值。在此基础上应结合地质实际情况并与已建工程类比,对标准值作适当调整,提出变形模量、压缩模量的地质建议值。

(3)坝基变形模量、压缩模量宜通过现场原位测试和室内试验取得,试验方法和试验点的布置应结合坝基的性状和水工建筑物部位等因素确定。对于漂卵石、砂卵石、砂砾石和超固结土地基应以钻孔动力触探试验、现场载荷试验为主,有条件时取原状样进行室内力学性能试验;对于砂性土、黏性土坝基,宜采用钻孔标准贯入试验、旁压试验、静力触探试验与室内原状样压缩试验相结合的方法进行测定。

7.3.4 坝基承载力标准值的取值

7.3.4.1 承载力的含义

1. 坝基承载力基本值

根据堆积物室内试验或原位测试物理力学指标的平均值,按经验公式计算或查经验表格得到的相应于标准基础宽度和埋深时的坝基容许承载力值。

2. 坝基承载力标准值

坝基设计时采用的考虑堆积物指标变异影响后的相应于标准基础宽度和埋深时的坝基容许承载力代表值。

3. 坝基承载力特征值

由载荷试验测定的坝基土压力变形曲线线性变形段内所对应的压力值,其最大值为比例界限值。在水利水电工程应用中坝基承载力特征值可由载荷试验或其他原位测试法、公式计算法并结合工程实践经验等方法综合确定。

4. 极限承载力

使坝基发生剪切破坏,失去整体稳定时的基础底面最小压力,亦即坝基堆积物能承受的最大荷载强度。

5. 坝基容许承载力

保证满足坝基稳定性的要求与变形不超过允许值,坝基单位面积上所能承受的荷载。

6. 坝基承载力设计值

坝基承载力设计值是在坝基设计计算时采用的容许承载力值。坝基承载力标准值经基础宽度和埋深修正,以及直接用坝基强度指标按承载力理论公式计算得到的值。

7.3.4.2 堆积物坝基承载力标准的确定

坝基承载力不仅取决于堆积物的性质,还受到建筑物基础形状、荷载倾斜与偏心、堆积物抗剪强度、地下水、持力层深度等因素的影响。此外,还有基底倾斜和地面倾斜、坝基土压缩性和试验底板与实际基础尺寸比例、相邻基础的影响、加荷速率、坝基土与上部结构共同作用的影响等。确定堆积物坝基承载力标准值时应根据水工建筑物的等级,按下列方法综合考虑:

(1)对于一级水工建筑物,应根据堆积物室内试验成果或采用载荷试验、动力试验、旁压试验等,采用理论计算和原位试验方法,经分析后其平均值作为堆积物承载力标准值。或经过统计分析,考虑保证率及强度破坏准则基础上综合确定。

(2)对于二级水工建筑物,可根据室内物理力学试验成果,按原位试验、物理力学性质试验或有关规范查表后确定。较重要的二级建筑物尚应结合理论计算确定。

(3)对于三级水工建筑物,可根据堆积物室内试验成果或相关规范、经验等确定。

(4)地基土的承载力特征值,可根据现场载荷试验的比例界限荷载的压力值确定,或根据钻孔标准贯入、动力触探的锤击数或静力触探的贯入阻力值,按有关规程规范进行换算选取。

7.3.5　水文地质参数

(1)堆积物渗透系数可根据土体结构、渗流状态,采用室内试验或抽水、注水、微水、自振法现场试验的平均值作为标准值;用于水位降落和排水计算的渗透系数,应采用试验的大值平均作为标准值。

(2)堆积物允许水力比降值的选取,应以土的临界水力比降为基础,除以安全系数确定。安全系数一般可取1.5~2.0,对水工建筑物危害较大时取2.0,对特别重要的工程可取2.5。当堆积物渗透性具明显的各向异性时,应考虑水平与垂直向允许渗透坡降。

7.3.6　冰水堆积物强度特性及国内外成果的对比分析

7.3.6.1　国内外典型工程堆积物强度参数值

砂卵砾石或碎石土的强度参数取决于土的干密度、粗粒级含量以及卵砾的成分。由于构成堆积物岩石本身的变形及强度参数很高,因此造成卵砾层强度及变形参数变化或降低的主要原因是孔隙率(或干密度)以及砂粒的填充情况。由于砂的充填实质上也表现在孔隙率或干密度上,因此对于粒径接近的卵石、砾石和碎石土,承载力、变形模量、强度参数的高低将主要取决于干密度的大小。由于粗粒土的比重大多为2.65~2.66,可以视为一常数,由公式$e=\frac{G}{\gamma_d}-1$(e为孔隙比;G为比重;γ_d为干密度)可以看出,堆积物的变形、强度参数和承载力与孔隙比具有明显的相关关系。表7-1是国内外水电工程砂卵砾石坝基土的干密度及强度参数。

表7-1　国内外水电工程砂卵砾石坝基土强度参数

工程名称	岩性	干密度 γ_d(g/cm³)	抗剪强度					
			试验值			建议值		
			φ (°)	c (kPa)	f 混凝土/卵石砂	φ (°)	c (kPa)	f 混凝土/卵石砂
楠垭河一级	漂卵石夹砂				0.62~0.65			
都江堰工程	砂卵石	2.0~2.27	35~40		0.56~0.60	35	0	
毛家村水库	砂卵石	2.19	37	0		37	0	
横山水库	砂砾石	2.07~2.08	40.1~40.2	400~800		38	200	

续表 7-1

工程名称	岩性	干密度 γ_d(g/cm³)	抗剪强度					
			试验值			建议值		
			φ (°)	c (kPa)	f 混凝土/卵石砂	φ (°)	c (kPa)	f 混凝土/卵石砂
白莲河水库	砾质粗砂	1.70	33~37	0~600		35	0	
上马岭水库	砂卵石夹亚黏土							
猫跳河四级	砂砾石(中砂为主)	1.5					500	
碧口电站	砂卵石	2.1				33	50	
石头河水库	砂卵石	2.13				36.5	0	0.74
射阳河闸	粉砂				0.36~0.52			0.74
阿斯旺						35		
英菲尔尼罗	砾石		35~46			45		
涅洛维尔	砂卵石	2.2				38		
努列克	砾石		40~47			40		

7.3.6.2 多布水电站力学指标取值

根据上述方法和资料，西藏多布水电站冰水堆积物的干密度为 2.0~2.2 g/cm³，如果比重取 2.66，则孔隙比为 0.33~0.209，抗剪强度试验值摩擦角为 33°~46°，建议值大多接近试验值的下限，大部分工程取值在 35°左右。

由于第二层含漂石卵砾石的干密度为 2.0 g/cm³，因而砂卵砾石层的强度参数在不考虑 c 值的情况下可以稍高一点：

第二层值：$\varphi=32°$，$f=0.63$。

第三层、第四层砂砾卵石层根据经验取值：$\varphi=35°$，$f=0.7$。

根据上述分析，坝基冰水堆积物建议的强度参数值为：

第二层：$\varphi=32°$，$f=0.63$，$c=0$；

第三层、第四层：$\varphi=35°$，$f=0.70$，$c=0$。

7.3.6.3 哇洪冰水堆积物物理力学性质指标取值

根据冰水堆积物室内物理力学试验结果，经过工程地质类比，结合本工程的具体特征，给出了砂砾石的物理力学性质建议值(见表 7-2)。

表 7-2 冰水堆积物物理力学性质指标建议值

岩性	时代	天然干密度 (g/cm³)	比重	抗剪强度		变形模量 E_s(MPa)	允许承载力 (MPa)
				φ(°)	c(kPa)		
含漂砂砾卵石	全新统	2.05	2.72	35~37	0	30~35	0.30~0.35
漂卵砾石	上更新统	2.14	2.72	36~38	0	40~45	0.35~0.45

第 8 章　冰水堆积物筑坝主要工程地质问题

在深厚冰水堆积物上建设水利水电工程不同建筑物时,可能存在的主要工程地质问题包括砂土液化、软土震陷、渗流稳定、坝基渗漏、坝基沉降变形、孔隙水压力消散、抗滑稳定等方面。

8.1　砂层地震液化

在高地震烈度地区的水利水电工程,由于冰水堆积物多分布有砂层,可能产生砂土液化问题,将对坝基及水工建筑物稳定、坝体变形产生不利影响。对其可液化性的判别、分析对工程的影响程度、提出合理的工程处理或防液化措施是堆积物上筑坝的主要问题之一。

8.1.1　影响因素

由饱和砂土组成的堆积物坝基,在地震时并不是都发生液化现象。因此,必须了解影响砂土液化的主要因素,才能做出正确的判断。

8.1.1.1　砂土性质

对产生砂土液化具有决定性作用的是土在地震时易于形成较大的超孔隙水压力。较大的超孔隙水压力形成的必要条件是:①地震时砂土必须有明显的体积缩小从而产生孔隙水的排泄;②由砂土向外排水滞后于砂体的振动变密,即砂体的渗透性能不良,不利于超孔隙水压力的迅速消散,于是随荷载循环的增加孔隙水压力因不断累积而升高。

1. 砂土的相对密度

动三轴试验结果表明,松砂极易完全液化,而密砂则经多次循环的动荷载后也很难达到完全液化。也就是说,砂的结构疏松是液化的必要条件之一。表征砂土的疏与密界限的定量指标,过去采用临界孔隙度,这是从砂土受剪后剪切带松砂变密而密砂变松导出的一个界限指标,即经剪切后既不变松也不变密的孔隙度。目前以砂土的相对密度、砂土的粒径和级配来表征砂土的液化条件。

2. 砂土的粒度和级配

砂土的相对密度低并不是砂土地震液化的充分条件,有些颗粒比较粗的砂,相对密度虽然很低但却很少液化。分析邢台、通海和海城砂土液化时喷出的 78 个砂样表明,粉、细砂占 57.7%,塑性指数<7 的粉土占 34.6%,中粗砂及塑性指数为 7~10 的粉土仅占 7.7%,而且全发生在Ⅺ度烈度区。所以,具备一定粒度成分和级配是一个很重要的液化条件。

8.1.1.2　初始固结压力(埋藏条件)

当孔隙水压大于砂粒间有效应力时才产生液化,而根据土力学原理可知,土粒间有效应力由土的自重压力决定,位于地下水位以上的土体某一深度 Z 处的自重压力 P_Z 为

$$P_Z = \gamma Z \tag{8-1}$$

式中：γ 为土的容重。

如地下水埋深为 h，Z 位于地下水位以下，由于地下水位以下土的悬浮减重，Z 处自重压力则应按下式计算：

$$P_Z = \gamma h + (\gamma - \gamma_w)(Z - h) \tag{8-2}$$

如地下水位位于地表，即 $h=0$，则

$$P_Z = (\gamma - \gamma_w) Z \tag{8-3}$$

显然，最后一种情况自重压力随深度增加最小，亦即直接在地表出露的饱水砂层最易于液化。而液化的发展也总是由接近地表处逐步向深处发展。如液化达某一深度 Z_1，则 Z_1 以上通过骨架传递的有效应力即由于液化而降为零，于是液化又由 Z_1 向更深处发展而达 Z_2，直到砂粒间的侧向压力足以限制液化产生为止。显然，如果饱水砂层埋藏较深，以致上覆土层的盖重足以抑制地下水面附近产生液化，液化也就不会向深处发展。

饱水砂层埋藏条件包括地下水埋深及砂层上的非液化黏性土层厚度这两类条件。地下水埋深愈浅，非液化盖层愈薄，则愈易液化。

已知饱水砂层的抗剪强度 τ 由下式确定

$$\tau = (\sigma_o - P_w)\tan\varphi \tag{8-4}$$

式中：P_w 为孔隙水压；σ_o 为有效正压力。

在地震前，外力全部由砂骨架承担，此时孔隙水压力称中性压力，只承担本身压力即静水压力。令此时的孔隙水压力为 P_{w0}，振动过程中的超孔隙水压力为 ΔP_w，则振动前砂的抗剪强度为

$$\tau = (\sigma_o - P_{w0})\tan\varphi \tag{8-5}$$

振动时

$$\tau = [\sigma_o - (P_{w0} + \Delta P_w)]\tan\varphi \tag{8-6}$$

随 ΔP_w 累积性增大，最终 $(P_{w0}+\Delta P_w)=\sigma_o$，此时砂土的抗剪强度降为零，完全不能承受外荷载而达到液化状态。

8.1.2 判别方法

砂土发生地震液化的基本条件取决于饱和砂土的结构疏松、渗透性相对较低，以及振动的强度大小和持续时间长短。是否发生喷水冒砂还与盖层的渗透性、强度、砂层厚度以及砂层和潜水的埋藏深度有关。因此，对砂土液化可能性的判别一般分两步进行：①根据砂层年代和当地地震烈度进行初判。一般认为，对更新世及其以前的砂层和地震烈度低于Ⅶ度的地区不考虑砂土液化问题。②对已初步判别为可能发生液化的砂层再做进一步判定。

砂土液化的判定工作可分初判和复判两个阶段：初判应排除不会发生液化的土层，对初判可能发生液化的土层应进行复判。

8.1.2.1 砂土地震液化初判

《水力发电工程地质勘察规范》(GB 50287—2016)中附录 Q“土的地震液化判别”内容如下：

(1)地层年代为第四纪晚更新世或 Q_3 以前,设计地震裂度小于Ⅸ度时可判为不液化。

(2)土的粒径大于 5 mm 颗粒含量的质量百分率大于或等于 70%时,可判为不液化。

(3)对粒径小于 5 mm 颗粒含量的质量百分率大于 30%的土,其中粒径小于 0.005 mm 的颗粒含量质量百分率相应于地震动峰值加速度 0.10g、0.15g、0.20g、0.30g 和 0.40g 分别不小于 16%、17%、18%、19%和 20%时,可判为不液化。

(4)工程正常运用后,地下水位以上的非饱和土可判为不液化。

(5)当土层的剪切波速大于式(8-7)计算的上限剪切波速时可判为不液化。

$$v_{st} = 291(K_H Z \gamma_d)^{1/2} \tag{8-7}$$

式中:v_{st} 为上限剪切波速,m/s;K_H 为地面水平地震动峰值加速度系数,为水平地震动峰值加速度与重力加速度 g 之比;Z 为土层深度,m;γ_d 为深度折减系数。

(6)深度折减系数可按下列公式计算:

$$Z = 0 \sim 10 \text{ m}, \gamma_d = 1.0 - 0.01Z \tag{8-8}$$

$$Z = 10 \sim 20 \text{ m}, \gamma_d = 1.1 - 0.02Z \tag{8-9}$$

$$Z = 20 \sim 30 \text{ m}, \gamma_d = 0.9 - 0.01Z \tag{8-10}$$

8.1.2.2　砂土的地震液化复判

(1)标准贯入锤击数复判法。当 $N_{63.5}<N_{cr}$ 时判为液化,其中 $N_{63.5}$ 为标准贯入锤击数;N_{cr} 为液化判别标准贯入锤击数临界值。

(2)相对密度复判法。

(3)相对含水量和液性指数复判法。

8.1.2.3　其他规范规定

对于堆积物砂土液化问题也有其他规范对液化判别进行了明确的规定。如《建筑抗震设计规范》(GB 50011—2010)(2016 年版)规定场地地震液化判别应先进行初步判别,当初步判别认为有液化可能时,应再做进一步判别。地震液化的进一步判别应在地面以下 15 m 的范围内进行;对于桩基和基础埋深大于 5 m 的天然地基,判别深度应加深至 20 m。地震液化的进一步判别,除应按现行国家标准《建筑抗震设计规范》(GB 50011—2010)(2016 年版)的规定执行外,尚可采用其他成熟方法进行综合判别。《岩土工程勘察规范》(GB 50021—2001)(2009 年版)规范条文说明中进一步进行判别主要方法有:

(1)标准贯入锤击数复判法。

(2)静力触探试验判别法。

(3)剪切波速法初步判别法。

8.1.2.4　R. Dobry 刚度判别法

由地震引起的某深处土体单元水平面上和竖直面上等效均匀循环剪应力幅采用下式进行计算。该单元体的均匀循环剪应变 γ_e 为

$$\gamma_e = \frac{(\sigma_d)_{\alpha v}}{G_d} = 0.65 \frac{a_{max}}{gG_d}\sigma_v \delta_d \tag{8-11}$$

当 $\gamma_e=\gamma_{cr}$ 时,则 $a_{max}=(a_p)_{cr}$,变换式(8-11)便可得到本方法液化势的基本公式

$$(a_p)_{cr} = 1.54\beta \frac{G_{max}}{\sigma_v \gamma_d} \gamma_{cr} g \tag{8-12}$$

式中：$(a_p)_{cr}$ 为地面临界加速度，即土层的动剪应变达 γ_{cr} 时的地面最大加速度；G_d 为由 V、P、Dmevich 共振柱试验所得的相应于 γ_{cr} 的动剪模量，MPa；G_{max} 为最大动剪切模量，MPa。α_{max} 为地震动峰值加速度，m/s^2；δ_v 为上覆总应力，MPa；γ_d 为应力折减系数，当深度小于 9.15 m 时，$\gamma_d = 1.0 - 0.0075Z$，当深度为 9.15～23 m 时，$\gamma_d = 1.174 - 0.00267Z$。

实际工程中采用共振柱试验结果，用双曲线的应力—应变关系模型回归分析得到：$\beta = (G_d/G_{max})_{cr}$ 为动剪应变 γ_{cr} 时的模量比，采用共振柱试验结果；α 为考虑室内试验和现场条件差别采用的修正系数，取 1.5。

当 $a_{max} > (a_p)_{cr}$ 时判为液化。

当 $a_{max} \leqslant (a_p)_{cr}$ 时判为不液化。

此外，还应考虑震级、震中距、地下水位、砂层埋深和标贯击数等影响因素，以优选法进行判别。

8.1.2.5　Seed 剪应力对比判别法

1. 确定现场抗液化剪应力

现场抗液化剪应力 τ_1 可由下式确定

$$\tau_1 = C_r \left(\frac{\sigma_d}{2\sigma_0'}\right) \sigma' \tag{8-13}$$

式中：C_r 为修正系数，可综合取为 0.6；$\left(\frac{\sigma_d}{2\sigma_0'}\right)$ 为室内三轴液化试验的液化应力比；σ_d 为动应力，动剪应力 τ_d 由 $\tau_d = \sigma_d/2$ 确定，σ_0' 为固结压力；σ' 为初始有效土重压力。

2. 确定地震引起等效剪应力

根据西特的简化估算方法，采用最大剪应力的 65%作为等效应力，由设计地震引起的周期应力 τ_{av} 即为

$$\tau_{av} = 0.65\gamma_d \left(\frac{a_{max}}{g}\right) \sigma_0 \tag{8-14}$$

式中：σ_0 为总上覆压力；a_{max} 为地震动峰值加速度；g 为重力加速度；γ_d 为应力折减系数。

3. 液化判别

确定了现场抗液化剪应力和地震引起等效剪应力后，就可按照下式进行液化判别：$\tau_1 > \tau_{av}$，不液化；$\tau_1 < \tau_{av}$，液化。

8.1.3　多布工程河床深厚冰水堆积物砂土液化判定

8.1.3.1　砂层液化初判

1. 地质年代初判

坝址深厚冰水堆积物除分布于现代河床、漫滩及 I 级阶地的砂卵砾石层所夹的含砾粉细砂为第四系全新世堆积物（Q_4）外，其余均为晚更新世以前堆积物（Q_3）。因此，根据地质年代法判别，第 6 层和第 8 层不会发生砂层液化。

2. 颗粒级配及运行工况初判

当土粒粒径大于 5 mm 颗粒含量 $\rho_5 \geq 70\%$时,可判为不液化;当土粒粒径小于 5 mm 颗粒含量 $\rho_5 > 30\%$时,且黏粒(粒径小于 0.005 mm)含量满足表 8-1 时,可判为不液化。

表 8-1　黏粒含量判别砂液化标准

地震动峰值加速度	0.10g	0.15g	0.20g	0.30g	0.40g
黏粒含量(%)	≥16	≥17	≥18	≥19	≥20
液化判别	不液化	不液化	不液化	不液化	不液化

根据颗粒级配,对比第 6 层和第 8 层砂层粒径判别结果见表 8-2。

表 8-2　颗粒级配液化判别结果

岩组	第 6 层	第 8 层
地震动峰值加速度	0.20g	
大于 5 mm 颗粒含量(%)	1.8	0.0
小于 5 mm 颗粒含量	98.2	100.0
黏粒含量(%)	<0.8	<0.9
液化判别	可能液化	可能液化

由表 8-2 可以看出,第 6 层和第 8 层砂层中粒径小于 5 mm 颗粒含量均在 90%以上,而黏粒含量远小于地震动峰值加速度 0.20g 的黏粒含量(18%)。另在坝体正常运行期,堆积物第 6 层和第 8 砂层均处于饱和状态,因此颗粒级配及运行工况初判判断第 6 层和第 8 层存在砂层液化的可能性。

综上所述,第 6 层和第 8 层砂层地质年代法初判不会发生砂层液化,但根据其颗粒级配组成及后期均处于饱和状态下运行,存在地表动峰值加速度为 0.206g(Ⅷ度)时发生砂层液化的可能性,因此需按规范推荐的方法进行复判。

8.1.3.2　砂层液化复判

1. 标准贯入锤击数复判

《水力发电工程地质勘察规范》(GB 50287—2016)中规定,符合式(8-15)要求的土应判为液化土:

$$N_{63.5} < N_{cr} \tag{8-15}$$

式中:$N_{63.5}$ 为实测标准贯入锤击数;N_{cr} 为液化判别标准贯入锤击数临界值。

在地面以下 20 m 深度范围内,液化判别标准贯入锤击数 N_{cr} 按下式计算:

$$N_{cr} = N_0[\ln(0.6d_s + 1.5) - 0.1d_w]\sqrt{\frac{3\%}{\rho_c}} \tag{8-16}$$

式中:ρ_c 为土的黏粒含量质量百分率(%),当 ρ_c<3%或为砂土时,取 3%;N_0 为液化判别标准贯入锤击数基准值,在设计地震动加速度为 0.10g、0.15g、0.20g、0.30g、0.40g 时分别取 7、10、12、16、19;d_s 为标准贯入点深度,m;d_w 为地下水埋深,m。

根据勘察资料,坝体建基面持力层高程为 3 052 m,因此工程正常运用时 d_s 取标准贯入试验点的深度进行计算;工程正常运用时整个堆积物均在水下,因此 d_w 取 0 值。标准贯入锤击数基准值取值按地震动峰值加速度 0.20g 取 12 击。

试验成果表明,第 6 层的 38 组标贯试验在地表动峰值加速度为 0.20g 时有 34 组的 $N_{63.5}<N_{cr}$,均产生了砂层液化,占试验组数的 89.5%。因此,通过标贯试验复判,在地表动峰值加速度为 0.20g 时第 6 层砂层发生液化的可能性较大。

2. 相对密度复判

《水力发电工程地质勘察规范》(GB 50287—2016)中的相对密度法界定:当饱和无黏性土(包括砂和粒径大于 2 mm 的砂砾)的相对密度不大于表 8-3 中的液化临界相对密度时可判断为可能液化土。根据表 8-3 得到的第 6 层相对密度液化判别结果见表 8-4。

表 8-3　饱和无黏性土的液化临界相对密度　(%)

设计地震动峰值加速度	0.05g	0.10g	0.20g	0.40g
液化临界相对密度$(D_r)_{cr}$(%)	65	70	75	85

表 8-4　相对密度液化判别结果

试验编号	取样高程(m)	天然含水量(%)	天然密度(g/cm³)	天然干密度(g/cm³)	最大干密度(g/cm³)	最小干密度(g/cm³)	相对密度	液化判别(Ⅷ度)
TC1	3 054	3	1.58	1.53	1.61	1.3	0.78	不液化
TC2	3 053	3.2	1.6	1.55	1.62	1.33	0.8	不液化
TC3	3 052	3.1	1.6	1.55	1.61	1.32	0.82	不液化
TC4	3 051	3.7	1.71	1.65	1.72	1.49	0.74	液化
TC5	3 050	4.1	1.6	1.54	1.62	1.32	0.77	不液化
TC7	3 048	4	1.64	1.58	1.64	1.36	0.81	不液化
TC8	3 031	2.9	1.55	1.51	1.53	1.28	0.94	不液化
TC9	3 031	4.1	1.58	1.52	1.54	1.3	0.93	不液化
TC14	3 050	3.6	1.66	1.6	1.66	1.39	0.8	不液化
TC20	3 048	3.8	1.65	1.59	1.67	1.42	0.73	液化
TC21	3 047	3.3	1.6	1.55	1.63	1.35	0.75	不液化
TC22	3 046	2.9	1.62	1.57	1.63	1.36	0.8	不液化
TC25	3 052	3.1	1.68	1.63	1.7	1.45	0.74	液化
TC28	3 049	4.3	1.62	1.55	1.61	1.35	0.81	不液化

表 8-4 判别结果:第 6 层共进行了 14 组相对密度试验,在地表动峰值加速度为 0.20g 时有 3 组产生了砂层液化,占试验组数的 21.4%。因此,通过相对密度试验复判,在地表动峰值加速度为 0.20g 时第 6 层河床部位砂层有发生液化的可能性。

3. Seed 剪应力对比法复判

第 6 层埋深范围为 5.29~29.4 m,厚度范围 6.35~16.13 m,取平均厚度 11.06 m;第 8 层的埋深范围为 35.38~52.3 m。由于 Seed 简化公式中的应力折减系数取值范围不超过 40 m,因此该法适用于埋深不超过 40 m 的砂层的液化判定。液化判定时对第 6 层范围取 5~30 m;对于第 8 层,已超过 40 m,判定时取 35~40 m 偏保守埋深进行判定。

根据地质资料,第 6 层的干密度取 1.57 g/cm³,比重取 2.69;第 8 层的干密度取 1.60 g/cm³,比重取 2.69,得到第 6 层和第 8 层的饱和容重分别为 19.9 kN/m³ 和 20.1 kN/m³。$\sigma_d/2\sigma'_0$ 由三轴动强度试验确定,具体取值时取 10 周和 30 周振次下液化的平均值,见表 8-5。修正系数 C_r 综合取为 0.6。应力折减系数 γ_d,人工读取 0~30 m 的中线值;30~40 m 时,30 m 取 0.5,深度每增加 2 m,γ_d 减少 0.02;当深度为 40 m 时,γ_d 为 0.4。α_{max} 地震烈度为Ⅷ度时为 0.206g。

表 8-5　不同地震烈度下动强度试验值

分层	地震烈度Ⅷ度破坏振次 N_f = 30 周
第 6 层	0.221
第 8 层	0.271

由上述内容,根据室内三轴动力试验,对砂土液化进行了复判,结果见表 8-6。

表 8-6　根据室内动力试验判别坝基砂土液化

层号	密度(g/cm³)	深度(m)	三轴液化应力比	现场抗液化剪应力(kPa)	地震引起等效剪应力(kPa)	是否可能液化
			Ⅷ度(30 周)	Ⅷ度	Ⅷ度	Ⅷ度
6	1.57	5	0.221	8.91	15.09	液化
		10	0.221	15.45	26.14	液化
		15	0.221	21.99	32.14	液化
		20	0.221	28.53	33.91	液化
		25	0.221	35.07	37.89	液化
		30	0.221	41.61	41.09	不液化
8	1.60	35	0.271	62.30	44.41	不液化
		40	0.271	70.47	44.84	不液化

图 8-1 和表 8-6 表明:地表动峰值加速度为 0.206g(Ⅷ度)时,通过 Seed 剪应力对比判别法复判表明,第 6 层河床部位砂层在 25 m 埋深范围内发生了液化;第 8 层在地表动峰值加速度为 0.206g(Ⅷ度)时没有发生砂层液化。

经多因素、多项特征性指标值综合复判,第 2 层(Q_4^{al}-Sgr_2)、第 3 层(Q_4^{al}-Sgr_1)岩组中夹粉细砂层透镜体(Q_4^{al}-Ss)可能发生震动液化。但其埋深浅,厚度薄,且呈透镜状不连续分布,其对工程危害性相对较小,工程开挖遇见时清除即可。第 6 层(Q_3^{al}-Ⅳ$_1$)在地表动峰值加速度为 0.206g(Ⅷ度)时河床部位第 6 层(Q_3^{al}-Ⅳ$_1$)发生砂层液化的可能性较大,需做工程处理。而第 8 层(Q_3^{al}-Ⅱ)在地表动峰值加速度为 0.206g(Ⅷ度)时不液化。

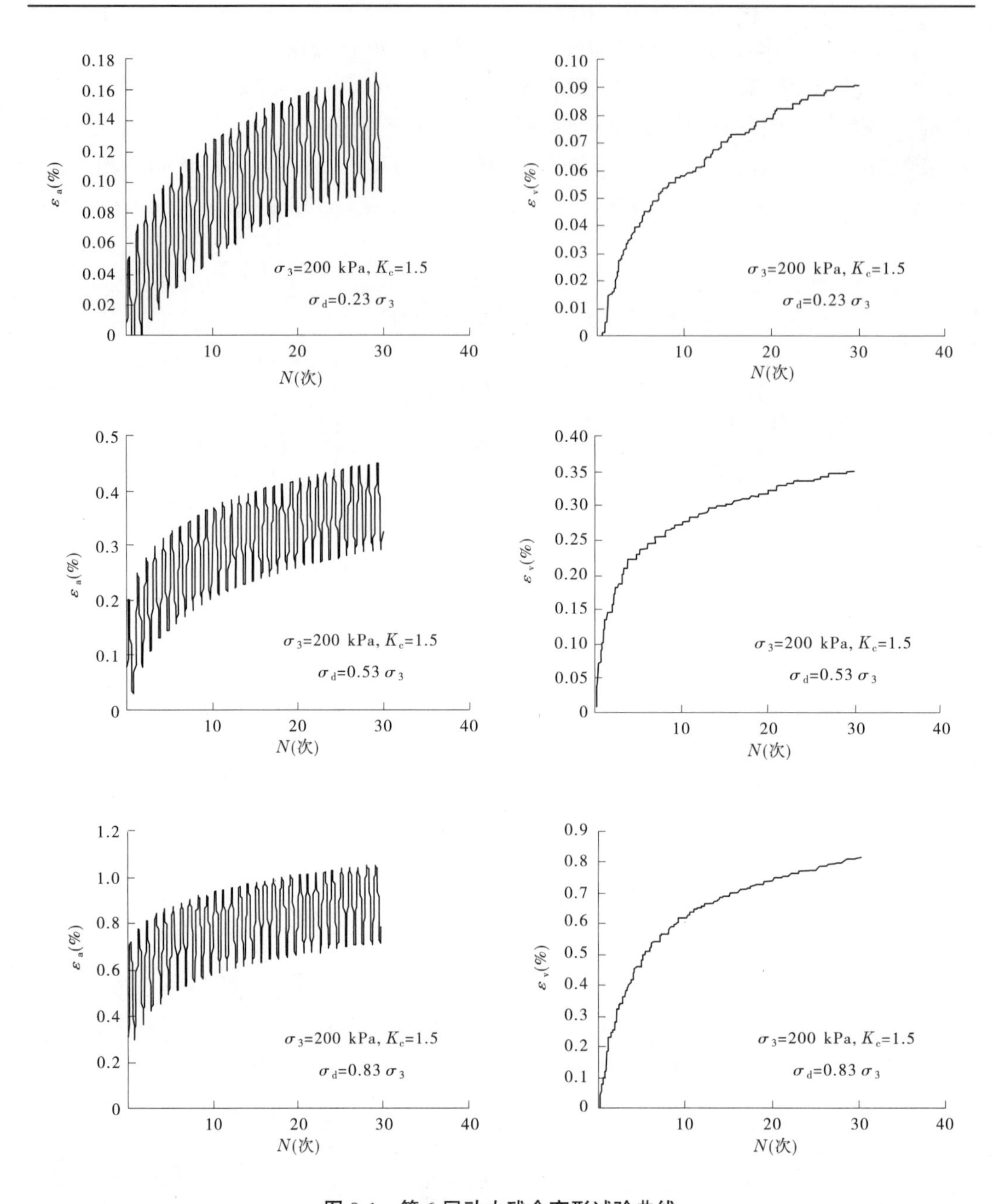

图 8-1　第 6 层动力残余变形试验曲线

8.2　渗流场及渗漏损失估算

8.2.1　渗漏损失计算方法

从 20 世纪五六十年代前,以电网络为代表的模拟技术逐渐成为研究地下水渗流问题的主要手段。

8.2.1.1　流网图解法

流网图解法计算各项渗流指标，是一种近似求解方法，比较简便，在均质和层状地层中，在有压力和无压渗透条件下均可应用。

1. 流网图形绘制

由流线和等势线（等水头线）组成的图形即为流网。流线必须与代表势能相同的等势线互相正交。

绘制时首先确定渗透区域，一般情况下边界面如基础底面，上、下游护底，防渗板墙，板桩及下部不透水层面等是可以确定的（见图 8-2）。当坝基为厚层透水层时，也可用建筑物基底最大宽度的 1.5~2.0 倍为渗透区域，如图 8-3 所示。

其次在确定范围内绘制等势线：画流线时应注意画出的网格须近似正方形或曲面正方形，挡水建筑坝基渗透的代表性流网图形如表 8-7 所示。

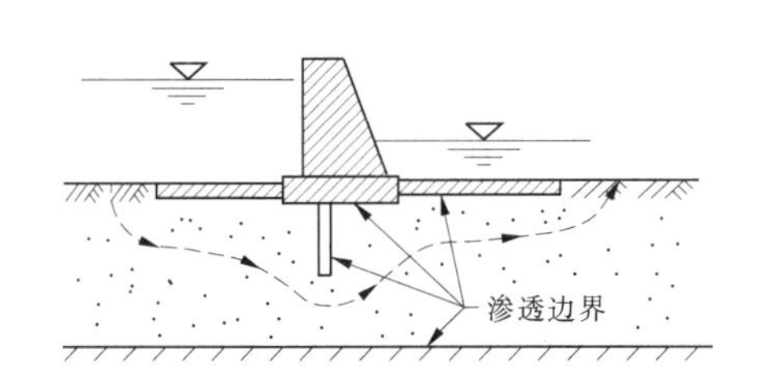

图 8-2　渗透区域及边界示意图

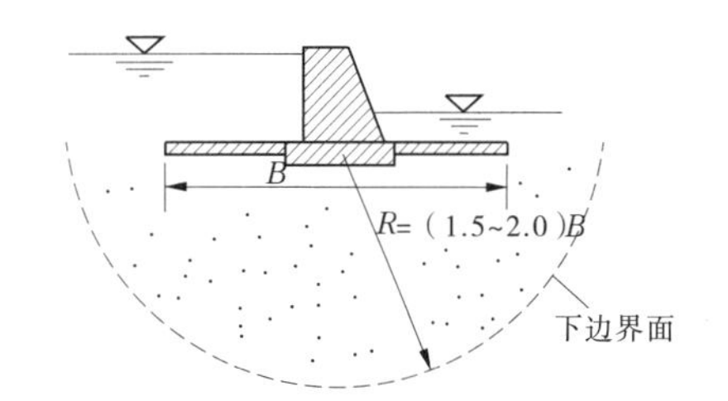

图 8-3　厚层渗水层时的渗透边界面确定方法

表 8-7　代表性流网图形

地层条件	结构特征	流网图形	地层条件	结构特征	流网图形
透水层为无限厚度时	无护底无板桩	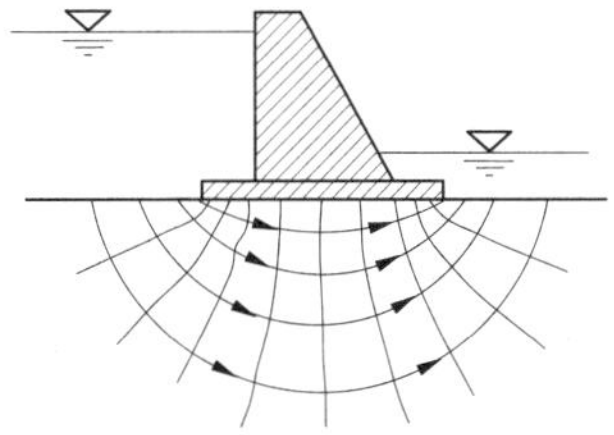	透水层为有限厚度时	无护底无板桩	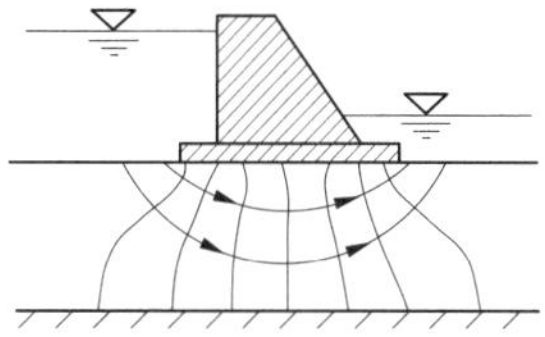
	有护底有板桩	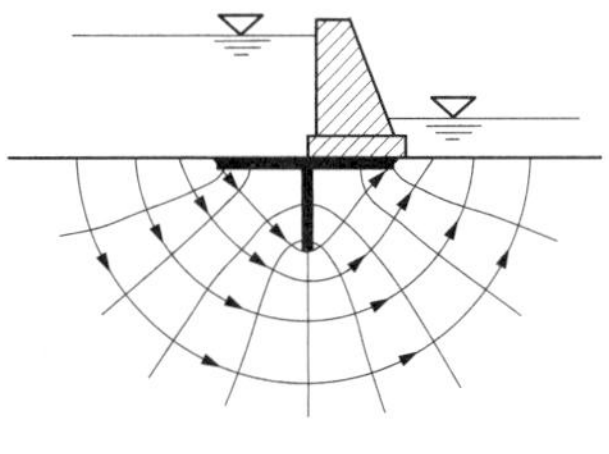		有护底有板桩	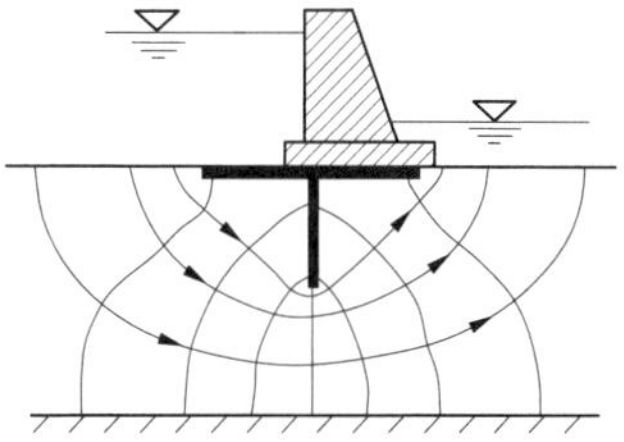

2. 按流网图形确定渗透指标

渗透指标的确定见表 8-8。

表 8-8　渗透指标的确定

项目	确定方法	计算式	符号说明
水头	坝基中某点处的水头压力	$P=\gamma_0(h\pm y)$	P——水头压力； γ_0——水的容重； h——水头高度； y——计算点的深度； I_i——水力坡降； Δh——相邻等水头线之间的等水头差； Δl——相邻等水头线之间的距离； V_i——渗透速度； K——渗透系数； Δl_i——相邻流线之间的距离； q——单位渗透流量； $\frac{\Delta L_i}{\Delta S_i}$——第 i 条流带选定的两等水头线间网格长和宽的比值。
水力坡降	渗透区中任意点处的水力坡降等于该点沿流线方向上前后两侧等水头线差与距离之比值	$I_i=-\frac{\Delta h}{\Delta l}$	
渗透速度	渗透地层的某点渗透速度，为该点水力坡降与渗透系数之间的乘积	$V_i=KI_i$	
单位渗透流量	建筑物单宽断面渗透流量等于某两等水头线之间各流线分割成的单元渗流量之代数和	$q=K\Delta h\sum_{i=1}^{n}\frac{\Delta l_i}{\Delta S_i}$	

8.2.1.2　数值模拟分析

20 世纪 60 年代后期，以计算机为基础的数值模拟技术使地下水运动问题的分析能力获得了突破性进展，即以数值模拟技术为主要研究手段的深化阶段。

数值分析法就是将渗流运用的控制方程和已知定解条件（初始条件、边界条件）相结合构成一个完整的渗流数学模型，用数值方法得到求解区域内的离散点在一定精度要求上的近似解。数值分析的方法包括有限单元法、有限差分法、边界元法和无网格法，其中以有限单元方法应用最为广泛。

有限单元法则是对古典近似计算的归纳和总结，它吸收了有限差分法离散处理的思想，继承了变分计算中选择试探函数的方法，同时对区域进行合理的积分并充分考虑了各单元对节点的贡献。

有限差分法是最早出现的数值解法，该法是用差分方程代替微分方程和边界条件，从而把微分方程的求解转变为线性代数方程组的求解。有限差分法的优点在于其原理易懂、形式简单；缺点在于它往往局限于规则的差分网格，针对曲线边界和各向异性的渗透介质，模拟起来比较困难。

边界元法则只在渗流区域边界上进行离散，采用无限介质中点荷载或点源的理论解为基本公式。其优点在于模拟结果精度高、计算工作量少等，且可直接处理无限介质问题，边界元法尤其适用于无限域或半无限域问题。它的缺点在于对多种介质问题及非线性问题的处理不方便；代数方程组系数矩阵为满阵（单一介质）和块阵（多种介质），当渗流介质具有非均质各向异性特性时边界元法应用起来不灵活。

无网格法是一种新型的数值模拟方法，它的基本思想是用计算域上一些离散的点通过移动最小二乘法来拟合场函数，从而摆脱了单元的限制。可以解决自由面渗流计算中网格在计算中的修改问题，实现网格在全域的固定。然而无网格法在渗流研究中的应用并不成熟。

8.2.1.3　坝基渗流公式计算

根据相关规范、手册推荐内容，水利水电工程坝基渗流计算见表8-9。

表8-9　堆积物坝基渗流计算公式

示意图	边界条件	计算公式	说明
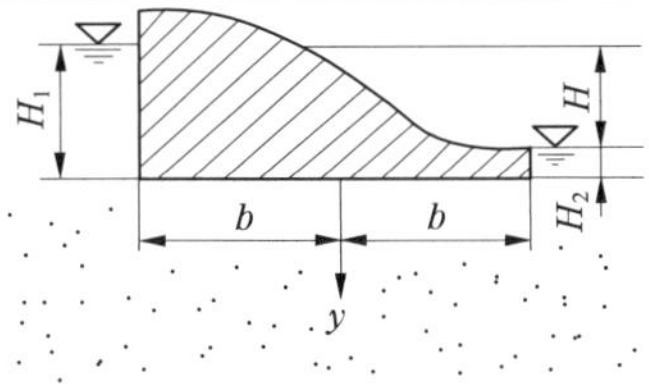	均质透水层，无限深，坝底为平面	$Q=BKHq_r, q_r=\dfrac{1}{x}\text{arcsh}\dfrac{y}{b}$	y 为计算深度
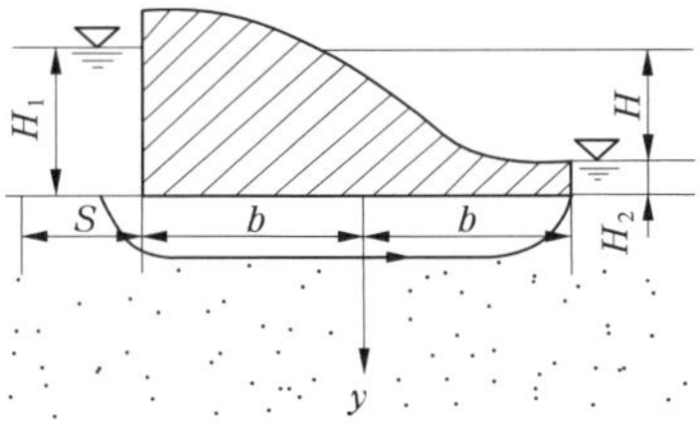	均质透水层，无限深，平面护底	$Q=BKHq_r, \dfrac{q_r}{H}=\dfrac{1}{x}\text{arcsh}\dfrac{S+b}{b}$	S 为上游有限段渗漏长度
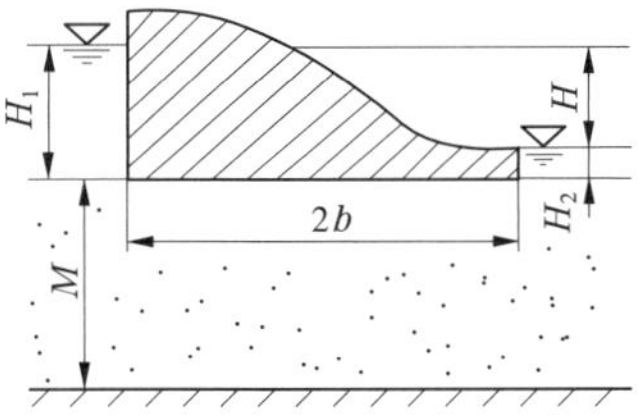	均质透水层，有限深，平面护底 $M\leqslant 2b$	层流：$Q=BKH\dfrac{M}{2b+M}$ 紊流：$Q=BKH\sqrt{\dfrac{H}{2b+M}}$	
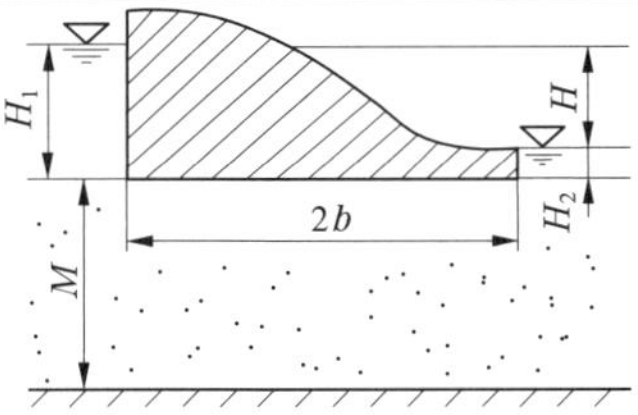	均质透水层，有限深，平面护底$\dfrac{b}{M}\geqslant 0.5$	$Q=BKHq_r, q_r=\dfrac{MH}{2(0.441H+b)}$	
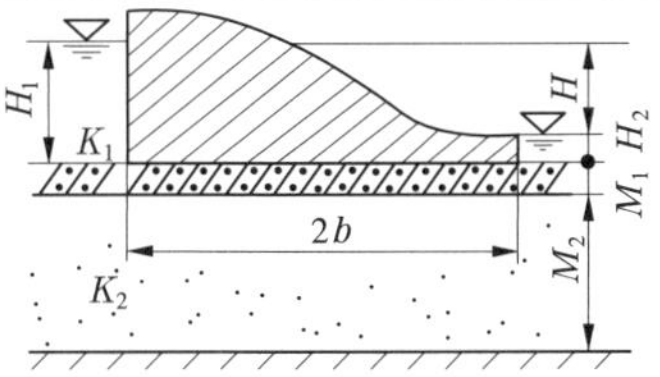	透水层双层结构 $K_1<K_2$，$M_1<M_2$	$Q=\dfrac{BH}{\dfrac{2b}{M_2K_2}+2\sqrt{\dfrac{M_1}{K_1K_2M_2}}}$	
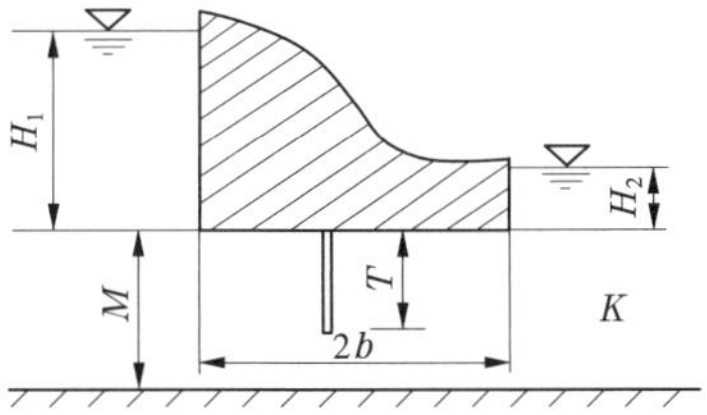	均质透水层，有限深，有悬挂式帷幕	层流：$Q=KBH\dfrac{M-T}{2b+M+T}$ 紊流：$Q=KB(M-T)\sqrt{\dfrac{H}{2b+M+T}}$	

注：Q 为渗漏量；q_r 为单宽流量；B 为坝底长度；K 为渗透系数。

8.2.2　巴塘水电站坝基渗漏损失量估算

8.2.2.1　渗流场模拟

金沙江巴塘水电站工程,坝基为深厚冰水堆积物,应用3D-Modflow软件对河床坝基地下水渗流场特征进行渗流场数值模拟研究。

1. 计算模型的建立

1)模型范围

根据设计方案,模型范围为电站坝址区,Z轴方向的数值和海拔相同,底部取2 250 m高程,表面为地表,山体最高为2 945 m。模型范围如图8-4。

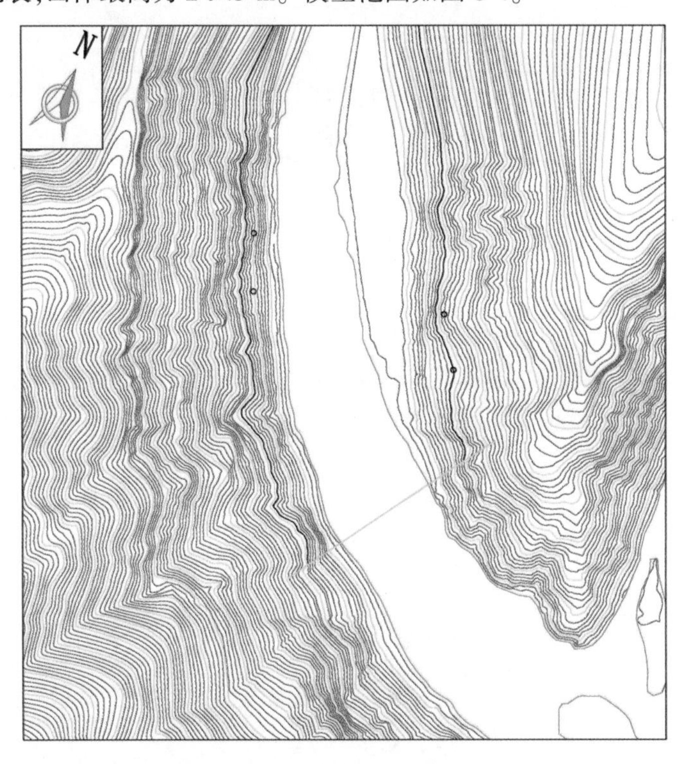

图8-4　金沙江上游巴塘水电站坝址区渗流场模型范围

2)模型空间离散

模型空间范围:X轴方向宽度为1 100 m,Y轴方向宽度为1 180 m;垂向上,坝基部位的松散层主要为河床堆积物的第四系冲洪积砂卵砾石层(Q_4^{al}),下部基岩为黑云母石英片岩(Sc),坝轴线的水文地质剖面如图8-5所示。

建模所有分层界限(层顶标高、层底标高)均按模拟范围内的钻探、水文地质纵横剖面数据提取,并恢复为三维空间数据,由此建立的三维含水系统空间物理模型,自然状态下模型的三维网格剖分如图8-6所示,图8-7为筑坝后模型的三维网格剖分图。

2. 参数选取

参数的选取主要涉及各分层渗透系数、降雨量(降雨强度)即降水入渗补给系数、蒸发等几个重要指标。

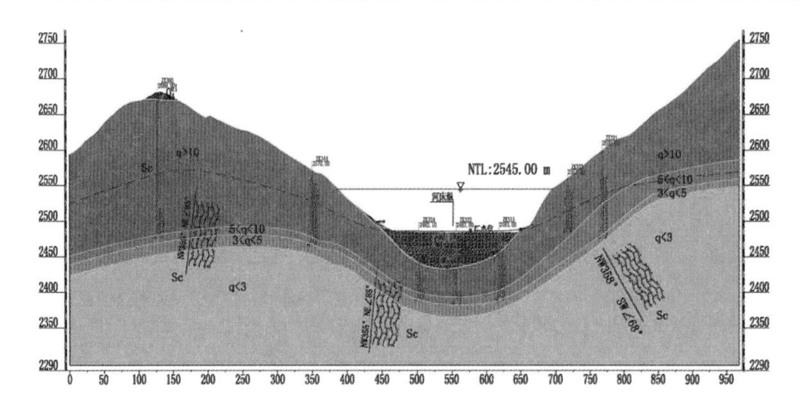

图 8-5　金沙江上游巴塘水电站坝轴线的水文地质剖面图

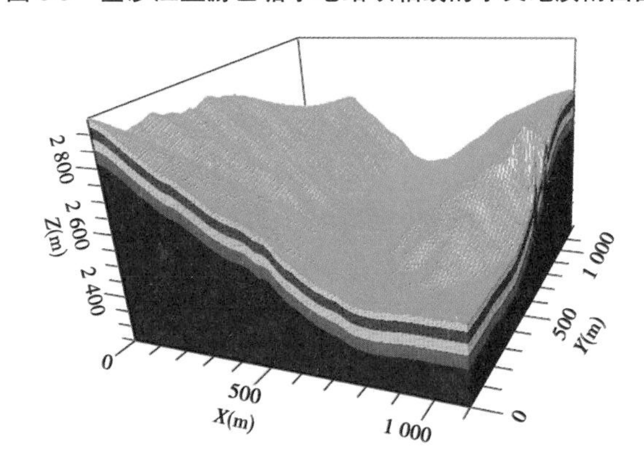

图 8-6　自然状态下模型的三维网格剖分图

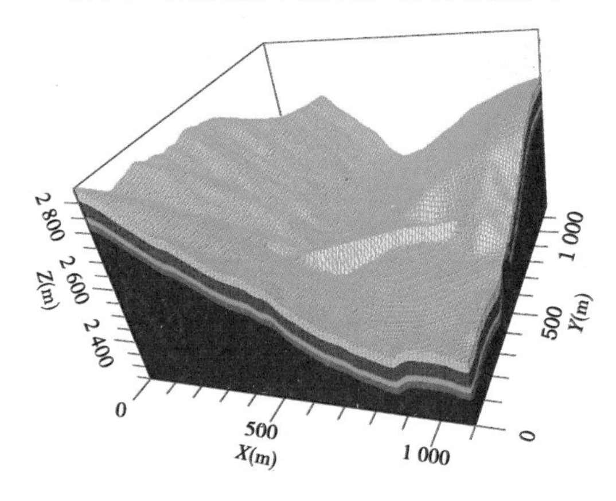

图 8-7　筑坝后模型的三维网格剖分图

1) 渗透系数

渗透系数按堆积物试验、评价结果取值。

由于模拟范围内钻孔资料有限,河床堆积物及强风化岩层的渗透系数是在前面分析及工程经验类比的基础上经反复试算确定的。各层的参数见表 8-10。

2) 降雨与蒸发

区内年降雨量 467 mm 左右,雨季主要集中在 6~9 月,多年平均蒸发量 900~1 200 mm。

表 8-10　模拟计算选用参数

透水强度	岩层	分类	K_x (cm/s)	K_y (cm/s)	K_z (cm/s)	备注
强透水层	第四系堆积体(Q_4^{al})	1	1.5×10^{-3}	1.5×10^{-3}	1.2×10^{-2}	钻孔+类比
	强风化+强卸荷岩层	2	2.1×10^{-4}	2.1×10^{-4}	1×10^{-4}	钻孔+类比
	强风化岩层	3	5×10^{-5}	5×10^{-5}	2×10^{-5}	钻孔+类比
中等透水层	弱风化岩层	4	3×10^{-6}	3×10^{-6}	1×10^{-6}	钻孔+类比
弱透水层	微新岩体	5	1.2×10^{-7}	1.2×10^{-7}	1.2×10^{-7}	钻孔+类比

3. 计算结果及分析

模型计算主要考虑三种方案：天然状态、水库蓄水后无防渗墙及蓄水后有防渗墙的状态。

1) 天然渗流场分析

坝址区河段金沙江水位为 2 480 m，为了对现状条件下岸坡渗流场特征进行较全面的了解，模拟中考虑了极端的情况，即模拟区在自然状态下河水位较难保持为 2 480 m。天然状态下，坝址区年蒸发量大于年降雨量，导致地下水埋藏较深，水位线趋势平缓，金沙江是区内的最低排泄面。模拟计算的天然条件下河谷岸坡渗流场特征见图 8-8。

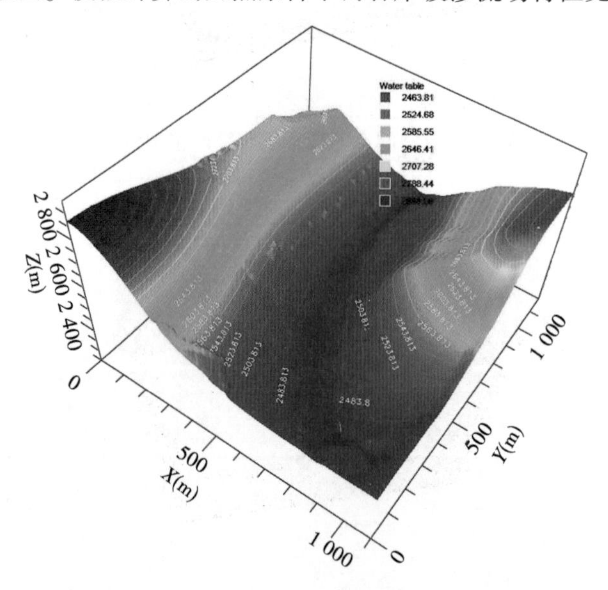

图 8-8　天然状态下三维渗流场模拟特征

从图 8-8 可见，天然条件下坝址区地下水补给符合从两岸山坡向河流方向补给的特征，且地下水位随地形的起伏而相应地变化。当河流水位为 2 480 m 时，坡体内地下水位最大值为 2 870 m，变化幅度略小于地形，这是符合自然界中地下水的分布规律的。图 8-9 为天然状态下基岩中的渗流场特征。

从图 8-9 可见，地下水的补给符合由山体补给河流，等水头线分布变化相对较大，变化差值约为 235 m。图 8-10 是天然状态下坝轴线位置的渗流场特征。

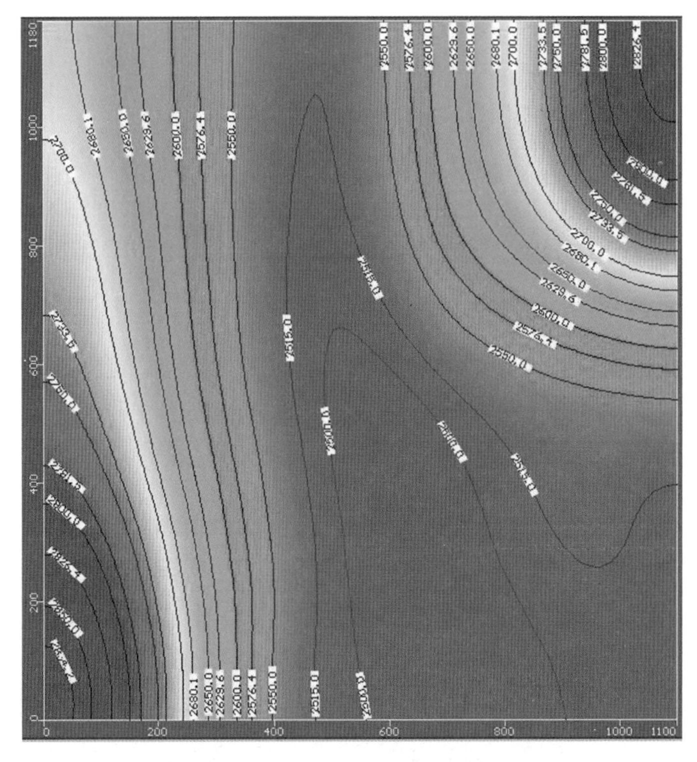

图 8-9　天然状态下渗流场平面图

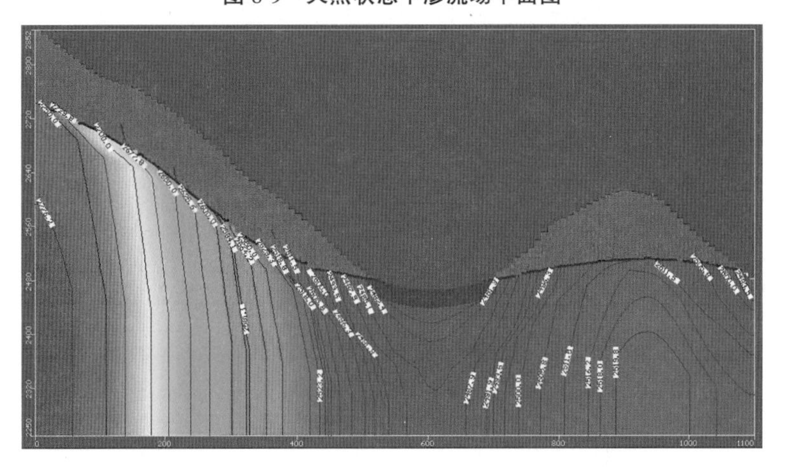

图 8-10　天然状态下坝轴线位置的渗流场剖面图

2）水库蓄水后渗流场特征

图 8-11 为水库蓄水后三维渗流场特征图。对比天然状态下渗流场可见，渗流场在大坝前后部位变化最大，这是由于水库蓄水后（2 545 m），库区水位大幅抬升，河谷两岸地下水受河水的抬升而壅高，在库水位巨大的静水压力作用下，地下水渗流能力较天然条件下明显增强。

图 8-12 水库蓄水后无防渗墙条件下基岩层的渗流场特征图。显然，水库蓄水后坝址上、下游水位相差较大，靠近库区等水位线变化明显，分布较密，水头差较大。

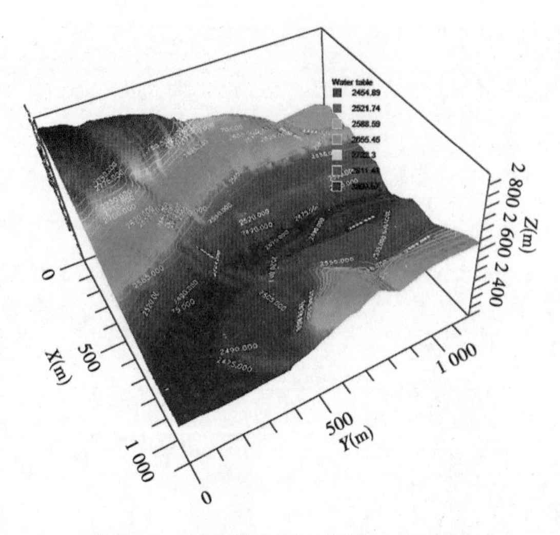

图 8-11　水库蓄水后三维渗流场特征图

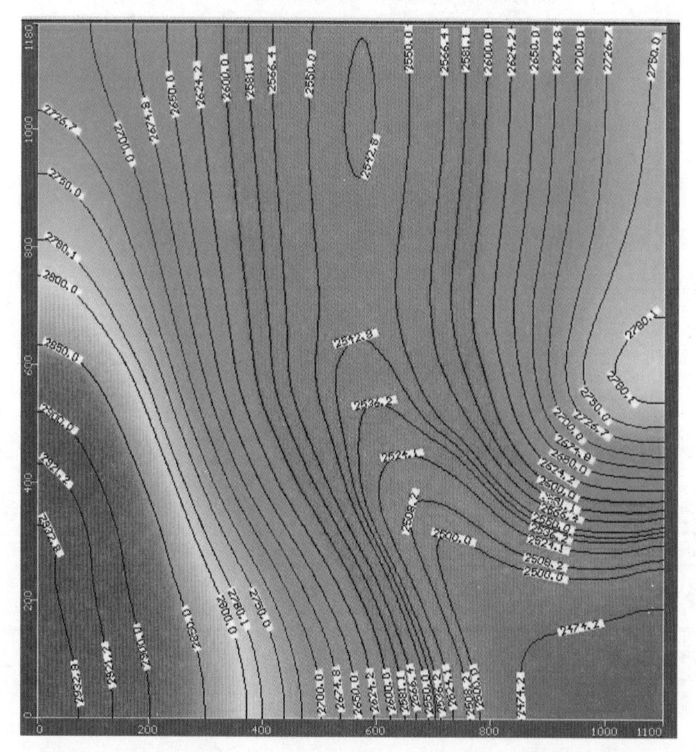

图 8-12　水库蓄水后无防渗墙条件下基岩层的渗流场特征图

图 8-13 为水库蓄水后设置防渗墙条件下坝轴线位置的渗流场图。与未进行防渗处理相比，两岸边坡和河床底部水头值均明显提高，坝体上、下游水位落差近 80 m，坝体上游部位形成了高水压区，水位变化大，等水位线分布密集，中部因为做了防渗处理而出现水位急降区。

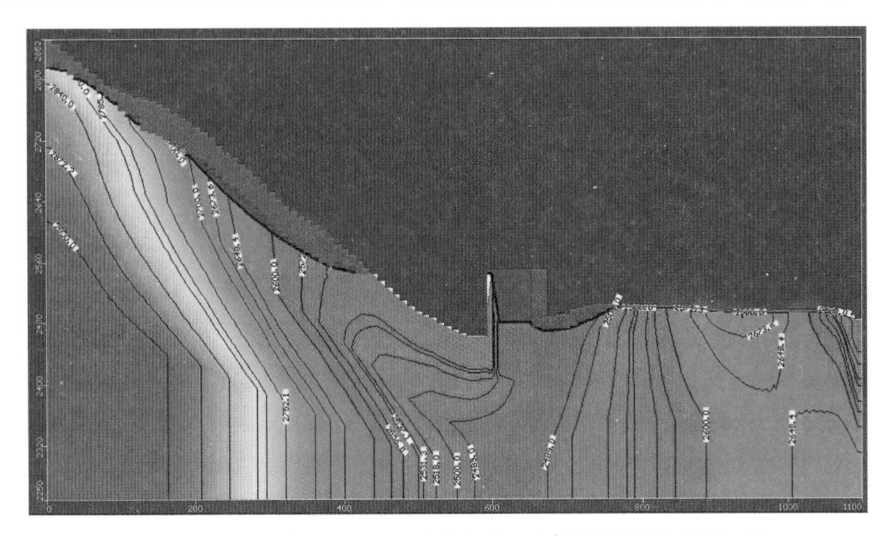

图 8-13　水库蓄水后设置防渗墙条件下坝轴线位置的渗流场图

8.2.2.2　渗漏评价

根据河床堆积物各岩组的渗透特征,堆积物Ⅱ、Ⅳ岩组是砂卵砾石层,Ⅰ、Ⅲ岩组为砂层,总体渗透性较强。

1. 计算原理

根据达西定律,河床堆积物渗透流量为

$$Q = K_{\mathrm{d}}JA \tag{8-17}$$

式中:Q 为渗透流量;K_{d} 为堆积物岩组的渗透系数;J 为水力坡度;A 为过水断面面积。

河床堆积物渗透流量计算中涉及的参数较易确定,如 K_{d}(渗透系数)和 J(水力坡度)通过试验与水位变化情况可以获得,A(过水断面)根据计算的实际情况确定。因此,利用达西定律可以简单方便地获得不同断面河床堆积物的渗透流量。

天然状态下堆积物往往由渗透性不同的土层组成,宏观上具有非均质性。对于平面问题与土层平面平行或垂直的简单渗流情况,可以求出整个土层与层面平行或垂直的平均渗透系数作为进行渗流计算的依据。与层面平行的平均渗透系数为

$$K_x = \frac{1}{H}\sum_{i=1}^{n} K_{ix}H_i \tag{8-18}$$

因此,对于堆积物成层状土的渗透流量可以根据分层总和法及等效系数法两种方法计算渗流量,等效系数法的等效渗透系数根据式(8-18)计算。

2. 河床坝基堆积物渗漏量公式计算

以坝轴线剖面作为坝基渗漏量的计算模型如图 8-14 所示。根据图 8-14 的剖面,考虑无防渗条件下综合选取的计算参数,计算的河床坝基坝轴线部位的渗漏损失量见表 8-11,总的渗漏量达 35 013.22 $\mathrm{m^3/d}$。

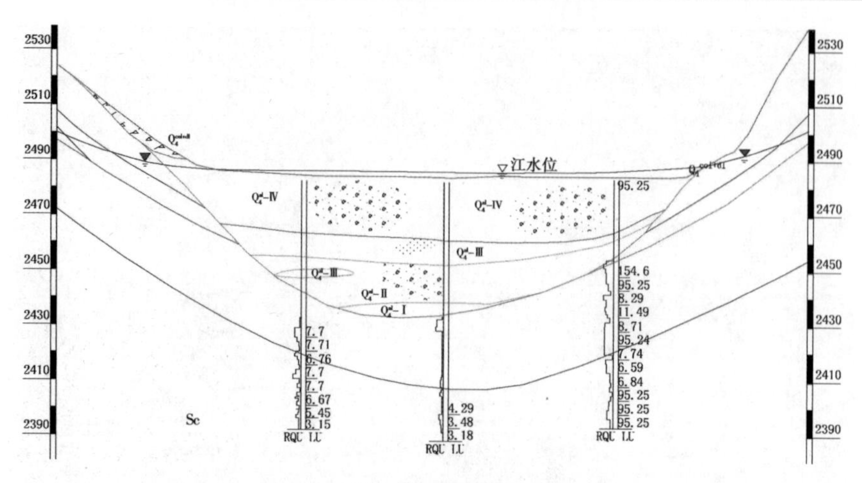

图 8-14　堆积物渗漏量的计算模型

表 8-11　无防渗条件下堆积物渗漏量公式计算结果

岩组	渗透系数 K_d(m/d)	水力坡降 J	过水断面 A(m^2)	分层渗漏量 Q(m^3/d)	渗透总量 (m^3/d)
Ⅰ	10	0.2	277.31	554.62	35 013.22
Ⅱ	30	0.15	1 718.06	7 731.27	
Ⅲ	15	0.2	1 214.15	3 642.45	
Ⅳ	40	0.15	3 847.48	23 084.88	

3. 河床坝基渗漏量的三维数值分析

根据设计要求,防渗措施为混凝土防渗墙和帷幕灌浆的组合形式,混凝土防渗墙厚 1 m,垂直贯穿堆积物嵌入强风化岩体,垂直高度为 95 m(见图 8-15)。根据计算模型和防渗措施,坝基渗漏量的模拟计算按水库蓄水后无防渗体和有防渗体两种工况进行。类比其他工程经验,趾板及其防渗体的渗透系数取 10^{-8} m/d,两种工况下的渗漏量计算结果见表 8-12。

表 8-12　蓄水后不同防渗处理条件的三维数值模拟渗漏情况

工况条件		分层渗漏量				总渗漏量 (m^3/d)
		1	2	3	4	
无防渗墙	渗漏量(m^3/d)	572.579 7	7 397.26	3 835.616	21 369.86	33 175.3
	百分比(%)	1.7	22.3	11.6	64.4	
有防渗墙	渗漏量(m^3/d)	170.88	534.33	270.41	1 269.1	2 244.72
	百分比(%)	7.6	23.8	12.1	56.5	

由表 8-12 可见,水库蓄水后坝体无防渗墙条件下,坝轴线处堆积物渗流量采用公式计算结果(见表 8-11)与三维数值分析结果(见表 8-12)接近,防渗墙对于阻止水库渗漏起

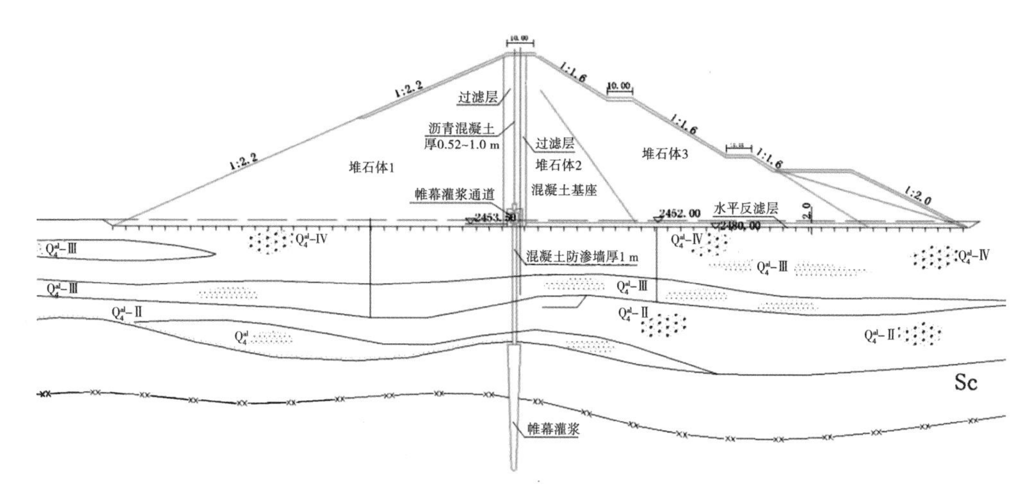

图 8-15　坝址沥青混凝土心墙堆石坝标准剖面

了十分关键的作用。布设防渗墙的情况下，每天通过坝体的总渗漏量仅为 2 244.72 m^3，对水库影响不明显。

8.2.3　坝基渗漏评价

8.2.3.1　坝基卵砾石渗透系数的选择

根据钻孔揭露，哇沿水库坝基卵砾石层最大厚度为 84.4 m 左右，从上到下分为三大层。根据抽、注水试验：第一层渗透系数为 11.73~82.62 m/d，平均为 46.2 m/d；第二层渗透系数为 12.53~23.07 m/d，平均为 17.8 m/d；第三层渗透系数为 19.7 m/d；上述各砾石层均属强透水层，但各层之间由于密实度及成因不同，在透水性上存在一定差异，同一层不同深度渗透系数也存在差异。在计算坝基渗流量时，总体渗透系数在水平向计算时取值为：第一层取 46.2 m/d，第二层取 17.8 m/d，第三层取 19.7 m/d，通过对各层面积加权平均后的渗透系数为 31.3 m/d。

8.2.3.2　坝基渗漏计算

由于坝基砂砾石层与基岩弱风化层渗透系数级数相差较大，强风化层厚度较薄，而上覆砾石层透水性为强透水层，因此可简化为单层透水层的坝基进行渗漏计算。根据物探揭露，察汗乌苏隐伏断裂自坝线中部通过，断层宽度为 15 m 左右。由于察汗乌苏隐伏断裂为正断层，因此影响带内透水性按强透水计，取值同上部堆积物，计算时取断层上盘影响带宽度为 30 m，下盘影响带宽度取 15 m，总体深度按 20 m 考虑。

坝基强透水层的渗漏量如下：

$$Q = q \times B = K \times H \times T \div (2b + T) \times B \tag{8-19}$$

式中：q 为坝基单宽剖面渗漏量，$m^3/(d \cdot m)$；K 为透水层的渗透系数，m/d，取 31.3 m/d；H 为坝上下游水位差，m，24 m；$2b$ 为坝底宽，m，160 m；T 为透水层厚度，总体平均厚度 65.8 m；B 为渗漏带宽度，m，取 440 m。

计算得 $Q = 31.3 \times 24 \times 65.8 \div (160 + 65.8) \times 440 = 96\ 318.6\ m^3/d$

坝址区察汗乌苏河多年平均来水量为 4 m^3/s，坝基渗漏量占来水总量的 27.86%，渗透量较大，因此必须进行防渗处理。

根据河北地质大学《青海省都兰县察汗乌苏河哇沿水库坝基渗漏量分析报告》的结论，当不设置防渗墙时，模拟渗漏量为 73 908 m^3/d。当防渗墙设置深度为 20 m 时，模拟渗漏量为 42 467 m^3/d；当防渗墙设置深度为 40 m 时，模拟渗漏量为 16 799 m^3/d；当防渗墙设置深度为 60 m 时，模拟渗漏量为 10 309 m^3/d。

8.3 渗透稳定

渗透变形的类型主要有管涌、流土、接触冲刷和接触流失四种类型。堆积物砂卵石为强透水层，存在着坝基渗漏、基坑涌水及临时边坡稳定等问题。由于渗漏还会产生渗透变形，影响坝基的稳定，故应查明堆积物各层的透水性及渗透变形的问题，以便对坝基渗漏损失及渗透稳定进行评价。

8.3.1 渗透稳定性评价方法

渗透稳定性评价工作对于水工建筑物来说尤为重要。渗透稳定性评价主要包括以下三方面的内容：①根据土体的类型和性质，判别产生渗透变形的形式；②流土和管涌的临界水力比降的确定；③土的允许水力比降的确定。

8.3.1.1 渗透变形类型的判别

流土和管涌主要出现在单一坝基中，接触冲刷和接触流失主要出现在双层坝基中。对黏性土而言，渗透变形主要为流土和接触流失。

无黏性土渗透变形形式的判别主要方法有如下几种。

1. 流土和管涌

(1)不均匀系数小于或等于 5 的土，其渗透变形为流土。

(2)不均匀系数大于 5 的土可根据土中的细颗粒含量进行判别。

流土：

$$P_c \geqslant 35\% \tag{8-20}$$

过渡型取决于土的密度、粒级、形状：

$$25\% \leqslant P_c < 35\% \tag{8-21}$$

管涌：

$$P_c < 25\% \tag{8-22}$$

式中：P_c 为土中的细粒颗粒含量，以质量百分率计(%)。

(3)土的细粒含量判定破坏类型的计算方法：

级配不连续的土，级配曲线中至少有一个以上的粒径级的颗粒含量小于或等于 3% 的平缓段，粗细粒的区分粒径是以平缓段粒径级的最大和最小粒径的平均粒径区分，或以最小粒径为区分粒径，相应于此粒径的含量为细颗粒含量。对于天然无黏性土，不连续部分的平均粒径多为 2 mm。

对于级配连续的土，区分粗细粒粒径的界限粒径 d_f 为

$$d_f = \sqrt{d_{70}d_{10}} \tag{8-23}$$

式中：d_f 为粗细粒的区分粒径，mm；d_{70} 为小于该粒径的含量占总土重 70% 的颗粒粒径，

mm;d_{10} 为小于该粒径的含量占总土重 10%的颗粒粒径,mm。

2. 接触冲刷的判定方法

对双层结构的坝基,当两层土的不均匀系数均等于或小于 10,且符合下式条件时不会发生接触冲刷:

$$\frac{D_{20}}{d_{20}} \leqslant 8 \tag{8-24}$$

式中:D_{20}、d_{20} 分别为较粗和较细一层土的土粒粒径,mm,小于该粒径的土重占总土重的 20%。

3. 接触流失的判定方法

对于渗流向上的情况符合下列条件时不会发生接触流失:

(1)不均匀系数等于或小于 5 的土层:

$$\frac{D_{15}}{d_{85}} \leqslant 5 \tag{8-25}$$

式中:D_{15} 为较粗一层土的土粒粒径,mm,小于该粒径的土重占总土重的 15%;d_{85} 为较细一层土的土粒粒径,mm,小于该粒径的土重占总土重的 85%。

(2)不均匀系数等于或小于 10 的土层:

$$\frac{D_{20}}{d_{70}} \leqslant 7 \tag{8-26}$$

式中:D_{20} 为较粗一层土的土粒粒径,mm,小于该粒径的土重占总土重的 20%;d_{70} 为较细一层土的土粒粒径,mm,小于该粒径的土重占总土重的 70%。

8.3.1.2　渗透变形的临界水力比降确定方法

流土型宜采用下式计算:

$$J_{cr} = (G_s - 1)(1 - n) \tag{8-27}$$

式中:J_{cr} 为土的临界水力比降;G_s 为土粒密度与水的密度之比;n 为土的孔隙率(以小数计)。

管涌型或过渡型采用下式计算:

$$J_{cr} = 2.2(G_s - 1)(1 - n)^2 \frac{d_5}{d_{20}} \tag{8-28}$$

式中:d_5、d_{20} 分别为占总土重的 5%和 20%的土粒粒径,mm。

管涌型也可采用下式计算:

$$J_{cr} = \frac{42d_3}{\sqrt{\frac{K}{n^3}}} \tag{8-29}$$

式中:d_3 为占总土重 3%的土粒粒径,mm;K 为土的渗透系数,cm/s。

土的渗透系数应通过渗透试验测定。若无渗透系数试验资料,《水力发电工程地质勘察规范》(GB 50287—2016)推荐根据下式计算近似值:

$$K = 3.34n^3 d_{20}^2 \tag{8-30}$$

式中：d_{20} 为占总土重 20%的土粒粒径，mm。

《水力发电工程地质勘察规范》(GB 50287—2016)条文说明中土的渗透系数近似计算公式为 $K=6.3C_u^{-3/8}/d_{20}^2$，主要是考虑到 C_u 容易获得，公式较实用。但根据近年的有关工程经验，其计算的结果误差较大。因此，《水力发电工程地质勘察规范》(GB 50287—2016)推荐采用根据孔隙率 n 来计算 K 值。当缺少孔隙率试验数据时，也可根据不均匀系数按公式 $K=6.3C_u^{-3/8}/d_{20}^2$ 近似计算。

两层土之间的接触冲刷临界水力比降 $J_{k.H.g}$ 计算方法，如果两层土都是非管涌型土，则

$$J_{k.H.g} = (5.0 + 16.5\frac{d_{10}}{D_{20}})\frac{d_{10}}{D_{20}} \tag{8-31}$$

式中：d_{10} 为细层的粒径，mm，小于该粒径的土重占总土重的 10%；D_{20} 为粗层的粒径，mm，小于该粒径的土重占总土重的 20%。

8.3.1.3 无黏性土的允许水力比降确定方法

(1)以土的临界水力比降除以 1.5~2.0 的安全系数，对水工建筑物的危害较大时，取 2 的安全系数，对于特别重要的工程也可用 2.5 的安全系数。

管涌比降是土粒在孔隙中开始移动并被带走时的水力比降，一般情况下，土体在此水力比降下还有一定的承受水力比降的潜力，故取 1.5 的安全系数。

(2)无试验资料时可根据表 8-13 选用经验值。

表 8-13 无黏性土允许水力比降

允许水力比降	渗透变形类型					
	流土型			过渡型	管涌型	
	$C_u \leq 3$	$3 < C_u \leq 5$	$C_u > 5$		级配连续	级配不连续
$J_{允许}$	0.25~0.35	0.35~0.50	0.50~0.80	0.25~0.40	0.15~0.25	0.10~0.20

注：本表不适用于渗流出口有反滤层情况。若有反滤层做保护，则可提高 2~3 倍。

8.3.2 哇沿水库坝基渗透稳定评价

坝基地层以冲积砾石层为主，该层分布稳定，厚度大，水库蓄水后，由于砾石层渗透压力增大，在坝下游有可能产生渗透变形破坏，故对坝基砾石层渗透变形破坏形式及抗渗坡降进行评价。

8.3.2.1 渗透变形破坏形式

河床钻孔内不同深度砾石层的密度及取样颗分试验成果见表 8-14，根据《水利水电工程地质勘察规范》(GB 50487—2008)附录 G 对土的渗透变形的判别，钻孔内取得的砾石样大多数为级配不连续土，粗细颗粒的区分粒径 d 取颗分曲线上平缓段最大粒径和最小粒径的平均值。少数砾石样为级配连续土，粗细颗粒的区分粒径 $d=\sqrt{d_{70}\times d_{10}}$。根据区分粒径对应的细颗粒含量 P_c 判定砾石层渗透变形类型大多数属管涌型，少量属过渡型。

表 8-14　坝基砾石渗透变形类型判别一览

土样编号	试验深度(m)	天然密度(g/cm^3)	天然含水量(%)	比重	孔隙率	变形 d_5(mm)	d_{20}(mm)	不均匀系数	粗细区分粒径(mm)	细颗粒含量(%)	渗透变形类型
ZK1-1	40.0~43.0	2.2	8	2.64	22.84	0.11	5.03	117.03	0.375	12	管涌
ZK1-2	47.5~49.0	2.2	8	2.66	23.42	0.02	0.10	438.37	0.375	26	过渡型
ZK2-1	5.0~8.3	2.10	5.08	2.65	24.59	0.20	3.20	50.60	0.375	8.6	管涌
ZK2-2	8.3~10.4	2.14	6.30	2.67	24.60	0.12	1.08	79.50	2.58	28	过渡型
ZK2-3	11.6~11.8	1.86	16.50	2.64	39.52	0.09	0.18	4.80			
ZK2-4	19.0~20.5	2.20	7.06	2.67	23.04	0.21	2.60	53.13	4.09	26	过渡型
ZK2-5	22.3~30.0	2.20	7.06	2.69	23.61	0.11	2.10	30.99	0.375	8.8	管涌
ZK2-6	40~46.8	2.03	8.72	2.66	29.81	1.02	12.60	8.42	0.288	5	管涌
ZK2-7	52.6~56.0	2.25	7.97	2.66	21.66	0.14	1.47	52.54	0.375	8.7	管涌
ZK2-8	57.0~59.5	2.25	7.97	2.67	21.95	0.18	1.73	36.63	0.375	9.2	管涌
ZK2-9	46.8~48.0	1.78	19.70	2.63	43.46	0.18	1.67	14.04	0.375	8.2	管涌
ZK2-10	65.0~67.0	2.61	8.33	2.66	9.42	0.91	12.20	6.81	0.288	4.7	管涌
ZK2-11	80.0~82.6	1.98	10.76	2.65	32.54	0.11	1.18	59.05	0.375	9.8	管涌
ZK3-1	11.0~15.0	2.00	8.00	2.68	30.90	0.30	8.50	21.63	0.288	7.6	管涌
ZK3-2	16.0~19.0	2.25	8.00	2.65	21.38	0.20	4.25	34.85	0.375	7.8	管涌
ZK3-3	23.0~27.8	2.25	8.00	2.65	21.38	0.21	5.92	43.27	0.375	7.4	管涌
ZK3-4	31.1~32.6	2.25	8.00	2.67	21.97	0.65	8.72	8.78	0.375	4.5	管涌
ZK3-5	35.2~38.7	2.08	10.58	2.66	29.29	0.69	12.20	19.15	0.288	4.2	管涌
ZK3-6	39.0~41.0	2.08	10.58	2.67	29.55	0.20	5.54	26.51	0.288	7.1	管涌
ZK3-7	42.0~46.0	2.28	7.85	2.67	20.82	0.21	4.68	50.82	0.288	8	管涌
ZK3-8	53.0~58.0	2.18	18.56	2.66	30.87	0.16	1.75	64.67	3.29	25.8	过渡型
ZK3-9	58.0~61.0	2.16	8.07	2.66	24.86	0.90	4.70	14.21	0.228	3.2	管涌
ZK3-10	70.0~73.0	2.05	8.78	2.66	29.33	0.15	2.95	54.18	0.228	6.3	管涌
ZK3-11	74.0~80.0	2.05	8.78	2.67	29.59	0.26	3.57	56.33	0.375	7.7	管涌

根据野外对表层砾石层的密度试验，其天然干密度平均值为 2.12 g/cm^3，相应的孔隙率 n 为 21.4%（见表 8-15），砾石的平均颗分曲线见图 8-16。从图可以看出，表层砾石平均颗分曲线总体斜率较为均匀，无明显的平缓段，说明卵、砾石级配连续。砂砾卵石层的细粒粒径的界限粒径平均 $d=\sqrt{d_{70}\times d_{10}}=2.1$ mm，相应的细粒含量为 36%，由判别条件判定表层砾石渗透变形破坏形式大部分为流土型，少量属管涌型土。

表 8-15　表层砾石层天然密度试验成果表

位置	深度(m)	天然密度(g/cm^3)	含水量(%)	天然干密度(g/cm^3)	孔隙度 n(%)
TK1	0. 3	2. 09	0. 87	2. 07	23. 2
TK2	0. 3	2. 18	1. 16	2. 16	20. 0
TK3	0. 1	2. 15	1. 04	2. 13	21. 2
TK5	0. 32	2. 15	1. 1	2. 13	21. 0
TK6	0. 28	2. 18	1. 07	2. 16	19. 8
TK7	0. 3	2. 09	1. 03	2. 07	23. 1
最大值		2. 18	1. 16	2. 16	23. 2
最小值		2. 09	0. 87	2. 07	19. 8
平均值		2. 14	1. 04	2. 12	21. 4

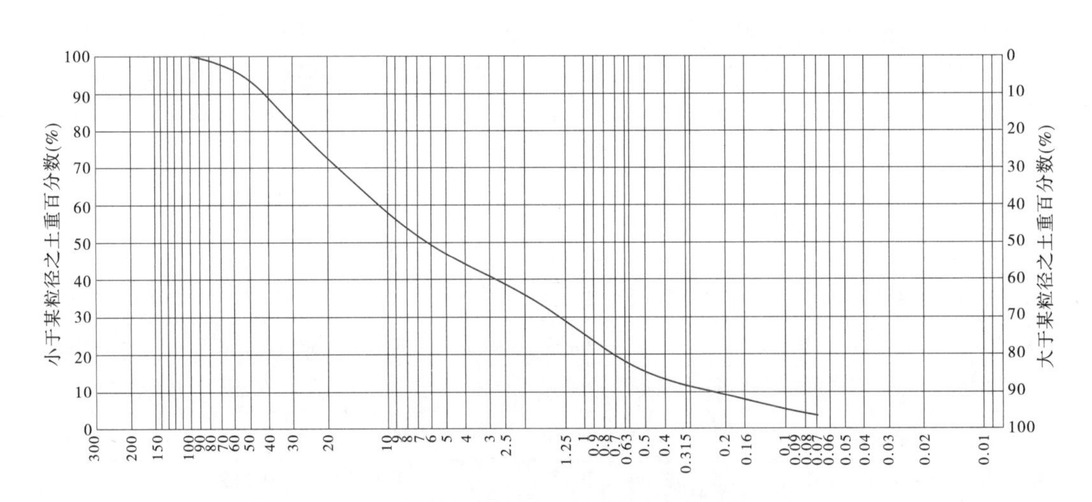

图 8-16　河床表层砾石平均颗分曲线图

通过以上分析可知，河床表层 10 m 深度内砾石层渗透变形破坏类型以流土型为主。而深部砾石层渗透变形破坏类型以管涌型为主。

8. 3. 2. 2　允许水力坡降

根据本次工作所取砾石层样 6 组进行的室内渗透试验成果(见表 8-16)，砾石层临界水力坡降为 0. 33~0. 51，大坝在本工程中为重要建筑物，取安全系数 2. 5，则允许水力坡降(J_0)为 0. 132~0. 20，平均 0. 183，考虑到坝基砾砂层的非均一性，建议坝基砾石允许水力坡降取 0. 13。

表 8-16　坝基砾石室内颗分及渗透试验成果

室内编号	野外编号	土壤分类	颗粒级配						粗细分界粒径 d_f (mm)	细粒含量 P_c (%)	渗透破坏形式	临界水力坡降	允许水力坡降
			颗粒组成(%)				不均匀系数	曲率系数					
			卵石 >60 mm	砾石 60~2 mm	砂粒 2~0.075 mm	黏粉粒 <0.075 mm							
08-786	ST-1	级配不良砾	4.2	52.9	40.1	2.8	30.99	0.52	2.03	41	流土	0.45	0.18
08-787	ST-2	含细粒土砾	5.5	55.5	33.9	5.1	28.95	0.53	2.32	44	流土	0.50	0.20
08-788	ST-3	级配不良砾	2.1	67.3	28.6	2.0	35.03	0.68	3.01	37	流土	0.51	0.20
08-789	ST-4	级配良好砾	0	59.5	37.5	3.0	41.97	1.06	1.34	31	流土	0.48	0.19
08-790	ST-5	级配不良砾	4.2	59.9	31.3	4.6	61.80	0.54	2.34	36	流土	0.49	0.196
08-791	ST-6	含细粒土砾	6.1	67.0	21.8	5.1	89.09	2.17	2.24	27	管涌	0.33	0.132
最大值			6.1	67.3	40.1	5.1	89.09	2.17	3.01	44		0.51	0.20
最小值			0	52.9	21.8	2.0	28.95	0.52	1.34	27		0.33	0.132
平均值			3.6	60.4	32.2	3.8	47.97	0.92	2.21	36	流土	0.46	0.183

8.3.3　巴塘水电站渗透稳定评价

8.3.3.1　水力坡降及渗透稳定性数值模拟

为查明金沙江巴塘水电站深厚冰水堆积物的渗透稳定性，开展了渗流数值模拟。受模型建立方向所限制，地下水水力坡降及稳定性分析中选取顺河向的剖面（见图 8-17）来计算水头差和坡降，表 8-17、表 8-18 是剖面在无防渗墙条件和有防渗墙条件下地下水坡降及渗透稳定性（计算允许坡降取 0.1）计算结果。

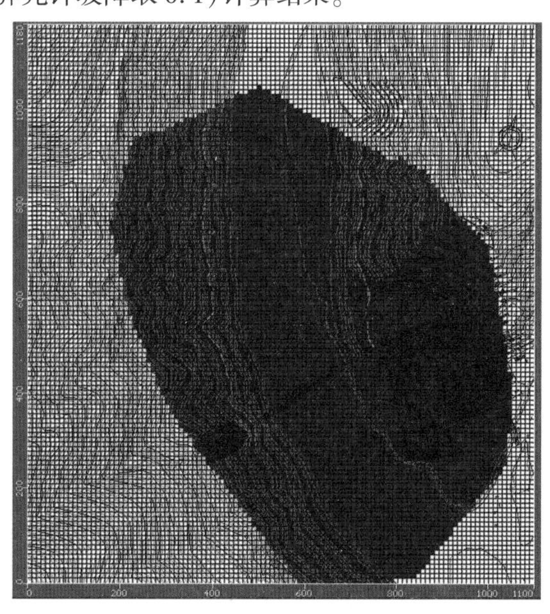

图 8-17　地下水坡降计算位置

表 8-17　蓄水后无防渗墙条件下地下水坡降及渗透稳定性

格点(行/列)	格点间距(m)	水头差(m)	水力坡降	允许坡降	渗透稳定性
70/35~71/35	10	2. 2	0. 22	0. 1	不稳定
71/35~72/35	10	1. 3	0. 13	0. 1	不稳定
72/35~73/35	10	1	0. 1	0. 1	稳定
73/35~74/35	10	1. 1	0. 11	0. 1	不稳定
74/35~75/35	10	0. 5	0. 05	0. 1	稳定
75/35~76/35	10	1. 5	0. 15	0. 1	不稳定
76/35~77/35	10	0. 5	0. 05	0. 1	稳定
77/35~78/35	10	0. 1	0. 01	0. 1	稳定
78/35~79/35	10	0. 5	0. 05	0. 1	稳定
79/35~80/35	10	0. 5	0. 05	0. 1	稳定
80/35~81/35	10	0	0	0. 1	稳定
81/35~82/35	10	0. 5	0. 05	0. 1	稳定
82/35~83/35	10	1. 5	0. 15	0. 1	不稳定
83/35~84/35	10	1. 1	0. 11	0. 1	不稳定
84/35~85/35	10	1. 6	0. 16	0. 1	不稳定
85/35~86/35	10	2. 7	0. 27	0. 1	不稳定
86/35~87/35	10	4. 2	0. 42	0. 1	不稳定
87/35~88/35	10	5. 6	0. 56	0. 1	不稳定
88/35~89/35	10	3. 2	0. 32	0. 1	不稳定
89/35~90/35	10	2. 6	0. 26	0. 1	不稳定
90/35~91/35	10	2. 6	0. 26	0. 1	不稳定

表 8-18　蓄水后有防渗墙条件下地下水坡降及渗透稳定性

格点(行/列)	格点间距(m)	水头差(m)	水力坡降	允许坡降	渗透稳定性
70/35~71/35	10	0. 9	0. 09	0. 1	稳定
71/35~72/35	10	0. 8	0. 08	0. 1	稳定
72/35~73/35	10	0. 8	0. 08	0. 1	稳定
73/35~74/35	10	1	0. 08	0. 1	稳定
74/35~75/35	10	0. 9	0. 09	0. 1	稳定
75/35~76/35	10	1	0. 09	0. 1	稳定
76/35~77/35	10	1. 1	0. 011	0. 1	稳定
77/35~78/35	10	1. 1	0. 011	0. 1	稳定
78/35~79/35	10	1	0. 001	0. 1	稳定
79/35~80/35	10	0. 7	0. 007	0. 1	稳定
80/35~81/35	10	1. 2	0. 012	0. 1	稳定
81/35~82/35	10	0. 6	0. 006	0. 1	稳定
82/35~83/35	10	1. 1	0. 011	0. 1	稳定

续表 8-18

格点(行/列)	格点间距(m)	水头差(m)	水力坡降	允许坡降	渗透稳定性
83/35~84/35	10	1.6	0.016	0.1	稳定
84/35~85/35	10	1.9	0.019	0.1	稳定
85/35~86/35	10	4.3	0.043	0.1	稳定
86/35~87/35	10	5.4	0.054	0.1	稳定
87/35~88/35	10	3.5	0.035	0.1	稳定
88/35~89/35	10	4.4	0.044	0.1	稳定
89/35~90/35	10	3.4	0.034	0.1	稳定
90/35~91/35	10	3	0.03	0.1	稳定

从表 8-17 和表 8-18 可见,顺河向坝体在无防渗墙的条件下水力坡降的范围为 0~0.56,其中在坝轴线部位出现了较大范围的高坡降区域,该部位可能会出现渗透稳定性问题。设置防渗墙后,坡降均小于 0.1,坝基砂卵砾石层不会出现渗透稳定性问题。因此,防渗墙和灌浆帷幕对于降低坝基砂卵砾石层的坡降具有十分明显的作用。

8.3.3.2　渗透变形类型判别

无黏性土的渗透变形一般可分为管涌和流土两种形式,当级配均匀而连续、不缺少中间粒径的土粒时的渗透变形一般为流土;如果级配不均匀,缺少某些中间粒径则渗透变形多为管涌。选取Ⅰ、Ⅱ、Ⅲ、Ⅳ岩组来研究堆积物渗透变形特征。

1. 根据颗分曲线初步判别渗透变形

1)上部Ⅳ岩组渗透变形类型初步判别

利用钻孔、槽探试样的颗分试验成果,Ⅳ岩组颗粒组成的频率分布曲线如图 8-18、图 8-19 所示。

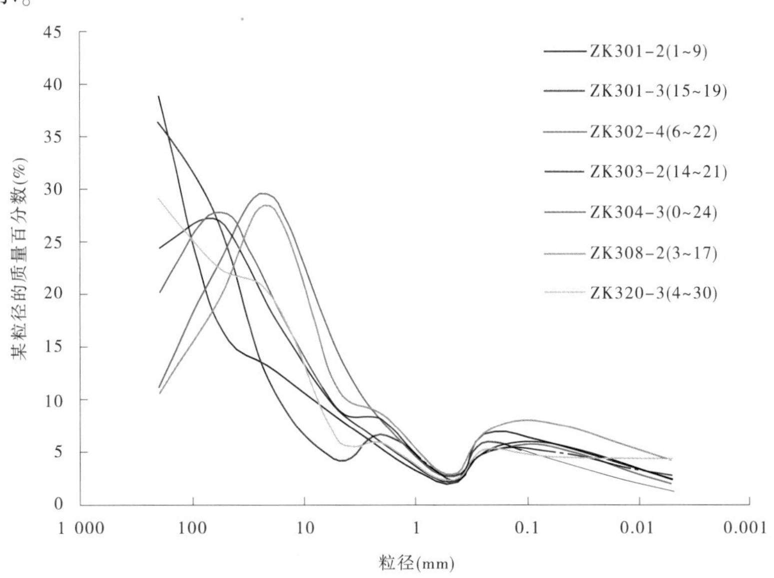

图 8-18　堆积物Ⅳ岩组钻孔试样颗粒频率分布曲线

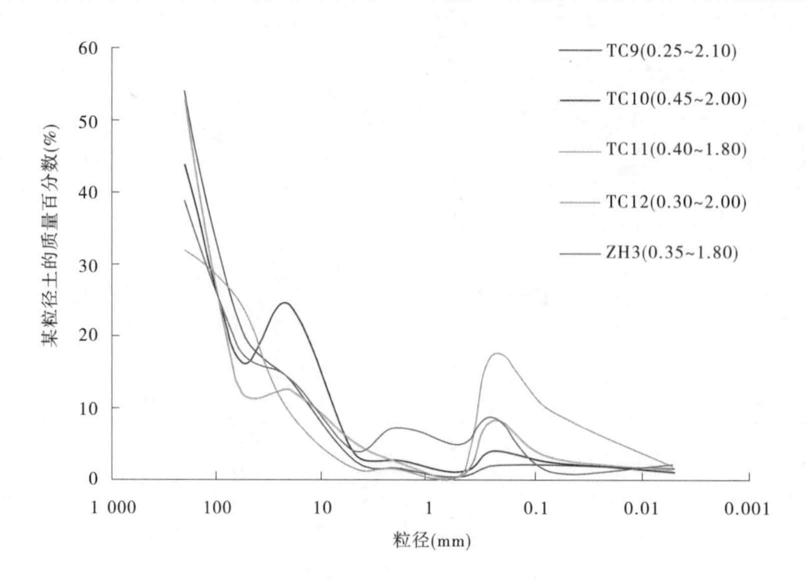

图 8-19　堆积物Ⅳ岩组槽探试样颗粒频率分布曲线

根据颗粒组成的频率分布曲线,钻孔 ZK302-4、ZK303-2、ZK304-3 以及 ZK308-2、槽探 TC12 试样为单峰型,其余皆为双峰型。因此,判定试样 ZK302-4、ZK303-2、ZK304-3 和 ZK308-2、TC12 的渗透变形类型可能为管涌型或流土型,试样 ZK301-2、ZK301-3、ZK320-3、TC9、TC10、TC11 和 ZH3 渗透变形类型可能为管涌型。

2)堆积物Ⅲ岩组渗透变形类型

根据颗粒组成试验结果,Ⅲ岩组颗粒频率分布曲线如图 8-20 所示,该曲线呈双峰型,据此判定该岩组的 ZK301-1、ZK302-1、ZK303-1、ZK304-1、ZK308-1、ZK311-1、ZK316-1、ZK320-1 及 ZK320-2 渗透变形类型可能为管涌型。

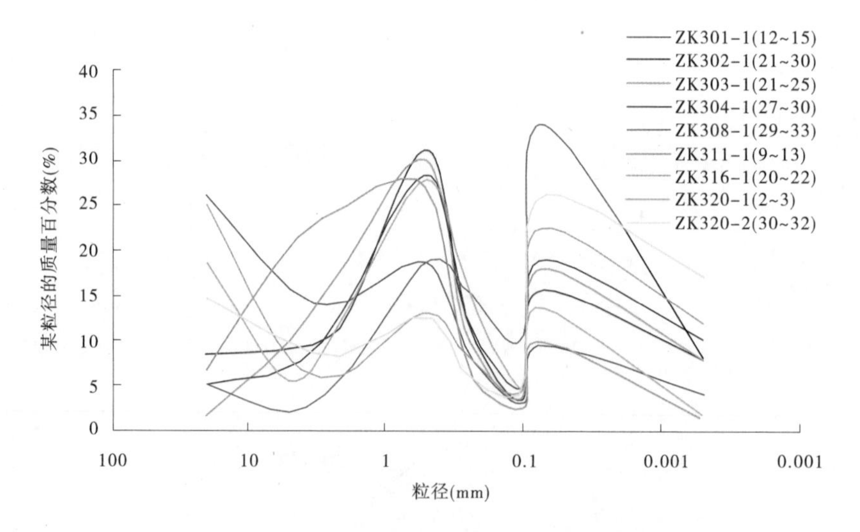

图 8-20　堆积物Ⅲ岩组颗粒频率分布曲线

3) Ⅱ岩组渗透变形类型

Ⅱ岩组颗粒频率分布曲线如图 8-21 所示,试样频率分布曲线除 ZK320-4 样为单峰型外,其余皆为双峰型。因此,试样 ZK320-4 渗透变形类型可能为管涌型或是流土型,其余 ZK302-5、ZK303-3、ZK304-4 和 ZK308-3 试样的渗透变形类型均为管涌型。

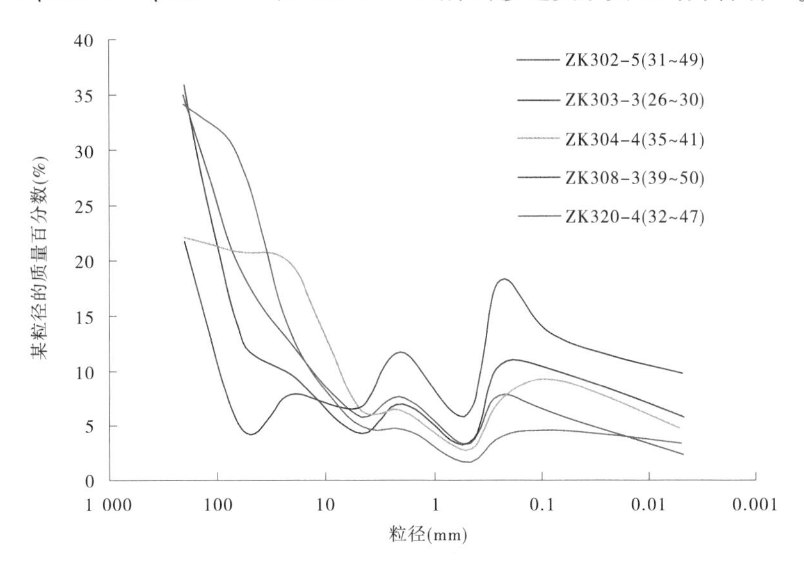

图 8-21　堆积物Ⅱ岩组颗粒频率分布曲线

4) Ⅰ岩组渗透变形类型

Ⅰ岩组试样的颗粒组成频率分布曲线如图 8-22 所示。该岩组频率分布曲线都是双峰型或是多峰型,颗分累计曲线呈上陡下缓,缺乏中间粒径,呈瀑布式曲线型,判断试样 ZK302-2、ZK302-3、ZK304-2 和 ZK316-2 的渗透变形类型为管涌型。

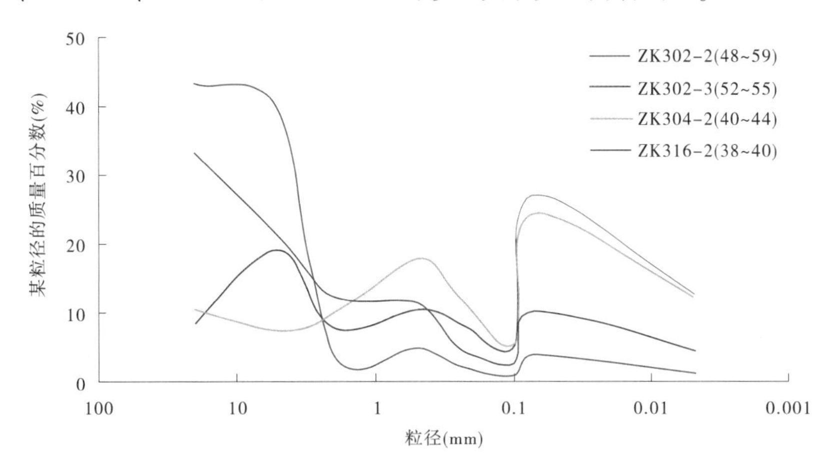

图 8-22　堆积物Ⅰ岩组颗粒频率分布曲线

2. 根据土的细粒含量判别渗透变形型式

根据《水力发电工程地质勘察规范》(GB 50287—2016)的规定,以及前述公式和标准,由试验结果获得的各岩组试样的粗粒与细粒划分界限粒径见表 8-19~表 8-22。

表 8-19 Ⅳ岩组粗细粒界限粒径 d_f 计算成果

试样编号	钻孔试样							地表探槽试样				
	ZK301-2	ZK301-3	ZK302-4	ZK303-2	ZK304-3	ZK308-2	ZK320-3	TC9	TC10	TC11	TC12	ZH3
位置(m)	1.0~8.5	15.2~19.2	5.8~21.9	14.3~21.0	0.2~24.0	2.7~17.2	4.0~30.0	0.25~2.10	0.45~2.0	0.40~1.80	0.30~2.00	0.35~1.80
d_f(mm)	3.51	4.11	2.13	2.63	2.63	1.06	2.52	27.28	13.26	5.41	2.11	4.57

表 8-20 Ⅲ岩组粗细粒界限粒径 d_f 计算成果

试样编号	ZK301-1	ZK302-1	ZK303-1	ZK304-1	ZK308-1	ZK311-1	ZK316-1	ZK320-1	ZK320-2
取样位置(m)	12.56~15.20	21.90~30.70	21.20~25.80	27.10~30.90	29.30~33.60	9.00~13.20	20.85~22.65	2.60~3.70	30.90~32.20
d_f(mm)	0.45	0.08	0.08	0.05	0.05	0.34	0.11	0.25	0.05

表 8-21 Ⅱ岩组粗细粒界限粒径 d_f 计算成果

试样编号	ZK302-5	ZK303-3	ZK304-4	ZK308-3	ZK320-4
取样位置(m)	30.70~49.00	30.70~49.00	34.60~40.50	38.70~49.70	32.20~46.50
d_f(mm)	2.96	1.71	1.41	0.29	3.66

表 8-22 Ⅰ岩组粗细粒界限粒径 d_f 计算成果

试样编号	ZK302-2	ZK302-3	ZK304-2	ZK316-2
取样位置(m)	48.15~49.00	52.70~55.45	40.55~44.30	38.75~40.00
d_f(mm)	2.72	0.08	0.04	0.66

由表 8-23 的界限粒径获得各岩组试样的 P_c 值，然后根据试验资料获得孔隙比 e、孔隙率 n，采用上述公式对渗透变形型式判别，按规范评价的各岩组的渗透变形类型总体为管涌型。

表 8-23 堆积物各岩组粗粒与细粒的划分界限粒径及渗透变形类型判定

岩组		值别	d_{70}(mm)	d_{10}(mm)	d_f(mm)	P_c	孔隙比 e	孔隙率 n(%)	1/4 $(1-n)$	渗透变形类别判定
Ⅳ	孔	平均	55.34	0.134	2.654	0.23	0.334	0.250	0.334	管涌
	槽	平均	124.41	1.293	10.53	0.28	0.324	0.245	0.331	管涌
Ⅲ		平均	1.473	0.023	0.163	0.236	0.551 7	0.355 2	0.388	管涌
Ⅱ		平均	62.54	0.069	2.002	0.31	0.332	0.249	0.333	管涌
Ⅰ		平均	8.583	0.097	0.875	0.24	0.555	0.36	0.389	管涌

3. 不均匀系数对河床堆积物渗透变形类型判别

根据《水力发电工程地质勘察规范》(GB 50287—2016)的规定,采用不均匀系数 C_u 作为判定堆积物渗透变形类型的“界限值”标准,对堆积物试样的渗透变形型式判别成果见表8-24~表8-27。

表8-24 Ⅳ岩组不均匀系数及其判定的渗透变形类型

试样编号	钻孔试样							地表探槽试样				
	ZK301-2	ZK301-3	ZK302-4	ZK303-2	ZK304-3	ZK308-2	ZK320-3	TC9	TC10	TC11	TC12	ZH3
位置(m)	1.0~8.5	15.2~19.2	5.8~21.9	14.3~21.0	0.2~24.0	2.7~17.2	4.0~30.0	0.25~2.10	0.45~2.0	0.40~1.80	0.30~2.00	0.35~1.80
C_u	533.330	302.710	112.580	332.000	237.330	266.430	396.110	20.633	70.183	684.350	654.400	302.170
P_c	0.25	0.24	0.18	0.19	0.23	0.25	0.24	0.23	0.24	0.22	0.23	0.23
变形类别	过渡型	管涌型	管涌型	管涌型	管涌型	过渡型	管涌型	管涌型	管涌型	管涌型	管涌型	管涌型

表8-25 Ⅲ岩组不均匀系数及其判定的渗透变形类型

试样编号	ZK301-1	ZK302-1	ZK303-1	ZK304-1	ZK308-1	ZK311-1	ZK316-1	ZK320-1	ZK320-2
取样位置(m)	12.56~15.20	21.90~30.70	21.20~25.80	27.10~30.90	29.30~33.60	9.00~13.20	20.85~22.65	2.60~3.70	30.90~32.20
C_u	56.780	55.857	56.000	70.400	23.833	12.098	118.500	6.969	168.500
P_c	0.27	0.20	0.23	0.19	0.24	0.25	0.26	0.24	0.24
变形类别	过渡型	管涌型	管涌型	管涌型	管涌型	过渡型	过渡型	管涌型	管涌型

表8-26 Ⅱ岩组不均匀系数及其判定的渗透变形类型

试样编号	ZK302-5	ZK303-3	ZK304-4	ZK308-3	ZK320-4
取样位置(m)	30.70~49.00	30.70~49.00	34.60~40.50	38.70~49.70	32.20~46.50
C_u	506.930	1 285.300	685.570	65.028	365.380
P_c	0.29	0.36	0.28	0.35	0.25
变形类别	过渡型	流土型	过渡型	过渡型	过渡型

表8-27 Ⅰ岩组不均匀系数及其判定的渗透变形类型

试样编号	ZK302-2	ZK302-3	ZK304-2	ZK316-2
取样位置(m)	48.15~49.00	52.70~55.45	40.55~44.30	38.75~40.00
C_u	2.902	120.330	79.500	68.259
P_c	0.21	0.25	0.23	0.24
变形类别	管涌型	管涌型	管涌型	管涌型

根据表8-24~表8-27可见,坝址区河床堆积物各岩组试样的不均匀系数 C_u 总体上

都大于5，按规范判别Ⅳ岩组、Ⅲ岩组及Ⅰ岩组的渗透变形类别主要为管涌型，而Ⅱ岩组的渗透变形类型主要为过渡型。

4. 接触冲刷或接触流失的判别

坝址区河床堆积物为砂卵砾石层夹砂层结构，根据规范和前述标准判别依据，堆积物各岩组试样的相关指标见表8-28。

表8-28　试样颗粒组成的特征粒径指标

岩组		试样编号	d_f	界限粒径 d_{60}(mm)	有效粒径 d_{10}(mm)	不均匀系数
Ⅳ	钻孔试样	ZK301-2	3.512	57.46	0.124	533.330
		ZK301-3	4.109	54.67	0.200	302.710
		ZK302-4	2.130	16.94	0.168	112.580
		ZK303-2	2.626	36.89	0.133	332.000
		ZK304-3	2.625	31.61	0.150	237.330
		ZK308-2	1.056	14.72	0.056	266.430
		ZK320-3	2.523	40.88	0.109	396.110
	槽探试样	TC9	27.28	117.82	0.004	20.633
		TC10	13.26	79.78	0.004	70.183
		TC11	5.407	115.41	0.124	684.350
		TC12	2.113	47.15	0.200	654.400
		ZH3	4.565	57.80	0.168	302.170
Ⅲ		ZK301-1	0.454	2.361	0.134	56.780
		ZK302-1	0.083	0.418	0.048	55.857
		ZK303-1	0.081	0.416	0.014	56.000
		ZK304-1	0.047	0.369	0.013	70.400
		ZK308-1	0.047	0.167	0.005	23.833
		ZK311-1	0.341	1.211	0.008	12.098
		ZK316-1	0.115	0.489	0.064	118.500
		ZK320-1	0.246	0.469	0.004	6.969
		ZK320-2	0.054	0.358	0.047	168.500
Ⅱ		ZK302-5	2.957	49.38	0.003	506.930
		ZK303-3	1.706	47.18	0.023	1 285.300
		ZK304-4	1.405	25.93	0.106	685.570
		ZK308-3	0.287	2.50	0.033	65.028
		ZK320-4	3.656	52.30	0.044	365.380

续表 8-28

岩组	试样编号	d_f	界限粒径 d_{60}(mm)	有效粒径 d_{10}(mm)	不均匀系数
Ⅰ	ZK302-2	2.721	9.309	0.006	2.902
	ZK302-3	0.078	0.394	0.158	120.330
	ZK304-2	0.044	0.332	0.069	79.500
	ZK316-2	0.658	4.033	0.337	68.259

由表 8-28 可见,大部分试样不均匀系数大于 10,因此该工程河床堆积物总体发生接触冲刷或接触流失的可能性小,仅Ⅰ、Ⅲ岩组中(ZK320-1、ZK302-2)可能局部发生接触流失。

8.3.3.3　临界坡降的确定

1. 根据渗透试验确定临界坡降 J_{cr}

根据室内渗透试验获得的各试样的临界坡降、破坏坡降见表 8-29。

表 8-29　堆积物渗透试验的坡降成果

岩组		值别	比重	渗透系数(cm/s)	临界坡降	破坏坡降
Ⅳ	钻孔	平均	2.86	1.44×10^{-2}	0.47	1.45
		指标的标准差(S)			0.101	0.188
		指标的变异系数(δ)			0.214	0.130
		统计修正系数(R_s)			0.842	0.904
		标准值			0.396	1.311
	槽探	平均	2.86	3.84×10^{-2}	0.41	1.28
Ⅱ		平均	2.83	7.00×10^{-3}	0.60	1.62

由表 8-29 可见,室内试验获得的堆积物Ⅳ岩组临界坡降平均值为 0.47,标准值为 0.396;破坏坡降平均值为 1.45,标准值为 1.311;浅表部槽探试样临界坡降平均值为 0.41,破坏坡降平均值为 1.28。Ⅱ岩组临界坡降平均值为 0.60,破坏坡降平均值为 1.62。

2. 根据规范法确定临界坡降 J_{cr}

根据《水力发电工程地质勘察规范》(GB 50287—2016)和前述计算公式确定的各岩组临界坡降见表 8-30。

表 8-30　按规范方法确定各岩组的临界坡降成果表

岩组		值别	临界坡降(J_{cr})
Ⅳ岩组	钻孔	平均值	0.406
		指标的标准差(S)	0.115
		指标的变异系数(δ)	0.284
		统计修正系数(R_s)	0.790
		标准值	0.321
	槽探	平均值	0.346

续表 8-30

岩组	值别	临界坡降(J_{cr})
Ⅲ岩组	平均值	0.556
	指标的标准差(S)	0.137
	指标的变异系数(δ)	0.247
	统计修正系数(R_s)	0.846
	标准值	0.470
Ⅱ岩组	平均值	0.445
Ⅰ岩组	平均值	0.732

由表 8-30 可见，坝址区河床堆积物Ⅳ岩组钻孔土样的临界坡降平均值为 0.406，标准值为 0.321；表部槽探土样临界坡降平均值为 0.346；Ⅲ岩组临界坡降平均值为 0.556，标准值为 0.470；Ⅱ岩组临界坡降平均值为 0.445；Ⅰ岩组土体的临界坡降平均值为 0.732。

3. 根据渗透系数(K)确定临界坡降(J_{cr})

根据现场注水试验、室内渗透试验获得的河床堆积物的渗透系数为 $2.23\times10^{-4}\sim7.64\times10^{-2}$ cm/s，总体为中等—强透水性。由于川西地区河谷堆积物所处地质环境、成因类型及工程地质特性具有一定程度的相似性，因此根据川西大量已(拟)建水电工程砂卵砾石层相关资料，建立的临界坡降 J_{cr} 与渗透系数 K 之间关系具有较好的相关性，其相关方程如下：

$$J_{cr} = 0.0132K - 0.325 \tag{8-32}$$

根据式(8-32)，利用坝址区各岩组部分试验获得的渗透系数 K 评价的临界坡降 J_{cr} 见表 8-31。

表 8-31　按堆积物各岩组部分试样渗透性评价的临界坡降 J_{cr}

岩组		值别	渗透系数(cm/s)	临界坡降 J_{cr}
Ⅳ岩组	钻孔	平均值	5.85×10^{-3}	0.37
		指标的标准差(S)		0.051
		指标的变异系数(δ)		0.139
		统计修正系数(R_s)		0.897
		标准值		0.332
	槽探	平均值	4.49×10^{-3}	0.32
Ⅲ岩组		平均值	2.62×10^{-5}	0.64
		指标的标准差(S)		0.268
		指标的变异系数(δ)		0.419
		统计修正系数(R_s)		0.690
		标准值		0.441
Ⅱ岩组		平均值	2.23×10^{-4}	0.57
Ⅰ岩组		平均值	5.78×10^{-5}	0.89

从表 8-31 可见，各岩组渗透系数计算的临界坡降 J_{cr} 值分别为：Ⅰ岩组平均值为 0.89，Ⅱ

岩组平均值为 0.57;Ⅲ岩组平均为 0.64、标准值为 0.441;Ⅳ岩组平均值为 0.37~0.32、标准值为 0.332。

4. 堆积物临界坡降值对比

根据规范方法、经验公式以及渗透试验三种方法所确定的临界坡降成果见表 8-32。

表 8-32　堆积物各岩组临界坡降不同方法综合取值对比

岩组编号			不同方法获得的临界坡降值		
			渗透试验	规范方法	经验公式
Ⅳ岩组	钻孔	范围值	0.30~0.58	0.192~0.554	0.300~0.445
		平均值	0.47	0.406	0.37
		标准值	0.396	0.321	0.332
	槽探	范围值	0.27~0.53	0.275~0.405	0.137~0.537
		平均值	0.41	0.346	0.32
Ⅲ岩组		范围值	—	0.349~0.746	0.201~1.027
		平均值	—	0.556	0.64
		标准值	—	0.470	0.441
Ⅱ岩组		范围值	0.42~0.81	0.126~0.852	0.221~0.925
		平均值	0.60	0.445	0.57
Ⅰ岩组		范围值	—	0.631~0.873	0.315~1.969
		平均值	—	0.732	0.89

从表 8-32 可见,采用不同方法获得的各岩组临界坡降值基本吻合,说明三种方法均可适用于不同地区深厚冰水堆积物临界坡降值的确定。

8.3.3.4　各岩组允许坡降的确定

1. 根据不均匀系数(C_u)确定允许坡降($J_{允}$)

根据水电科学研究院及 B.C 依托明娜等研究成果建立的允许坡降与不均匀系数之间的关系曲线如图 8-23 所示,确定的堆积物不同岩组的允许坡降($J_{允}$)见表 8-33。

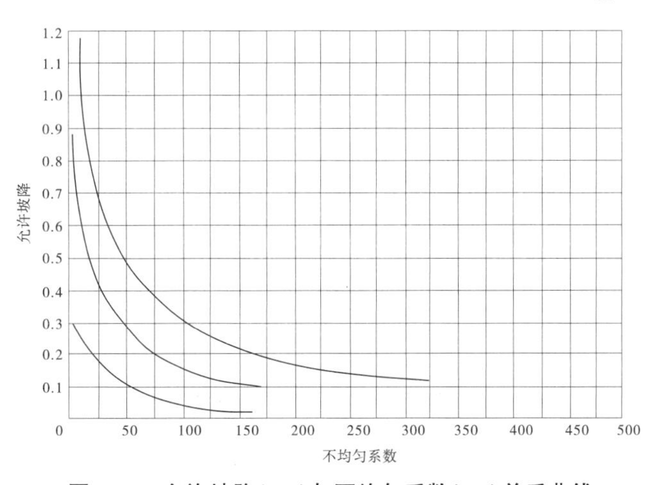

图 8-23　允许坡降($J_{允}$)与不均匀系数(C_u)关系曲线

表 8-33　根据不均匀系数获取的各岩组的允许坡降($J_{允}$)

岩组		值别	不均匀系数(C_u)	允许坡降($J_{允}$)
Ⅳ岩组	钻孔	平均	311.50	0.165
	槽探	平均	346.347	0.128
Ⅲ岩组		平均	63.215	0.263
		指标的标准差(S)		0.036
		指标的变异系数(δ)		0.137
		统计修正系数(R_s)		0.907
		标准		0.239
Ⅱ岩组		平均	281.642	0.245
Ⅰ岩组		平均	67.748	0.361

由表 8-33 可见,通过不均匀系数获取的各岩组允许坡降分别为:Ⅳ岩组平均值为 0.165,浅表层槽探样平均值为 0.128;Ⅲ岩组平均值为 0.263,标准值为 0.239;Ⅱ岩组平均值为 0.245;Ⅰ岩组深部试样平均值为 0.361。与表 8-32 对比,临界坡降为允许坡降的 1.84~2.46 倍,与规范的安全系数一致。

2. 根据规范法确定允许坡降($J_{允}$)

根据《水力发电工程地质勘察规范》(GB 50287—2016)的规定,按照前述允许坡降安全系数取值方法,堆积物的渗透变形以管涌为主,临界坡降为 0.2~0.6,取安全系数 2,其允许坡降为 0.10~0.30。

8.4　沉降变形

8.4.1　坝基堆积物沉降变形影响因素

深厚冰水堆积物为松散地层,且常含有粉细砂、软黏土等软弱夹层,压缩变形较大,同时由于结构的不均一性,还会产生不均匀变形。过大的沉降和不均匀沉降对上部水工建筑物的影响较大,因此在查明坝基堆积物结构及压缩变形特性的基础上,应对坝基持力层的均一性、沉降和不均匀沉降做出合理评价。

对影响堆积物坝基变形稳定因素的分析研究,应从堆积物的成因类型、岩性特征、密实(或固结、胶结)度、厚度及展布特征、物理力学参数以及基岩顶板形态等方面进行。冰水堆积物作为坝基的主要问题,包括以下几个方面:

(1)坝基结构均一性差:堆积物的粗细颗粒分布不均,或局部细颗粒集中,或局部粗颗粒明显架空,且颗粒岩性和强度差异较大等是导致堆积物坝基产生不均匀沉降的原因之一。

(2)坝基承载性能差:由于堆积物结构疏松且不均一,若堆积物中细粒含量较多,则骨架作用不显著,以致坝基堆积物承载力不高,变形模量较低。

(3)堆积物结构层次复杂:在坝基附加应力影响深度范围内含有较多的厚薄不等、分布不均、易变形的黏性土、淤泥类土和易液化的砂性土等特殊土,导致堆积物工程地质条件复杂。

(4)谷底基岩顶板形态起伏强烈:一般深厚冰水堆积物河段多有深槽、深潭分布,其形态各异、不对称状分布,导致水工建筑物影响范围荷载作用复杂。

进行变形稳定评价时,应分析产生变形的土体边界条件、各土层的结构特征、变形(压缩)模量、承载力、变形失稳模式等,并根据已有公式进行计算,综合评价分析坝基的沉降变形稳定问题。

8.4.2　多布水电站坝基变形稳定评价

8.4.2.1　持力层承载力评价

尼洋河多布水电站大坝坝高 27 m,建基面高程 3 051 m,坝顶高程 3 078 m,坝坡为 1∶3,根据室内试验大坝填土饱和容重为 20 kN/m^3,所以建基面处大坝自重所产生的附加应力最大为 500 kPa,沿河流方向呈等腰三角形分布。

根据坝址区深厚冰水堆积物钻孔资料,坝址处 3 055 m 高程为堆积物的第 2 层(含漂石砂卵砾石层($Q_4^{al}-Sgr_2$))岩组,其承载力标准值为 450~500 kPa,大坝最大附加应力大于该岩组的允许承载力,所以建基面处堆积物的承载力不能满足工程要求。

8.4.2.2　堆积物软弱土层承载力评价

将库水与大坝荷载进行叠加,根据荷载形式的不同计算剖面见图 8-24 和图 8-25。坝基堆积物中产生的附加应力分布如图 8-26 所示。

根据图 8-25,坝基 Q_2 地层埋深约在 40 m 以下,其沉积时代较久、密实度较好、物理力学强度参数较高,可满足本工程相应规模沉降变形要求。

根据图 8-26 的应力分布图可知,在坝体中心的 4—4′剖面上附加应力最大。

第 9 层埋深约 35 m,此处的附加应力最大值约 480 kPa,堆积物承载力标准值满足要求;第 8 层承载力标准值为 350 kPa,在坝体下部影响范围内的附加应力为 450 kPa,附加应力大于承载力标准值;第 7 层岩土的承载力标准值为 400 kPa,坝体下部相应部位的附加应力值大于其承载力。

综上所述,堆积物坝基的加固处理应对第 8 层以上的区域进行加固,处理深度范围以 30~35 m 为妥;平面范围水平宽度 150 m。

8.4.2.3　堆积物剪切破坏评价

堆积物坝基的剪切破坏是指局部位置土中产生的剪应力大于或等于该处地基土的抗剪强度,土体处于塑性极限平衡状态。

根据数值模拟结果(见图 8-27~图 8-29),堆积物中由大坝附加应力产生的剪切应力最大为 80~100 kPa,分布位置大约在坝轴与坝趾之间,深度 30~80 m 范围。在这个深度范围内堆积物的垂直应力为 600~1 600 kPa,水平应力为 300~800 kPa。第 9 层、第 8 层、第 7 层的抗剪强度参数内聚力为 0,第 9 层粗粒土的内摩擦角约为 30°,第 8 层和第 7 层

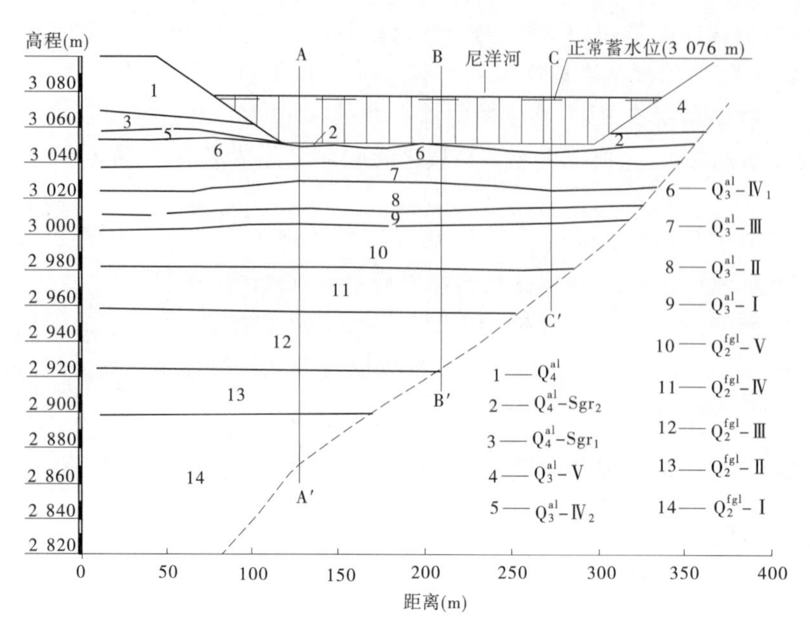

图 8-24　坝轴线地质剖面示意图

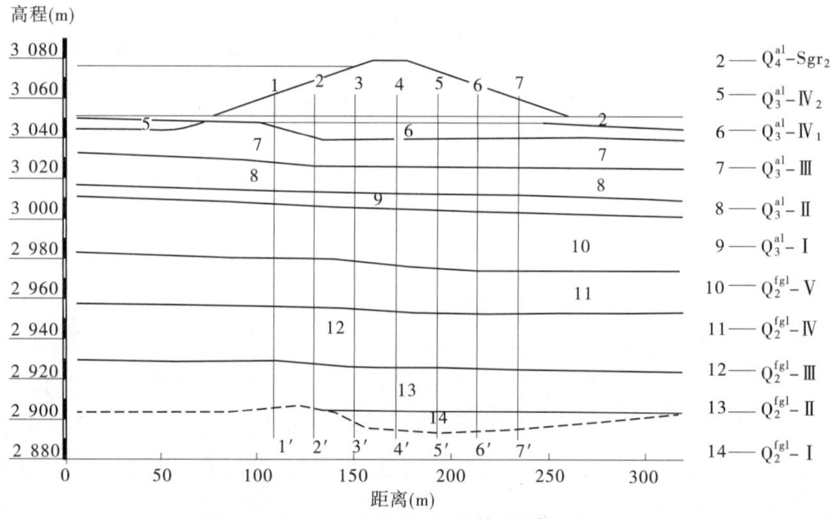

图 8-25　B—B′剖面沉降计算位置示意图

的内摩擦角约为 20°。由此可以确定堆积物内各点的应力圆未与其强度包络线相交，所以坝基内各岩组的抗剪强度指标均满足要求。

8.4.2.4　沉降变形计算

根据前述，大坝坝基主要持力层为第 6～9 层，埋深 30～40 m。根据各层物理力学参数对大坝沉降变形进行定性计算分析。

1. 计算方法

1）规范推荐方法

首先采用《碾压式土石坝设计规范》（SL 274—2001）中推荐的分层总和法，选取坝基

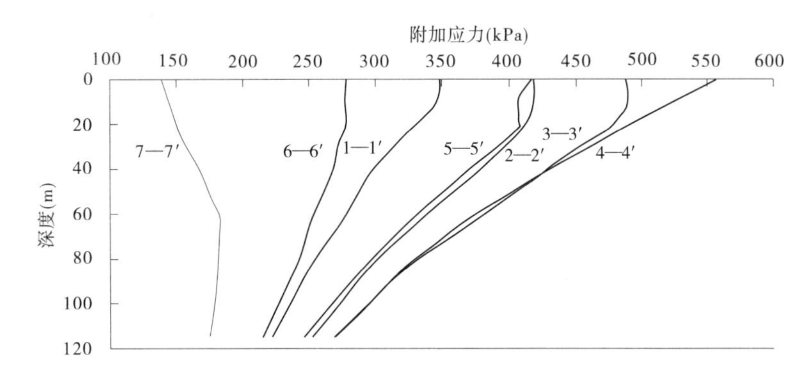

图 8-26　不同埋深岩层附加应力分布图

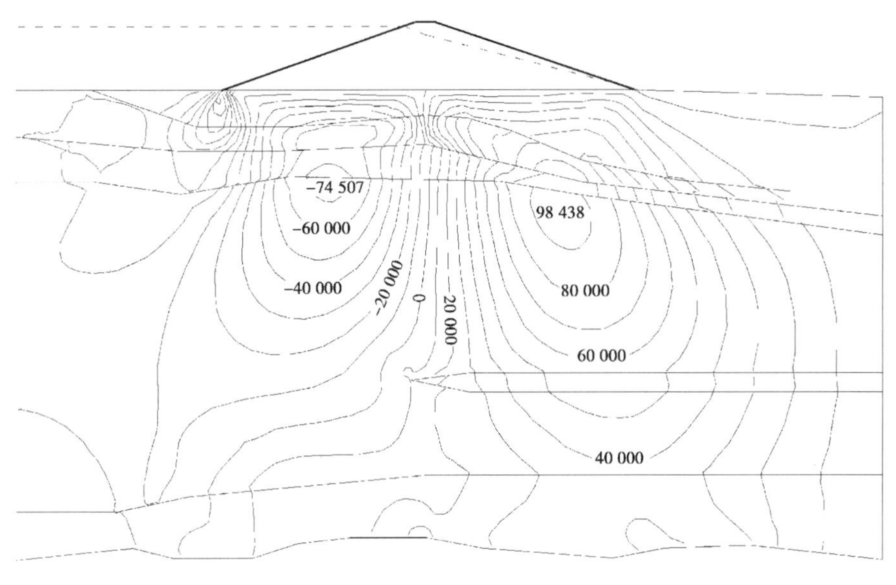

图 8-27　A—A′剖面剪力分布　(单位:Pa)

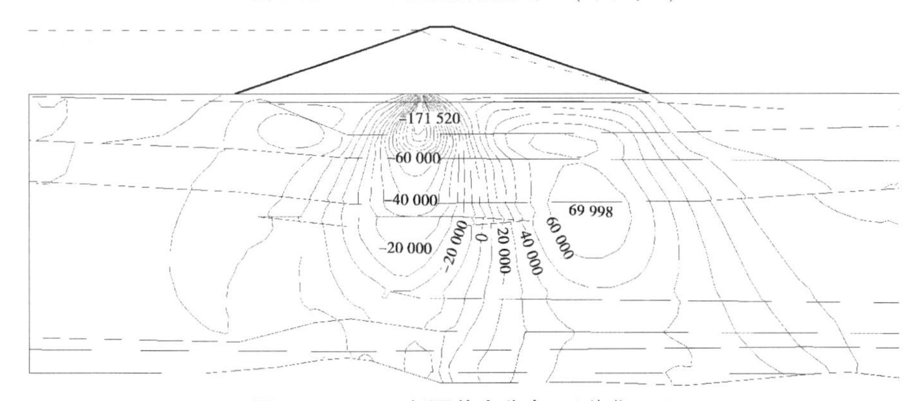

图 8-28　B—B′剖面剪力分布　(单位:Pa)

纵向与横向的特征位置进行计算。坝基为非黏性土的计算公式

$$S_{\infty} = \sum_{i=1}^{n} \frac{p_i}{E_i} h_i \qquad (8\text{-}33)$$

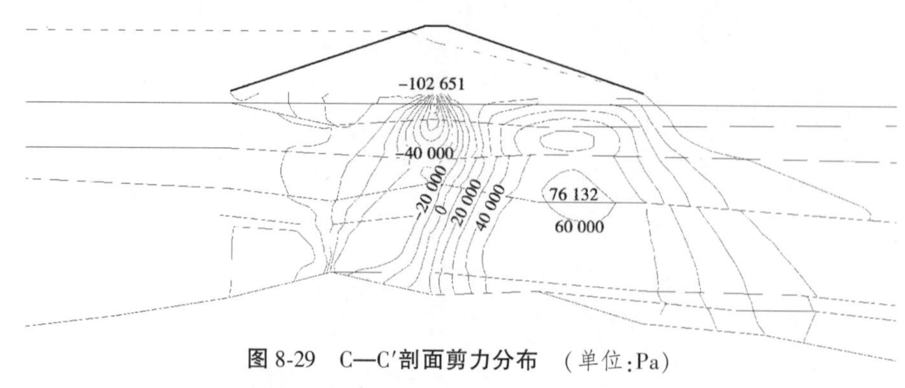

图 8-29　C—C′剖面剪力分布　(单位:Pa)

式中　S_∞——坝基的最终沉降量,m;

p_i——第 i 计算土层由坝体荷载产生的竖向应力,MPa;

E_i——第 i 计算土层的变形模量,MPa;

h_i——第 i 计算土层的厚度,m。

2)数值模拟法

根据堆积物大量的三轴试验,其应力—应变关系曲线可以用拟合双曲线表示,即邓肯-张双曲线。该曲线模型的方程是一种建立在广义虎克定律上的非线性弹性模型,使用简便,且与实际情况较为符合,在堆积物坝基计算中广泛使用。

在邓肯-张本构模型中,土体单元的切线模量 E_t 由作用在单元上的应力 σ_1、σ_3 表示,故可以运用计算软件中的迭代程序,在线弹性模型下输入初始变形模量和泊松比(假定泊松比为常数)计算出模型单元的应力,然后将应力代入计算切线模量 E_t 作为下次应力计算的变形模量,重新计算模型的应力和变形,直至前后两次计算的差值小于某一较小定值。

2. 计算模型

为了研究整个堆积物坝基区内的沉降变形情况,结合大坝断面形态,沿大坝轴线选取三个剖面 A—A′、B—B′、C—C′,并在这 3 个剖面上取 7 个特征位置进行分层总和法计算沉降。

在大坝正常运行阶段,作用在坝基上的荷载为大坝自重和库水压力,沉降计算时库水压力只取作用在上游坝体的静水压力,不考虑库水垂直作用力对坝基的影响。将作用在上游坝体垂直于坡面的水压力分解为水平和垂直两个分力,由于沉降计算中只考虑了垂直作用力的压缩作用,并且上游坝体较缓,水平分力只有垂直分力的 1/3,故在沉降计算中以垂直分力作为库水对坝基的作用力。

3. 参数选取

根据堆积物各岩组的试验资料,各岩组的物理力学参数见表 8-34。

表 8-34　不同层位各力学参数取值

力学参数	第 9 层	第 8 层	第 7 层	第 6 层	第 5 层
变形模量(MPa)	55	22. 5	27. 5	35	12. 5
泊松比	0. 32	0. 31	0. 33	0. 34	0. 36

4. 沉降变形计算结果

1) 分层总和法计算结果

对堆积物各特征位置进行分层总和法计算,所得沉降量见表 8-35。

表 8-35　沉降量计算结果　（单位:m）

剖面	1—1′	2—2′	3—3′	4—4′	5—5′	6—6′	7—7′
A—A′	0. 661	0. 758	0. 875	1. 082	0. 703	0. 531	0. 332
B—B′	0. 723	1. 078	1. 224	1. 303	1. 044	0. 650	0. 326
C—C′	0. 479	0. 621	0. 734	0. 889	0. 648	0. 430	0. 254

根据计算的结果,在顺河向大坝中部 B—B′剖面沉降量最大,A—A′次之,C—C′最小,沉降差为 0. 22~0. 41 m;横河向坝体中心处坝顶沉降最大,上游坝趾次之,下游坝踵最小,坝顶与坝趾的沉降差为 0. 41~0. 98 m,计算结果与荷载分布情况符合。

纵剖面中,上游坝体各剖面的沉降梯度:A—A′为 0. 66%,B—B′为 0. 90%,C—C′为 0. 64%;下游坝体各剖面的沉降梯度:A—A′为 1. 16%,B—B′为 1. 59%,C—C′为 1. 02%,在横河向中部 4—4′剖面沉降量最大。各剖面平均沉降梯度:1—1′为 0. 23%,2—2′为 0. 56%,3—3′为 0. 60%,4—4′为 0. 46%、5—5′为 0. 52%,6—6′为 0. 25%,7—7′为 0. 06%。计算结果表明,沉降变形最大处位于坝体中心线处,其次为坝前坝趾处。

2) 数值模拟结果

顺河向选取 A—A′、B—B′、C—C′剖面,横河向选取 2—2′、4—4′、6—6′剖面,对各剖面地层进行网格离散划分,赋予各岩层相应的力学参数,采用线弹性模型,通过软件语言编写程序,完成邓肯-张模型的建立。在基覆界面进行水平、垂直两个方向约束,两侧边界采用水平方向约束,模拟结果如图 8-30~图 8-35 所示。

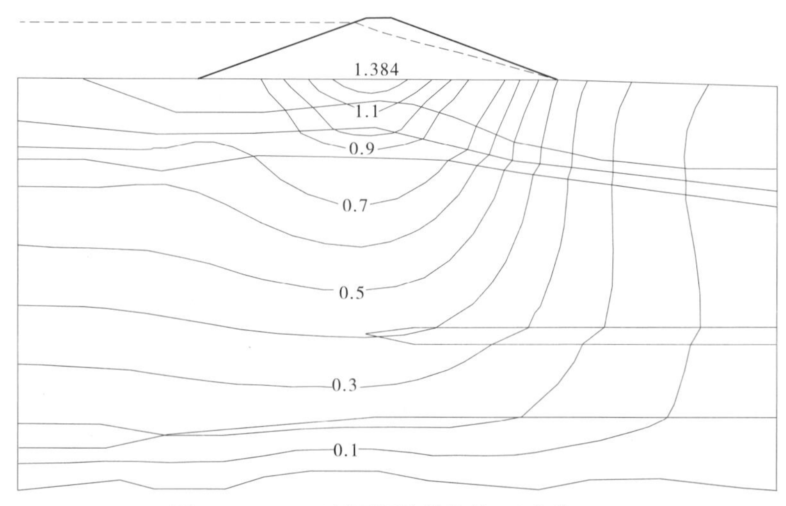

图 8-30　A—A′剖面沉降等值线　（单位:m）

在 A—A′、B—B′、C—C′纵剖面图上,最大沉降发生在大坝轴线位置,上游坝趾沉降相对中心处较小,下游坝踵沉降量最小。在库水荷载影响下发生沉降的范围向上游地区

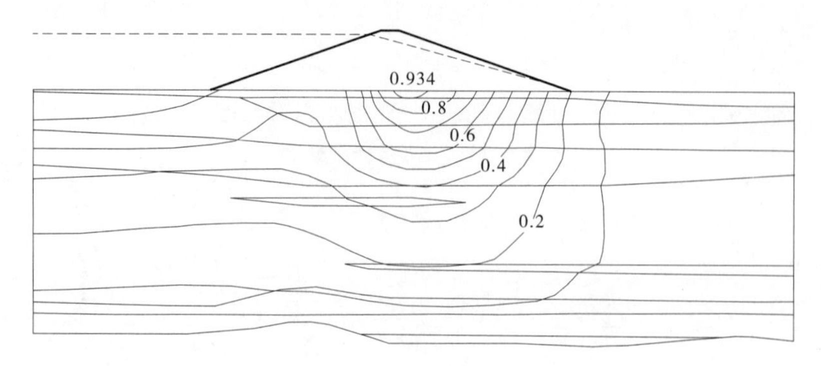

图 8-31　B—B′剖面沉降等值线　（单位:m）

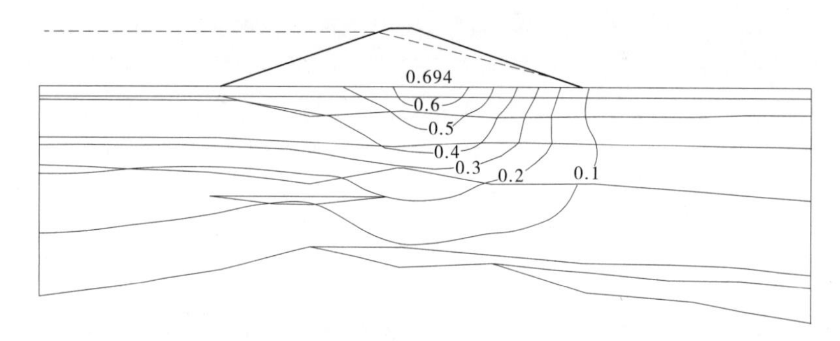

图 8-32　C—C′剖面沉降等值线　（单位:m）

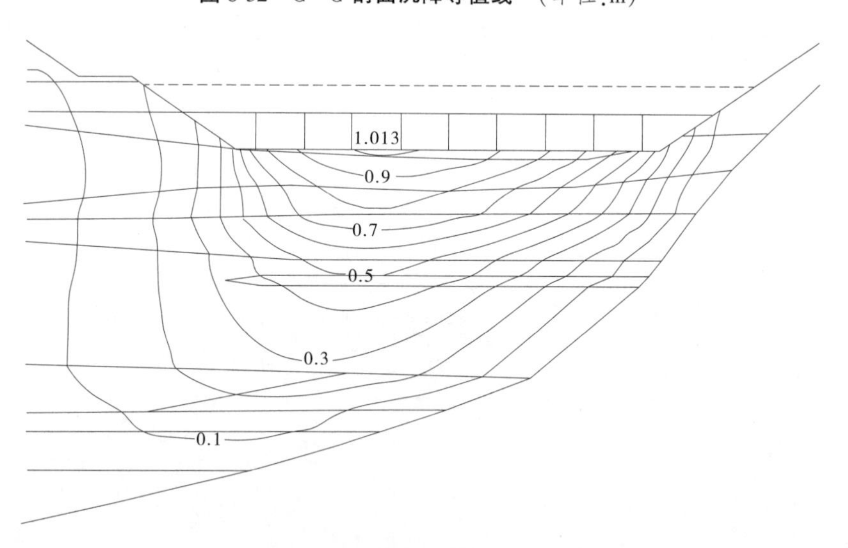

图 8-33　2—2′剖面沉降等值线　（单位:m）

延伸,最大水压力产生的沉降量约为坝轴线最大沉降量的一半;同一剖面内,上游坝体区沉降梯度大于下游坝体区。

堆积物厚度不同,坝体荷载作用下,堆积物沉降影响范围也不相同。堆积物厚度大的剖面,荷载沉降影响范围大,作用延伸至坝趾以外;而堆积物厚度相对较小的剖面,荷载沉降影响范围较小,只在坝基范围内。

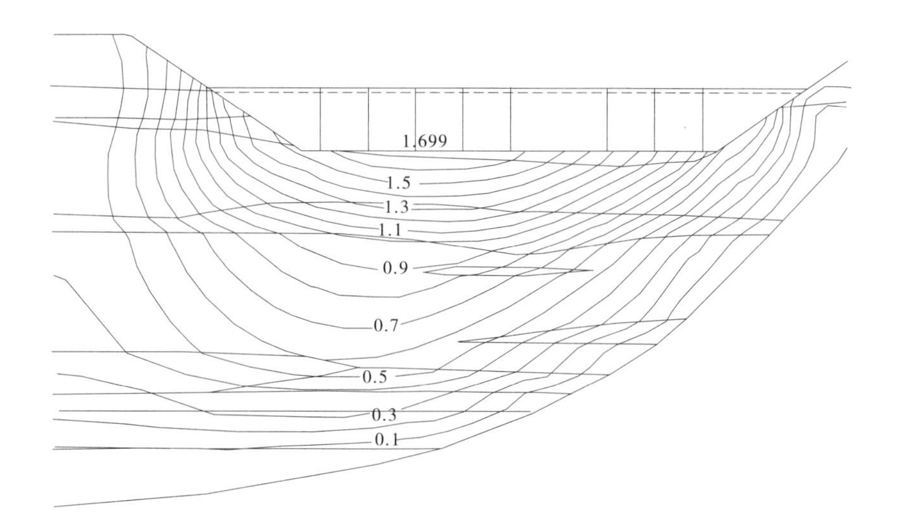

图 8-34　4—4′剖面沉降等值线　（单位：m）

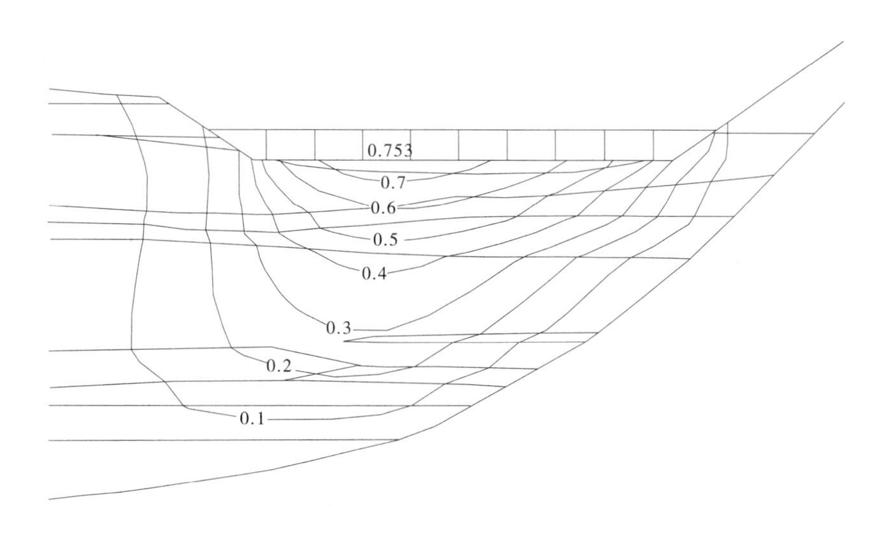

图 8-35　6—6′剖面沉降等值线　（单位：m）

在 2—2′、4—4′、6—6′剖面上，沉降最大发生在坝轴线剖面上，上游 2—2′剖面沉降量较小，下游 6—6′沉降量最小。由于左岸堆积物较右岸深厚，沉降最大值出现在大坝横剖面中部偏左岸的位置，并且左岸坝肩处沉降量比右岸的沉降量大。

3）两种方法结果对比

虽然两种方法判断出最大沉降发生在坝轴线处，上游坝体沉降量大于下游，最大沉降量为 1.699 m 左右。两种方法计算的各剖面沉降量大小有差异，最大沉降量相差约 0.396 m，这是由于数值模拟为理想状况，其压缩层为整个堆积物，故其计算所得沉降量较规范法所得的大。

进一步对比两种方法的优缺点,虽然规范推荐的分层总和法公式简单,便于理解和计算,但是其只能反映坝基平面上某一点的变形状况,不够全面。而数值模拟法模拟结果能够反映剖面上变形的连续变化情况,但模型的建立较为复杂,假定条件和所建模型均为理想状况,与实际情况有一定的差异。所以,对重大工程要通过多种计算方法进行综合计算和评价堆积物的沉降状况。

总体分析,虽然砂砾石复合坝基堆积物都不存在较大的不均匀沉降变形问题,但由于坝基右岸下伏基岩顶板沿坝轴线方向向河床(左岸方向)呈 40°斜坡状,且堆积物物质成分和结构不均匀,一定深度范围内大坝坝基存在“右硬左软”的特性。因此,可能导致坝基产生一定的不均匀沉降变形。

8.5 典型工程冰水堆积物主要工程地质问题评价实例

8.5.1 哇沿水库

8.5.1.1 坝基砂砾石沉降变形

哇沿水库坝基堆积物最大厚度 85 m,属于深厚冰水堆积物,岩性为砂砾石,粒径以砾石为主,干密度 1.84~2.20 g/cm^3,夹有不连续的砂层透镜体,砂层透镜体属于高压缩性土,第①层表部 10 m 稍密,10 m 以下到第②层均处于中等密实程度,作为坝基持力层,会产生沉降变形,由于结构不均一性,存在不均匀沉降变形问题。

河谷中基岩面形态起伏,坝基砾石层厚度不均一,厚度变化较大,一般为 28.6~84.4 m,因此在坝体填筑时有差异性沉降问题,对于砾石层,一般认为其沉降量在施工结束时将完成总沉降量的 80%以上,工后沉降量较小,对坝体稳定影响较小。

8.5.1.2 坝基深厚冰水堆积物渗漏及渗透稳定

哇沿水库坝基深厚冰水堆积物经水文地质试验判定透水性属于中等透水—强透水层,水库蓄水后存在坝基渗漏问题。在计算坝基渗漏量时,各层渗透系数取值为:第①层取 46.2 m/d,第②层取 17.8 m/d,第③层取 19.7 m/d,计算坝基渗漏总量 95 909 m^3/d。坝址区察汗乌苏河多年平均来水量为 345 600 m^3/s,坝基渗漏量占来水总量的 27.86%,渗透损失量较大,因此必须进行防渗处理。

根据《水利水电工程地质勘察规范》(GB 50487—2008)附录 G 土的渗透变形的判别,对钻孔 ZK09 全孔 12 组试样颗粒级配统计分析,P_c>25%占 2 组,P_c<25%占 9 组,细颗粒含量 P_c 判定砾石层渗透变形类型大多数属管涌型,少量属过渡型。

8.5.1.3 坝基砂土液化

根据钻孔揭露,在坝基砾石层中,分布有中粗砂、中细砂及粉细砂透镜体,厚度较小,一般为 10~20 cm,不连续。根据《水利水电工程地质勘察规范》(GB 50487—2008)附录 P 初判第 5 条进行判定,坝基砾石层中粉细砂夹层处实测剪切波速值均大于相应位置处的上限剪切波速,表 8-36 为河床 20 m 以上砂层透镜体分布位置及其液化判别表,判定砂层透镜体在Ⅶ度地震烈度下,不会发生地震液化。

表 8-36　河床 20 m 以上砂层透镜体分布位置及其液化判别表

钻孔编号	夹层位置(m)	厚度(m)	岩性	上限剪切波速(m/s)	实测剪切波速(m/s)	地震液化初判
ZK09-2	2.5~4.0	1.5	细砂透镜体	229	376	不液化
	11.6~11.8	0.2	中粗砂透镜体	414	521	不液化
	12.5~12.7	0.2	中粗砂透镜体	425	521	不液化
ZK09-3	7.7~7.9	0.2	粉细砂透镜体	349	422	不液化
	12.6~12.9	0.3	中细砂透镜体	428	500	不液化

8.5.1.4　抗滑稳定

坝基砾石层中分布中粗砂透镜体,厚度一般为 0.2~0.4 m,无成层状分布的软弱夹层,无顺层滑动问题。

综上所述,哇沿水库察汗乌苏河下游段,坝址处年平均流量为 4.07 m^3/s,河谷宽阔,堆积物深厚,地下水资源丰富,地区干旱少雨。对坝基堆积物工程特性研究中,采用 SM 植物胶护壁金刚石单动双管钻进取芯工艺,取原状样,取芯率达到 95%,分析研究了深厚冰水堆积物分布特征和物理力学特性,通过评价深厚冰水堆积物沉降变形、渗透稳定及砂土液化,认为哇沿水库对坝基堆积物主要工程地质问题通过工程处理,在深厚冰水堆积物上修建心墙堆石坝是可行的,可供类似工程参考。

8.5.1.5　深厚冰水堆积物建坝适宜性评价

哇沿水库坝基堆积物最大厚度为 85 m,属于深厚冰水堆积物,分为三层,颗粒以砾石为主,含泥量小于 10%,干密度为 1.84~2.2 g/cm^3,夹有不连续的粗砂透镜体,其密实程度随深度而增加,渗透性能自上而下变小,即强透水层—中等透水,坝基存在不均匀沉降变形及渗漏问题,适宜修建土石坝。

根据坝基堆积物工程性能,坝基防渗采用防渗墙处理。根据河北地质大学《青海省都兰县察汗乌苏河哇沿水库坝基渗漏量分析报告》的结论,当不设置防渗墙时,模拟渗漏量为 73 908 m^3/d;当防渗墙设置深度为 20 m 时,模拟渗漏量为 42 467 m^3/d;当防渗墙设置深度为 40 m 时,模拟渗漏量为 16 799 m^3/d;当防渗墙设置深度为 60 m 时,模拟渗漏量为 10 309 m^3/d。

由于坝基堆积物深厚,且具有一定渗透性,堆积物潜流较大,河道来水量小,为了减少坝基渗漏,设计将防渗墙置于基岩中。

8.5.2　黑泉水库

黑泉水库坝型为混凝土面板堆砂砾石坝,对地基地质条件要求较高。黑泉水库坝基冰水堆积物厚 20~35 m,成因复杂,分布广泛。深覆盖层处理是该工程的主要工程地质问题之一,在初设期间利用多种勘探手段,分析研究了坝基范围的工程地质特性。通过分析评价坝基范围内冰水堆积物的成因、工程特征,根据面板坝受力特征,提出了相应的处理措施。

8.5.2.1 冰水堆积物工程地质问题评价

(1)分布在坝基范围内不同成因的碎块石、碎块石土及细粒土,具有高压缩、强透水、低强度、稳定性差的特点,为不良地基土,不易作为坝基持力层,全部清除。清除后左右岸坡根均形成低于设计高程 2 793 m 的深槽,左岸深 3 m,右岸深 5~9 m,对深槽中水下部分用开炸石料回填,水上部分用基坑开挖料回填找平到设计高程,填筑标准为主堆区填筑设计标准。

(2)坝基漂卵石层表部架空结构层厚 2~3 m,强透水,低波速,存在不均匀沉陷和渗透稳定问题。根据混凝土面板堆砂砾石坝受力特点,经分析研究保留了坝轴线以下部分,挖除了坝轴线以上部分。坝轴线以上清基面高程为 2 792~2 793 m,坝轴线下游清基面高程为 2 793~2 794 m。

(3)河谷Ⅰ级阶地漂卵石层下部,厚 18~23 m,级配连续,不含连续成层的软弱夹层,天然干密度 γ_d = 2.05~2.37 g/cm^3,D_r = 0.46~0.9,属中等密实—紧密结构,渗透系数 $K=10^{-2}\sim10^{-3}$cm/s,属中等—强透水层,地震波速 v_p = 1 600~2 100 m/s,v_s = 890~950 m/s,压缩模量为 104~129 MPa,抗剪强度 $\varphi=41°\sim42°$。该层漂卵石层密实程度较高,稳定性较好,作为坝基持力层保留,坝体可直接坐落于该层之上。

8.5.2.2 工程应用效果评价

黑泉水库属于高坝大库,坝体断面大,坝基范围大,坝基覆盖层厚度大,成因复杂,为了查明其工程特性,前期做了大量勘探试验工作,取得了一定的成果。根据蓄水前坝体沉降观测,坝体最大沉降值为 412 mm,相应的沉降率为 0.448%,与设计三维计算结果相应最大沉降值 653.3 mm 相差较大,根据已有观测值推算工程竣工和蓄水后最大沉降值为 500 mm,小于大坝最终沉降量为最大坝高 1%的预计量。为高山峡谷,高寒、高海拔地区深厚冰水堆积物上修建面板砂砾石坝积累了经验。

8.5.3 哇洪水库

坝址河谷冰水堆积物主要为全新统砂砾石和上更新统泥质漂卵砾石,厚 37~49 m,上部为全新统冲洪积砂砾石,表层分布有粉土、粉细砂层,厚 13~15 m,夹有砂透镜体,结构松散—稍密;下部为上更新统泥质漂卵砾石层,厚 32~37 m,结构密实,微胶结。左岸山体基岩基本出露,坡根多为崩积块石、碎块土层,右岸山体被坡积物覆盖。坝址区河谷冰水堆积物为中等—强透水性,存在渗漏和渗透稳定问题,建议做垂直防渗。

第 9 章　冰水堆积物筑坝适宜性研究

9.1　冰水堆积物筑坝坝型适宜性

受地形地质条件的影响,尤其是受河床深厚冰水堆积物问题的制约,国内外许多大型水利水电工程不得不放弃重力坝、拱坝等高坝方案,而采用高土石坝、面板坝、闸坝等方案。

目前,我国已建、在建工程中,土石坝心墙或趾板直接置于堆积物上的最大坝已超过 110 m,九甸峡面板堆石坝最大坝高达 133 m,已建的察汗乌苏、九甸峡、苗家坝堆积物利用深度均超过了 40 m;西藏尼洋河闸坝及厂房高 52.0 m,建基面埋深 53~60 m,厂房基础持力层为含块石砂卵砾石层,以下 1~6 m 为中—细砂层,属于目前国内外领先水平。国外堆积物上面板堆石坝比较有代表性的是智利的 Santa Juana 坝和 Puclaro 坝,前者坝高 106 m,堆积物最大厚度 30 m;后者坝高 83 m,堆积物最大厚度 113 m。

冰水堆积物坝基的厚度、层次结构、组成物质及其性状特征等均是制约坝型选择的重要因素。冰水堆积物坝基对土石坝坝型的设计和施工均有着相应的影响和制约作用,均需在堆积物工程特性和主要工程地质问题的详细勘察论证后,才能提出坝型适宜性的评价及建议。

9.1.1　不同坝高对冰水堆积物的适宜性

根据目前已建、在建高坝坝基深厚冰水堆积物的利用和处理现状看,不同坝高对堆积物坝基要求如下:

高混凝土坝和超高(>200 m)土石坝坝基一般均放在基岩上,高土石坝或超高土石坝经详细论证后,当地材料坝部分坝基可放置在结构密实的$Ⅳ_1$级堆积物上。一般而言,深厚冰水堆积物坝基的坝型以心墙土石坝为主,因其适应性更好。

9.1.2　坝型对深厚冰水堆积物的适应性

高闸坝或中等高度的土石坝经适当工程处理其坝型可置于冰水堆积物上,低闸坝中低土石坝经处理后可利用冰水堆积物作为其坝基岩土体。

深厚冰水堆积物坝基条件常常是影响坝型比选的重要因素,坝基条件对坝体的设计和施工有着影响和制约的一面,但也不是唯一的限制条件,还与大坝的类型、自然环境条件、施工和运行条件等多种因素有关。不同坝型对堆积物的适应性要求如下:

(1)土石坝、低混凝土坝、闸坝等坝型,其持力层可放在深厚的堆积物上。

(2)高混凝土坝原则上挖除堆积物将坝基放于基岩上。

(3)高面板堆石坝趾板一般放在基岩上,经论证后可放在堆积物上。

(4)避免坝基中存在厚的粉细砂层、淤泥、软土层等特殊不良土层,经过处理后的堆积物坝基应满足变形、抗滑稳定、抗渗透和抗液化稳定等要求,同时坝基不应产生较大的震陷。

总体来说,堆积物坝基上的土心墙堆石坝适应变形能力较强,目前是深厚冰水堆积物上中、高坝的主要坝型。

9.1.3　不同深厚冰水堆积物对大坝规模适宜性

(1)以砂卵砾石层岩组为主的$Ⅳ_1$、$Ⅳ_2$级堆积物一般适合于修建高土石坝,但存在一些工程地质问题仍需要进一步分析研究。

(2)堆积物$Ⅳ_2$、$Ⅴ_1$级土体可满足低水头、中小型水利水电工程建基持力层的需要。大型土石坝或面板坝工程若要利用它,必须更深入地研究其物理力学性质指标,提出切合工程实际的处理方案和措施。

9.2　坝基冰水堆积物利用

冰水堆积物筑坝土体利用和持力层选择研究应充分依据土体物理力学特性,结合大坝结构特点综合考虑。一般认为堆积物沉积时代越早、埋深越大和在有上覆盖重情况下力学性能和抗渗性能有明显提高,这为堆积物筑坝土体利用和持力层选择提供了充分的技术支撑。

根据国内外堆积物筑坝土体利用经验,分闸坝、心墙堆石坝及混凝土面板堆石坝三种坝型提出了堆积物筑坝土体利用原则。

由于堆积物筑坝主要工程地质问题包括承载及变形、抗滑稳定、渗漏及渗透变形、砂层液化和软土震陷等问题。堆积物筑坝土体利用原则则从解决这些问题切入。下面从大坝持力层选择、软弱土体利用及不同工程地质问题处理措施等方面阐述堆积物土体利用原则。

9.2.1　堆积物上持力层选择原则

水利水电工程水工建筑物持力层一般置于粗粒土构成骨架的较密实的冰水堆积物土体上,其力学强度高,可满足高坝坝基承载及变形要求。持力层一定深度影响范围内不能有软弱土层如砂层及软土、淤泥质土等存在,软弱土体不能满足承载及变形要求时则需采取工程处理措施。不同的坝型持力层选择有所不同,同一种坝型不同部位也不完全相同。

9.2.1.1　**心墙坝**

不同坝高、不同部位持力层选择有所不同。对坝高超过 250 m 的土石坝,由于无成熟经验,一般挖除心墙、反滤、过渡部位的堆积物,其余部位坝基可置于粗颗粒为主、较密实的冰水堆积物土体上,表面 1~2 m 的粗粒土予以挖除,对坝基应力影响范围(一般小于 20~25 m,需经计算确定)内砂层及粉黏土层也予以挖除。

坝高 70~250 m 高心墙土石坝,持力层可置于以粗颗粒为主、力学强度较高的冰水堆积物土体上,心墙基底下一般需要进行 5 m 深的固结灌浆;表层 1~2 m 粗粒土予以挖除,对坝基应力影响范围(一般小于 15~20 m,需经计算确定)内砂层及粉黏土层也予以挖除。坝高 240 m 的长河坝水电站土体利用即如此。

坝高小于 70 m 的心墙土石坝,持力层可置于以粗颗粒为主的冰水堆积物力学强度较高的土体上,对坝基应力影响范围(一般小于 10~15 m,需经计算确定)内砂层及粉黏土层也予以挖除。

9.2.1.2　**面板堆石坝**

坝高小于 70 m 的面板堆石坝,堆积物中以粗颗粒为主的冰水堆积物土体基本满足坝基承载及变形要求,表面 1~2 m 表层粗粒土予以挖除,经论证趾板也可以置于堆积物上,通过防渗墙与趾板连接。

坝高大于 70 m 的面板堆石坝,持力层选择坝轴线以上与坝轴线以下有所不同。位于坝轴线至趾板间的堆积物,结构松散至较松散的崩坡积块碎石土必须予以清除,表部冲积漂卵砾石层结构较松散,不能满足坝基要求时应予以清除。结构密实—较密实的底部冲积、冰水堆积漂卵砾石层可作为坝基予以保留。坝基下存在软弱不良夹层如砂层、粉黏土层、淤泥质土层等予以挖除。目前尚无坝高超过 135 m 的面板坝趾板置于堆积物上经验,故对坝高超过 135 m 的面板坝趾板宜置于基岩上,坝高小于 135 m 的面板坝趾板经论证可置于堆积物上,通过防渗墙与基岩连接。坝轴线以下坝基堆积物要求可适当放松。可将崩坡积块碎石土及表层较松散的冲积漂卵砾石层清除即可,坝轴线下游坝基下软弱夹层如砂层、粉黏土层应予以挖除或采取工程处理措施,如采用振冲或灌浆方法进行处理,以增加坝基承载力和抗滑稳定,并消除砂土液化。

9.2.1.3　**闸坝**

闸坝坝基可置于以粗颗粒为主的力学强度较高的冰水堆积物土体上,对坝基应力影响范围(一般小于 10 m,需计算确定)内砂层及粉黏土层、淤泥质土层也予以挖除。

高闸坝(坝高>30 m)对坝基承载力要求较高,即使是以粗粒土为主的冰水堆积物土体,有些也不能满足要求,因此经承载及变形验算不能满足要求时,可进行固结灌浆。

9.2.2　坝基软弱土体利用与处理原则

坝基软弱土体一般存在承载力不足、变形较大、抗剪强度不足,部分存在砂土液化和软土震陷等工程地质问题,大部分软弱土体具有渗透系数小、抗渗性能较好的特点。不同坝型、不同坝高甚至不同部位坝基软弱土体利用及处理有所不同。

9.2.2.1　**心墙坝**

坝高超过 250 m 时,由于心墙、反滤及过渡部位堆积物被挖除,其余部位坝基砂层及粉黏土层如埋深浅(一般小于 15~20 m),则可予以挖除。如埋深较深、挖除困难,经抗滑、抗液化、沉降验算满足要求时可采用增加压重的处理方式以增加其抗滑、抗液化等性能;否则须增加抗液化措施,如振动碎石桩、高压旋喷等处理方法。

坝高 70~250 m 的土石坝对埋深较浅的砂层可进行挖除及置换处理,对位于持力层以下深度超过 20 m 的砂层经抗滑、抗液化、沉降验算满足要求时可不做处理;否则需采取设置压重区、振动碎石桩、高压旋喷等处理方法。

坝高小于 70 m 的心墙土石坝,对埋深较浅的砂层可进行挖除及置换处理。对位于持力层以下深度超过 10 m 的砂层经抗滑、抗液化、沉降验算满足要求时可不做处理；否则需采取设置压重区、振动碎石桩、高压旋喷等处理方法。

在渗透稳定及渗透量计算时可选择分布连续且具有一定厚度的细粒土作为坝高小于 70 m 的心墙坝基防渗依托层。

9.2.2.2 面板堆石坝

坝高小于 70 m 的面板堆石坝，坝基软弱土体埋深较浅时，应予以清除或采取加固措施；埋深较深时，经论证对坝体变形、抗滑、抗液化稳定影响不大时可不进行处理或采用增加压重等处理措施。如单纯增加压重方式不能满足，则需采取增加振动碎石桩、高压旋喷等处理方法。

坝高大于 70 m 的面板堆石坝，坝轴线至趾板间堆积物坝基下软弱坝基如砂层、粉黏土层等应予以挖除，坝轴线下游坝基下软弱坝基如砂层、粉黏土层等应予以挖除或采取工程处理措施，如采用振冲或灌浆等处理方法，以增加坝基承载力和抗滑稳定并消除砂土液化。

9.2.2.3 闸坝

砂层、粉质黏土层等软弱坝的力学性能较差，存在承载力不足、液化、抗滑稳定差等工程地质问题。可采取置换(埋深浅)、振冲碎石桩等处理措施。如软弱坝基位于闸坝轴线下游，则振冲碎石桩桩体填料需为起反滤保护作用的级配填料。对埋深较深的软弱坝基，经计算对闸坝坝基抗滑稳定、抗液化、沉降变形影响不大时可不作处理。

冰水堆积物建闸坝，可选分布连续且具有一定厚度的细粒土作为防渗依托层，其垂直防渗深入到防渗依托层一定深度即可，可采用悬挂式防渗墙。如西藏多布水电站，就是将防渗依托层置于相对不透水的黏土层上。如果防渗依托层分布于坝基表部，也可采用水平铺盖为主形式防渗，以充分利用浅表细粒土防渗层，如太平驿水电站即采用水平铺盖为主结合浅齿糟的闸基防渗方案。

9.2.3 堆积物坝基渗漏及渗透变形处理原则

粗粒土一般渗透系数大、抗渗性能差，存在渗透及渗透变形问题。细粒土则一般渗透系数小，抗渗性能较好。堆积物坝基防渗处理可根据堆积物土体特点、坝型、坝高等采取不同的处理方案。

9.2.3.1 心墙坝

坝高超过 250 m 时，由于心墙部位堆积物挖除，不存在堆积物坝基渗漏及渗透变形问题。

坝高 150~250 m 的土石坝，一般采取两道全封闭防渗墙+墙下帷幕灌浆进行防渗，坝轴线下游河床堆积物设水平反滤层以增加抗渗性能。

坝高 70~150 m 高心墙土石坝一般采取一道全封闭防渗墙+墙下帷幕灌浆进行防渗，当下伏堆积物为 Q_3 及以前形成的，且存在弱胶结及抗渗性能较好时，经计算也可采用悬挂式防渗处理。坝轴线下游河床堆积物设水平反滤层以增加抗渗性能。

坝高小于 70 m 的心墙土石坝，一般采取一道全封闭防渗墙+墙下帷幕灌浆进行防渗，经抗渗计算满足要求时可采用悬挂式，坝轴线下游河床堆积物设水平反滤层以增加抗渗性能。

9.2.3.2　面板坝

对坝高小于 135 m 的面板堆石坝,可采用防渗墙防渗,趾板坐落在堆积物上,防渗墙与趾板采用连接板连接。坝高大于 135 m 的面板堆石坝,由于成熟工程经验不够,原则上将趾板处堆积物挖除。

9.2.3.3　闸坝

深厚冰水堆积物闸坝根据渗透稳定及渗透量计算一般可采取悬挂式防渗,可选分布连续且具有一定厚度的细粒土作为防渗依托层。当闸坝坝基下部无连续分布且具有一定厚度的细粒土层时,根据渗透稳定及渗透量计算可选取晚更新世(Q_3)冰积漂(块)卵石层作为防渗依托层。该层虽为粗粒土层,但由于其一般埋深深、形成时代较早、结构较密实,经现场试验证实其抗渗性一般较好。如小天都、冷竹关水电站等即以该层作为防渗依托层,采用悬挂式防渗墙,安全运行多年。

堆积物在埋深较大及与上覆土层联合防渗或有反滤保护作用下其抗渗性能有大幅提高。在有试验论证的情况下,可提高下伏一定深度粗粒土层抗渗性能指标,以减少悬挂式防渗深度,充分利用闸坝基土体,节约工期及降低造价。

9.3　香日德水库冰水堆积物建坝的适宜性

香日德水库位于都兰县香日德镇沟里乡境内,水库距都兰县约 90 km,距省会西宁市约 510 km,有公路可达坝址区,交通便利。

水库正常蓄水位 3 502 m,设计库容 1.26 亿 m^3,为大 2 型水利工程,大坝建筑物级别为 2 级,主要建筑物为 3 级,临时建筑物为 4 级。水库由大坝、溢洪道、放水洞、导流洞及上游围堰组成。大坝拟定为沥青混凝土心墙堆石坝,设计坝高 75.8 m,坝顶高程 3 507.8 m。溢洪道布置在左岸,为开敞式驼峰堰,堰顶高程 3 502 m,宽 16 m,钢筋混凝土结构,最大泄洪流量 264.4 m^3/s。放水洞、导流洞布置在右岸,放水洞为圆形洞,洞径 2 m;导流洞为城门洞形,高宽均 6 m。上游围堰距坝址约 300 m,堰高 18.5 m,堰顶高程 3 455.3 m。

9.3.1　区域地质背景

9.3.1.1　区域构造稳定性

香日德水库在大地构造上属柴达木准地台—东昆仑北坡断隆,该区 50 年超越概率 10%的地震动峰值加速度为 0.20g,对应的地震基本烈度为Ⅷ度。根据区域构造稳定性四分体系分级,属区域构造稳定性较差区。

9.3.1.2　冻土

受青藏高原隆起形成的特殊地形地貌和严酷气候条件的共同影响,区内冻土分布广泛,按冻土结构在年内及年间的变化特点,可分为季节性冻土和中纬度高海拔型多年冻土(岩),季节性冻土全区内均有分布,而多年冻土在盆地、河谷周边地势高亢的山区大面积分布。根据相关资料,区内香日德镇的季节性冻土冻结深度为 1.84 m。

冻结层上水主要分布在海拔 3 800 m 以上的中山、中高山区,有基岩冻结层上水和松散岩类冻结层上水三两种类型。基岩冻结层上水分布于基岩裂隙及构造破碎带中,分布高程 4 000~4 300 m,为高山区山顶的岛状多年冻土区,含水层岩性为寒武系变质岩以及华力西期侵入岩,含水层厚度受季节性融化深度控制,主要受大气降水补给,矿化度较低,水质较好。

松散岩类冻结层上水分布于 3 800 m 以上夷平面残坡积碎块石层中,地下水分布不均匀,含水层厚度变化较大,受大气降水或冻结层上水补给。冻结层上水受季节影响,水量随季节变化,一般在 5~10 月气温升高,水量增大,而 11 月至翌年 4 月全部冻结。

9.3.2 冰水堆积物工程地质特性

冰水堆积物主要分布在河谷,岩性为冲洪积砾石层,透水性较大,厚 50~98 m。根据时代及成因的不同,可将区内第四系地层分为三种:中更新统(Q_2)、上更新统—全新统(Q_{3-4})和全新统(Q_4)。

9.3.2.1 中更新统冰(Q_2)

中更新统冰水堆积物(Q_2^{gl})为一套浅黄色—褐黄色的含泥砾砂卵石,砾石粒径 6~10 cm,含漂砾,漂砾直径可达 1.5 m,泥质充填,分选较差,砾石不具磨圆度,成分以花岗岩为主,该层厚度 25~35 m。

9.3.2.2 上更新统—全新统(Q_{3-4})

1. 冰碛-冰水堆积(Q_{3-4}^{gl+fgl})

冰碛-冰水堆积(Q_{3-4}^{gl-fgl})主要分布于歇马里昂河及察汗乌苏河上游,地貌上形成平缓的高台地地形,垄岗地形,山前可见冰碛碎石及砾石,为未经分选磨圆的岩块,具棱角状,在河谷平原及高阶地其岩性为褐—棕黄色砂土及砾石层,砾石成分复杂,粒径一般数厘米,磨圆好,略具层理,厚 5~30 m。

2. 上更新统冲洪积物(Q_3^{al+pl})

岩性为冲洪积砂砾石,青灰色为主,局部为浅红色,一般粒径 0.5~2 cm,最大 50 cm 左右,具明显的水平层理,夹粉砂夹层、中粗砂夹层或透镜体,夹层及透镜体厚度较大,一般厚度 0.2~1.5 m,最大可达 6 m。砾石层分选较好,大小粒径分层分序出现,级配较差。砂砾石基本无胶结,仅局部为轻微的泥质胶结。根据钻孔 ZK2、ZK3 揭露,上更新统砾石层埋深 25~35 m,钻孔控制深度内厚度为 20~25 m,加上沟道两岸未剥蚀的残留阶地,总厚度达 65 m。

3. 冲洪积(Q_{3-4}^{al+pl})

冲洪积(Q_{3-4}^{al+pl})为古河床堆积,主要分布在托索河南北两岸,为一套灰黄—灰色砾石、碎石及亚砂土。砾石成分复杂,分选性差,成岩作用不强,厚度大于 40 m。

9.3.2.3 全新统(Q_4)

1. 湖积(Q_4^l)

湖积(Q_4^l)分布于现代湖泊滨岸地区,为青灰—灰褐色淤泥、亚砂土,富含有机质,略具分选性,厚 5~10 m。

2. 冲洪积(Q_4^{al+pl})

冲洪积(Q_4^{al+pl})主要分布在托索河现代河床,为现代河流冲洪积堆积,岩性为砾石、碎石、砂及亚砂土等,无分选型,厚15~40 m。根据钻孔ZK2、ZK3揭露,厚35 m左右,结构松散,无胶结。

9.3.3　冰水堆积物物理力学性质

坝址区冰水堆积物主要分布在河谷段,根据时代成因的不同,可分为3种:从上到下依次为第四系全新统冲洪积砂砾石(Q_4^{al+pl})、第四系上更新统冲洪积砂砾石(Q_3^{al+pl})和第四系中更新统冰水堆积含泥砾砂卵石(Q_2^{gl})。

9.3.3.1　第四系全新统冲洪积砂砾石(Q_4^{al+pl})

第四系全新统冲洪积砂砾石(Q_4^{al+pl})分布于坝址河谷,青灰—灰白色,一般粒径1~3 cm,最大0.7 m,粗砂或粉砂充填,分选较差,级配良好,磨圆较好,砾石多呈圆状—次圆状,岩性以砂岩、灰岩、石英岩以及火成岩类为主。根据颗分试验(见表9-1),其组成为粒径>60 mm的颗粒含量占0~15.5%,平均为6.8%;2~60 mm的颗粒含量63.0%~76.4%,平均为70.8%;0.075~2 mm的颗粒含量占16.2%~19.5%,平均为17.9%;粒径<0.075 mm的颗粒含量为3.8%~5.1%,平均为4.5%;不均匀系数为78.78~111.58,平均为94.24;曲率系数为3.99~8.01,平均为5.56;土体分类为级配不良砾,颗粒大小级配良好(颗分曲线见图9-1)。

表9-1　全新统冲洪积砾石颗分试验成果

室内编号	野外编号	土壤分类	颗粒级配										含泥量(%)
			颗粒组成(%)				d_{60}(mm)	d_{50}(mm)	d_{30}(mm)	d_{10}(mm)	不均匀系数	曲率系数	
			卵石	砾石	砂粒	细粒							
			>60	2~60	0.075~2	<0.075							
2015-866	KF2-1	级配不良砾	6.7	72.5	16.4	4.4	20.236	14.254	5.221	0.189	107.31	7.14	4.4
2015-867	KF2-2	级配不良砾	4.3	74.4	16.2	5.1	18.386	12.968	5.058	0.174	105.8	8.01	5.1
2015-868	KF2-3	级配不良砾	8.3	67.5	19.5	4.7	13.517	9.217	2.967	0.163	82.82	3.99	4.7
2015-869	KF2-4	级配不良砾	0.0	76.4	19.1	4.5	13.519	9.862	3.175	0.172	78.78	4.35	4.5
2015-870	KF2-5	卵石混合土	15.5	63.0	16.9	4.6	20.425	12.666	4.317	0.183	111.58	4.99	4.6
2015-871	KF2-6	级配不良砾	6.2	70.6	19.4	3.8	14.473	10.293	3.597	0.183	79.17	4.89	3.8
平均值	(4)	—	6.8	70.8	17.9	4.5	16.759	11.543	4.056	0.177	94.24	5.56	4.5
最大值	—	—	15.5	76.4	19.5	5.1	20.425	14.254	5.221	0.189	111.58	8.01	5.1
最小值	—	—	0.0	63.0	16.2	3.8	13.517	9.217	2.967	0.163	78.78	3.99	3.8

根据钻孔ZK2、ZK3中的动力触探试验($N_{63.5}$)(见表9-2),杆长修正后的击数为8~22击,钻孔ZK2中平均击数为14击,ZK3中平均击数为15击,整体呈中密状态,10 m以下呈密实状态。

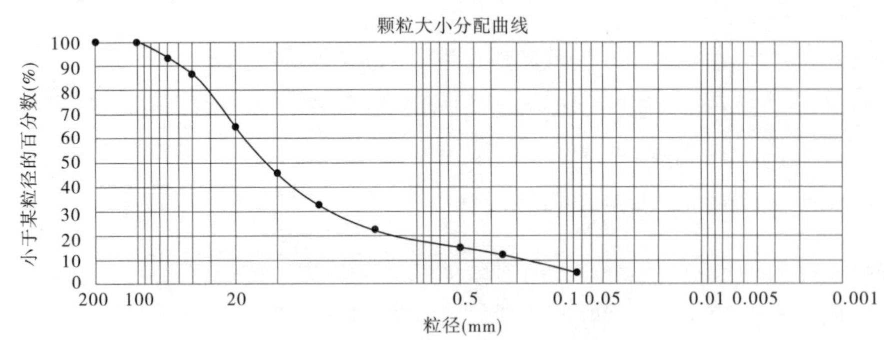

图 9-1　全新统冲洪积砾石颗分曲线图

表 9-2　全新统冲洪积砾石动探试验成果

钻孔编号	岩性	试验深度	平均击数(修正后)	密实度	钻孔编号	岩性	试验深度	平均击数(修正后)	密实度
ZK2	砾石	1.5~1.8	10	稍密	ZK3	砾石	1.5~1.8	8	稍密
		3.0~3.3	12	中密			3.0~3.3	9	稍密
		4.5~4.8	10	稍密			4.5~4.8	12	中密
		6.0~6.3	14	中密			6.0~6.3	18	中密
		7.5~7.8	16	中密			7.5~7.8	20	中密
		9.0~9.3	17	中密			9.0~9.3	19	中密
		10.5~10.8	22	密实			10.5~10.8	21	密实

根据对坝址河谷段砾石的天然密度及渗透试验成果(见表 9-3),砾石天然密度为 2.10~2.22 g/cm^3,平均为 2.14 g/cm^3;天然含水率 1.5%~3.2%,平均为 2.4%;天然干密度 2.05~2.15 g/cm^3,平均为 2.09 g/cm^3;渗透系数为 8.8×10^{-3}~8.6×10^{-2} cm/s,平均为 4.9×10^{-2} cm/s。另根据钻孔 ZK2 和 ZK3 中的注水试验成果(见表 9-4),第四系全新统冲洪积砂砾石渗透系数为 1.8×10^{-3}~9.6×10^{-2} cm/s,平均为 2.73×10^{-2}cm/s。从试验数据看,该套砂砾石的渗透系数随深度的增加,变幅较小。

9.3.3.2　第四系上更新统冲洪积砂砾石(Q_3^{al+pl})

第四系上更新统冲洪积砾石层为古河道沉积,上部多被全新统冲洪积砾石层覆盖,埋深较大。砂砾石呈青灰色—浅红色,一般粒径 0.5~2 cm,最大 50 cm 左右,具水平层理,分布夹层或透镜体,砾石岩性主要为砂岩及石英岩类。根据对第四系上更新统冲洪积砂砾石的颗分试验(见表 9-5),其组成为粒径>60 mm 的颗粒含量 4.5%~25.5%,平均为 13.3%;2~60 mm 的颗粒含量 44.5%~65.9%,平均为 51.7%;0.075~2 mm 的颗粒含量为 16.6%~37.7%,平均为 26.0%;粒径<0.075 mm 的颗粒含量为 5.5%~12.3%,平均为 9.0%;不均匀系数 51.64~199.41,平均为 143.74;曲率系数 0.67~4.68,平均为 2.24;土体分类多样,有卵石混合土、级配不良砾或级配良好砾等,颗粒大小级配较差(颗分曲线见图 9-2)。

表 9-3　全新统冲洪积砾石天然密度及渗透试验成果

编号	试验地点	岩性	试验方式	试验水头(m)	天然密度(g/cm^3)	天然含水率(%)	天然干密度(g/cm^3)	渗透系数(cm/s)	透水性等级
1	河谷	冲洪积砂砾石	大坑抽水	0. 30	2. 14	2. 8	2. 08	4.8×10^{-2}	强透水
2	河谷	冲洪积砂砾石	大坑抽水	0. 25	2. 22	3. 2	2. 15	8.6×10^{-2}	强透水
3	河谷	冲洪积砂砾石	大坑抽水	0. 35	2. 10	2. 4	2. 05	9.3×10^{-3}	中等透水
4	河谷	冲洪积砂砾石	大坑抽水	0. 20	2. 10	1. 5	2. 07	8.8×10^{-3}	中等透水
5	河谷	冲洪积砂砾石	大坑抽水	0. 33	2. 12	1. 6	2. 09	6.6×10^{-3}	中等透水
6	河谷	冲洪积砾砾石	大坑抽水	0. 25	2. 18	2. 8	2. 12	7.8×10^{-2}	强透水
最大值	—	—	—	0. 35	2. 22	3. 2	2. 15	8.6×10^{-2}	强透水
最小值	—	—	—	0. 20	2. 10	1. 5	2. 05	8.8×10^{-3}	中等透水
平均值	—	—	—	0. 28	2. 14	2. 4	2. 09	4.9×10^{-2}	中等透水

表 9-4　全新统冲洪积砾石天然密度及注水试验成果

钻孔编号	试验段长(m)	渗透系数(cm/s)	钻孔编号	试验段长(m)	渗透系数(cm/s)
ZK2	1. 5~5. 2	2.8×10^{-2}	ZK3	1. 0~5. 1	7.5×10^{-3}
	5. 0~9. 7	4.6×10^{-2}		5. 0~9. 8	9.6×10^{-2}
	9. 2~15. 8	1.8×10^{-3}		9. 4~15. 8	4.8×10^{-2}
	15. 3~20. 0	3.2×10^{-2}		15. 5~20. 3	3.6×10^{-3}
	19. 5~25. 0	5.6×10^{-3}		20. 0~24. 8	8.5×10^{-3}
	24. 5~29. 7	4.4×10^{-3}		24. 5~29. 3	7.6×10^{-2}
	29. 3~35. 4	2.1×10^{-2}		29. 0~35. 3	3.1×10^{-3}

该套地层夹层及透镜体分布密度较大,本次对其进行了颗分试验(见表 9-6),组成为粒径>60 mm 的颗粒含量 0~8. 6%,平均为 3. 6%;2~60 mm 的颗粒含量 33. 8%~79. 6%,平均为 54. 7%;0. 075~2 mm 的颗粒含量为 15. 9%~62. 2%,平均为 37. 2%;粒径<0. 075 mm 的颗粒含量为 3. 5%~5. 4%,平均为 4. 5%;不均匀系数为 12. 95~33. 51,平均为 22. 36;曲率系数 0. 98~2. 47,平均为 1. 64;土体分类主要为继配良好砾,但 6 组样品的平均颗分曲线连续性较差(见图 9-3)。

表 9-5　第四系上更新统冰水堆积物颗分试验成果

室内编号	野外编号	土壤分类	颗粒级配 颗粒组成(%) 卵石 >60 mm	 砾石 2~60 mm	 砂粒 0.075~2 mm	 细粒 <0.075 mm	 d_{60} (mm)	 d_{50} (mm)	 d_{30} (mm)	 d_{10} (mm)	 不均匀系数	 曲率系数	含泥量 (%)
2015-860	KF1-1	卵石混合土	25.5	49.3	16.6	8.6	20.000	11.487	3.065	0.100	199.41	4.68	8.6
2015-861	KF1-2	级配不良砾	4.5	52.3	37.7	5.5	7.071	3.333	0.807	0.137	51.64	0.67	5.5
2015-862	KF1-3	卵石混合土	18.7	44.5	26.5	10.3	13.713	6.095	0.977	0.070	195.9	0.99	10.3
2015-863	KF1-4	级配不良砾	10.8	46.1	30.8	12.3	6.223	3.162	0.663	0.058	107.29	1.22	12.3
2015-864	KF1-5	级配不良砾	12.4	52.0	25.4	10.2	12.217	6.356	1.026	0.070	174.53	1.23	10.2
2015-865	KF1-6	级配不良砾	8.1	65.9	18.8	7.2	15.050	10.362	2.806	0.113	133.68	4.65	7.2
平均值	(3)	—	13.3	51.7	26.0	9.0	12.379	6.799	1.557	0.091	143.74	2.24	9.0
最大值	—	—	25.5	65.9	37.7	12.3	20.000	11.487	3.065	0.137	199.41	4.68	12.3
最小值	—	—	4.5	44.5	16.6	5.5	6.223	3.162	0.663	0.058	51.64	0.67	5.5

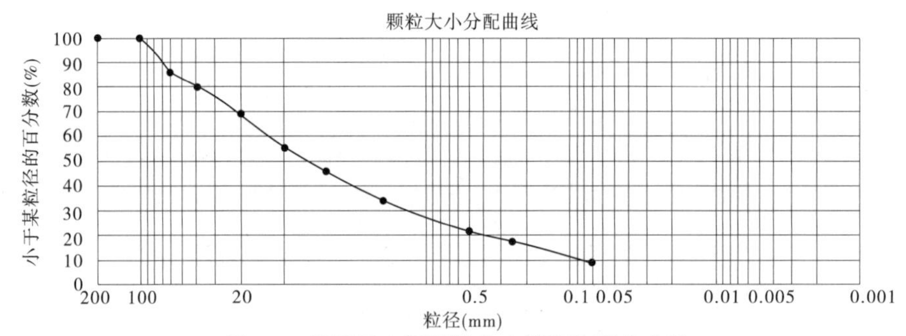

图 9-2　第四系上更新统冰水堆积物颗分曲线

表 9-6　第四系上更新统冰水堆积物透镜体颗分试验成果

室内编号	野外编号	土壤分类	颗粒级配 颗粒组成(%) 卵石 >60 mm	 砾石 2~60 mm	 砂粒 0.075~2 mm	 细粒 <0.075 mm	 d_{60} (mm)	 d_{50} (mm)	 d_{30} (mm)	 d_{10} (mm)	 不均匀系数	 曲率系数	含泥量 (%)
2015-872	KF3-1	级配不良砂	2.7	46.6	47.2	3.5	3.236	1.938	0.714	0.160	20.23	0.98	3.5
2015-873	KF3-2	级配良好砾	8.6	44.9	42.1	4.4	3.570	2.320	0.955	0.197	18.10	1.29	4.4
2015-874	KF3-3	级配良好砾	0	33.8	62.2	4.0	1.586	1.091	0.516	0.122	12.95	1.37	4.0
2015-875	KF3-4	级配良好砾	8.1	48.5	38.0	5.4	5.000	2.881	0.987	0.149	33.51	1.31	5.4
2015-876	KF3-5	级配良好砾	1.9	74.9	17.8	5.4	9.041	6.535	2.807	0.362	24.95	2.40	5.4
2015-877	KF3-6	级配良好砾	0	79.6	15.9	4.5	11.206	8.265	3.562	0.459	24.44	2.47	4.5
平均值	(3)	—	3.6	54.7	37.2	4.5	5.607	3.838	1.590	0.242	22.36	1.64	4.5
最大值	—	—	8.6	79.6	62.2	5.4	11.206	8.265	3.562	0.459	33.51	2.47	5.4
最小值	—	—	0	33.8	15.9	3.5	1.586	1.091	0.516	0.122	12.95	0.98	3.5

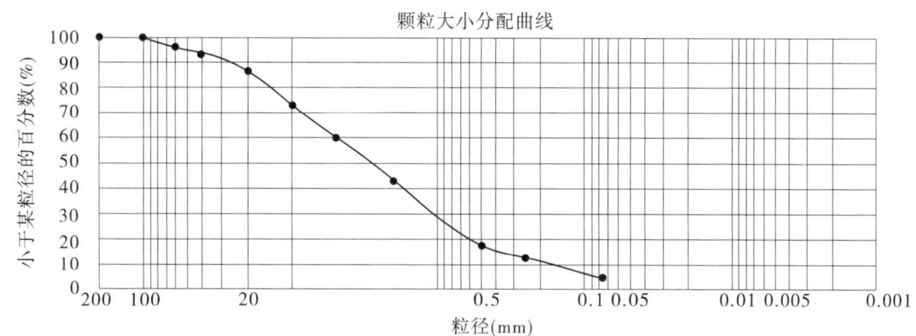

图9-3　第四系上更新统冲洪积砾石透镜体颗分曲线图

根据对第四系上更新统冲洪积砂砾石的天然密度及渗透试验(见表9-7),砾石天然密度为2.18~2.27 g/cm^3,平均为2.22 g/cm^3;天然含水率0.9%~2.1%,平均为1.5%;天然干密度为2.15~2.24 g/cm^3,平均为2.19 g/cm^3;渗透系数为2.1×10^{-3}~3.1×10^{-2}cm/s,平均为1.3×10^{-2} cm/s。

表9-7　第四系上更新统冰水堆积物天然密度及渗透试验成果

编号	试验地点	岩性	试验方式	试验水头(m)	天然密度(g/cm^3)	天然含水率(%)	天然干密度(g/cm^3)	渗透系数(cm/s)	透水性等级
1	河谷	冲洪积砂砾石	试坑注水	0.15	2.18	1.4	2.15	2.3×10^{-2}	强透水
2	河谷	冲洪积砂砾石	试坑注水	0.20	2.21	1.6	2.18	4.9×10^{-3}	中等透水
3	河谷	冲洪积砂砾石	试坑注水	0.18	2.19	0.9	2.17	7.8×10^{-3}	中等透水
4	河谷	冲洪积砂砾石	试坑注水	0.22	2.23	1.5	2.20	6.5×10^{-3}	中等透水
5	河谷	冲洪积砂砾石	试坑注水	0.17	2.27	1.4	2.24	3.1×10^{-2}	强透水
6	河谷	冲洪积砂砾石	试坑注水	0.23	2.24	2.1	2.19	2.1×10^{-3}	中等透水
平均值	—	—	—	0.19	2.22	1.5	2.19	1.3×10^{-2}	强透水
最大值	—	—	—	0.23	2.27	2.1	2.24	3.1×10^{-2}	强透水
最小值	—	—	—	0.15	2.18	0.9	2.15	2.1×10^{-3}	中等透水

根据对夹层及透镜体的天然密度及渗透试验成果(见表9-8),天然密度为1.98~2.10 g/cm^3,平均为2.06 g/cm^3;天然含水率为0.7%~2.1%,平均为1.2%;天然干密度1.96~2.08 g/cm^3,平均为2.03 g/cm^3;渗透系数为8.9×10^{-4}~1.5×10^{-2} cm/s,平均为8.3×10^{-3} cm/s。

另根据钻孔ZK2和ZK3中的注水试验成果(见表9-9),第四系上更新统冲洪积砂砾石渗透系数为4.2×10^{-4}~2.0×10^{-2} cm/s,平均为7.98×10^{-3}cm/s。从试验数据看,砂砾石渗透系数与夹层或透镜体的差异较小,且随深度的增加,变幅不大。

表 9-8　第四系上更新统冰水堆积物夹层或透镜体天然密度及渗透试验成果

编号	试验地点	岩性	试验方式	试验水头(m)	天然密度(g/cm^3)	天然含水率(%)	天然干密度(g/cm^3)	渗透系数(cm/s)	透水性等级
1	河谷	粗砂、砾石夹层	试坑注水	0.10	2.10	0.8	2.08	3.8×10^{-3}	中等透水
2	河谷	中砂透镜体	试坑注水	0.10	2.07	1.2	2.05	7.2×10^{-3}	中等透水
3	河谷	粗砂透镜体	试坑注水	0.12	2.03	0.7	2.02	1.5×10^{-2}	强透水
4	河谷	粗砂、砾石夹层	试坑注水	0.13	2.08	0.9	2.06	8.9×10^{-4}	中等透水
5	河谷	粗砂透镜体	试坑注水	0.10	1.98	1.2	1.96	3.3×10^{-3}	中等透水
6	河谷	粗砂透镜体	试坑注水	0.12	2.10	1.6	2.07	1.4×10^{-2}	强透水
7	河谷	粗砂透镜体	试坑注水	0.10	2.02	2.1	1.98	5.8×10^{-3}	中等透水
平均值	—	—	—	0.11	2.06	1.2	2.03	8.3×10^{-3}	中等透水
最大值	—	—	—	0.13	2.10	2.1	2.08	1.5×10^{-2}	强透水
最小值	—	—	—	0.10	1.98	0.7	1.96	8.9×10^{-4}	中等透水

表 9-9　第四系上更新统冰水堆积物钻孔注水试验成果

钻孔编号	试验段长(m)	渗透系数(cm/s)	钻孔编号	试验段长(m)	渗透系数(cm/s)
ZK2	29.3~35.4	2.0×10^{-2}	ZK3	35.0~39.8	1.3×10^{-3}
	35.0~40.4	9.2×10^{-3}		39.5~45.67	4.2×10^{-4}

9.3.3.3　第四系中更新统冰水堆积含泥砾砂卵石(Q_2^{gl})

该套地层分布在托素河河谷冰水堆积物的最底部,钻孔揭露深度内的埋深为 65~70 m,厚 25~35 m。工程区周边无出露点,加上埋深较大,了解其物理力学性质较为困难。

根据钻孔岩芯及区域地质资料,第四系中更新统冰水堆积物含泥砾砂卵石呈浅黄色—褐黄色,卵砾石一般粒径 6~10 mm,无磨圆,泥质充填,含漂砾,从钻孔 ZK2 岩芯看,漂砾粒径 1.5 m 左右,岩性为花岗岩类。

9.3.3.4　冰水堆积物物理力学参数建议值

根据试验结果,结合工程地质类比,将冰水堆积物物理力学参数建议值统计见表 9-10。

表 9-10　冰水堆积物物理力学参数建议值统计

岩性	干密度(g/cm^3)	抗剪强度		渗透系数(cm/s)	承载力(kPa)	变形模量(MPa)
		c(kPa)	φ(°)			
全新统冲洪积砂砾石	2.15	0	36	1×10^{-2}	340	23
上更新统冲洪积砂砾石	2.03~2.19	0	33~37	$10^{-2}\sim10^{-3}$	380	26
上更新统冰水堆积含泥砾卵砾石	2.22	10	38	$10^{-3}\sim10^{-4}$	400	28

注:上更新统冲洪积小值为透镜体参数建议值。

9.3.4　冰水堆积物主要工程地质问题及评价

坝址区冰水堆积物主要工程地质问题有坝基渗漏及渗透变形问题、地震液化问题等。

9.3.4.1　坝基渗漏及渗透变形问题

坝址不同时代的砂砾石沉积厚度达98 m,除最底部的第四系上更新统冰水堆积含泥砾砂卵石透水性为弱透水—中等透水外,其余均为中等透水—强透水,因此坝基冰水堆积物的渗漏问题较为突出。

1. 冰水堆积物渗漏问题

根据钻孔揭露,砾石层呈浅红—青灰色,一般为粉砂充填,分选较好,级配较差,含泥量较小。根据孔内抽水试验及现场渗水试验,渗透系数为 10^{-2}~10^{-1} cm/s,属中等—强透水。在不防渗的条件下存在较为严重的渗漏问题,渗透变形以管涌为主。

2. 渗透稳定性评价

根据钻孔揭露,第四系上更新统冰水堆积含泥砾砂卵石埋深较大,对其渗透稳定性不做评价。

根据第四系全新统冲洪积砂砾石和上更新统冲洪积砂砾石的颗分试验成果及颗分曲线。其可能产生的渗透破坏形式统计见表9-11。

表9-11　坝基砂砾石渗透破坏类型评价

土体名称	不均匀系数	区分粒径 d (mm)	细颗粒含量 P_c (%)	渗透变形类型	允许水力坡度
第四系全新统冲洪积砂砾石	5.56	2.01	24.3	管涌	0.14~0.16
第四系上更新统冲洪积砂砾石	143.74	1.3	27.4	过渡性	0.18~0.20
砾石或粗砂夹层、透镜体	22.36	0.4	16.5	管涌	0.12~0.14

9.3.4.2　地震液化问题

河谷段第四系全新统冲洪积砂砾石层厚30~50 m,具水平层理,分选较好,级配较差,多分布有细颗粒的粉砂夹层或泥质、粉砂质透镜体,夹层及透镜体厚1~3 m,最大可达9 m,该类土体存在地震液化问题。

根据颗分曲线,第四系全新统冲洪积砂砾石(Q_4^{al+pl})粒径小于5 mm的颗粒含量为24%,第四系上更新统冲洪积砂砾石(Q_3^{al+pl})小于5 mm的颗粒含量为28%,根据《水利水电工程地质勘察规范》(GB 50487—2008)的判定标准,小于5 mm的颗粒含量均小于30%,为不液化土层。另根据第四系上更新统冲洪积砂砾石(Q_3^{al+pl})中夹层或透镜体的颗分曲线,小于5 mm的颗粒含量为51%,大于30%、小于0.005 mm的颗粒含量为0,且土层均在地下水位以下,因此该层土初判为地震液化土。

9.3.5　坝型选择

(1)坝址河谷深切,两岸山体高大陡峻,从地形条件看,大多数坝型均可修建。

(2)河谷冰水堆积物为冲洪积砾石层,透水性为强透水,厚度较大,全部清除的可能性不大,只能利用冰水堆积物作为坝基。根据河谷冰水堆积物特性,适宜修建低混凝土闸坝、碾压式土石坝及高面板堆石坝等,但高面板堆石坝的趾板一般应置于基岩上,若将其置于冰水堆积物上,须专题论证。

9.3.6 坝基建基标准

坝址两岸冰水堆积物岩性为第四系全新统崩坡积碎石土,分布不连续,厚 1~3 m,结构松散,稳定性差,不宜作为坝基,应全部清除。岩体强风化层完整性差,厚 1.5~2.5 m,最大 3.5 m,与防渗体接触部分建议全部清除,其余清除松动岩块后,可作为坝基。

河谷段冰水堆积物为不同时代的冲洪积砂砾石,透水性强,厚度近 100 m,完全清除施工难度大,经济上不合理。根据对河谷段砂砾石物理力学性质试验结果,砂砾石一般呈中密—密实状态,允许承载力 320~360 kPa,地基稳定性好,清除表层松散层后,可作为大坝坝基。

9.4 那棱格勒河水库冰水堆积物工程处理措施

9.4.1 地形地貌

那棱格勒河发源于东昆仑山脉主峰布喀达坂峰西南侧,源头海拔 5 598 m。沿博卡雷克塔格山西部南麓自西向东流,在圆头山西南侧 10 km 处折向北流,切穿博卡雷克塔格山进入峡谷,称之为红水河。接纳西来支流楚拉克阿拉干河后称那棱格勒河。

水库区地貌属于深度切割剥蚀的中高山区,两岸山顶高程在 3 900~4 400 m,最高处高程为 4 409 m,河床最低处高程为 3 225 m,相对高差最大约 1 200 m,地势南高北低。两岸山势雄厚,沟谷深切。在山前沟口多形成较大的洪积扇。

那棱格勒河在库区河段范围内蜿蜒前进,从整体上看,在上坝址上游约 5 km 处有一次大的转向,河水从由西向东流急转为由南向北流。以库区河段以上坝址为界,河谷地貌略有差别。上坝址以上,河谷多呈宽 U 形谷,一般河谷底宽(包括河槽)500~1 500 m,向上游逐渐变宽,基岩山体坡度一般为 30°~40°;上坝址以下,河谷多呈窄 U 形谷,河谷底宽 500~900 m,河水多被限制在宽 20~30 m 的河槽中,河槽两侧阶地岸坡近直立,基岩山体坡度一般为 40°~50°。

库区阶地不甚发育,可见到Ⅰ~Ⅲ级阶地,均属堆积阶地。其中,近坝库区发育Ⅱ、Ⅲ级阶地,上坝址上游约 4 km 可见Ⅰ级阶地,库尾左岸发育Ⅱ级阶地。图 9-4 为坝址阶地示意剖面,图 9-5 为库区左岸阶地示意剖面图。

坝址位于那棱格勒河出山口上游约 20 km 处。河流呈 S 形,流向由西南向东北,然后急转为由东南向西北,再次急转为由南北向东西。现有深切河槽宽 20 m 左右,坝顶高程处河谷宽度约 670 m。

坝址两侧(见图 9-6、图 9-7)临河山体最高处海拔 3 600 m,最低处河谷高程 3 230 m 左右,相对高差约 370 m。左、右两岸发育大小不等的冲沟,冲沟沟底基岩裸露。两岸山

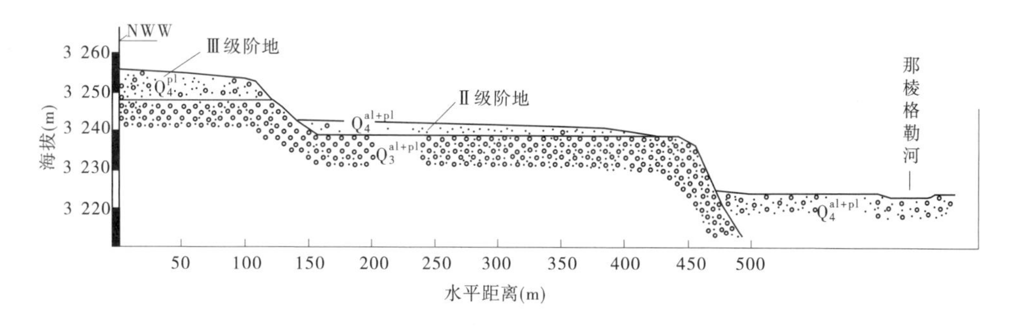

图 9-4　坝址阶地示意剖面

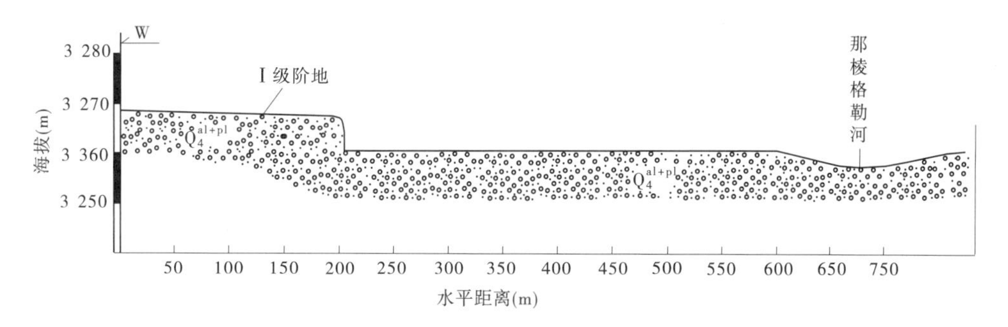

图 9-5　库区左岸Ⅰ级阶地示意剖面

图 9-6　左坝肩山体(从上游向下游拍摄)

图 9-7　右坝肩山体(从左岸向右岸拍摄)

体自然岸坡坡度一般为 35°~45°。

坝址处左岸可见Ⅱ级阶地和Ⅲ级阶地,右岸可见Ⅱ级阶地,Ⅱ级阶地和Ⅲ级阶地均属于堆积阶地。Ⅱ级阶地高程 3 250~3 254 m,阶面最宽处约 180 m,海拔约 10 m,组成物质为砂卵砾石层,有弱胶结现象;Ⅲ级阶地海拔约 25 m,阶面宽度在坝轴线约 300 m,最宽约 800 m,组成物质为含块石、碎石的砂砾石层。

9.4.2　地层岩性

坝址第四系松散堆积物主要有残坡积物、崩积物和河床及阶地冲洪积物、冰水堆积物。分述如下：

(1)残坡积物(Q_4^{dl+el})：主要分布于坝址两岸的山坡上。组成物质为碎石夹砂。碎石岩性主要为安山岩、玄武岩、大理岩、花岗岩等。

(2)崩积物(Q_4^{col})：主要分布于坝址较陡岸坡坡脚及冲沟内，岩性以安山岩、花岗岩为主，块度大小不一，且分布比较零星。

(3)风积物(Q_4^{eol})：广泛分布于坝址区，岩性为含砾细砂，上覆于坝址河床及阶地冰水堆积物之上，一般厚 10~30 cm，在位于山脚处及Ⅱ、Ⅲ级阶地相交处厚度可达 2~3 m，呈松散状态。

(4)上更新统河流洪积物(Q_3^{pl})：为主要分布在钻孔 NSZK212 附近的洪积物。坝址河床及阶地冰水堆积物深厚，钻孔揭露最大厚度为 140. 88 m，按其物质组成、结构及工程地质特征，将坝基冰水堆积物从下至上分为如下 6 层：

第①层：中更新统冰水堆积物(Q_2^{fgl})，岩性为褐黄色含砂砾石的漂(块)卵(碎)石层，分选性差，大小粒径混杂，漂(块)石含量 8%~40. 9%，粒径以 40~80 cm 为主，母岩成分以花岗岩、安山岩为主；卵(碎)石含量 9. 3%~40. 6%，粒径 6~20 cm 均可见，磨圆度以次棱角—次圆状为主，母岩成分以花岗岩、安山岩、玄武岩为主；砂砾石多呈泥质弱胶结充填于漂(块)、卵(碎)石孔隙中。钻孔 NSZK03、NSZK204 的 6 组天然密度试验显示，此层的天然密度为 2. 17~2. 48 g/cm^3，呈密实状态。此层在钻孔 NSZK03、NSZK07、NSZK10、NSZK205-1、NSZK206 有所出露，厚度分别为 60. 5 m、66. 4 m、33. 3 m、1. 48 m 和 62. 18 m，顶板高程分别为 3 182. 7 m、3 205. 9 m、3 185. 6 m、3 209. 377 m 和 3 189. 04 m，底板高程分别为 3 122. 2 m、3 139. 5 m、3 152. 3 m、3 127. 897 m 和 3 126. 86 m。钻孔 NSZK03、NSZK10、NSZK205-1、NSZK206 揭露此层夹有多层砂层，呈透镜状分布，厚 0. 1~1. 35 m。

第②层：上更新统河流冲洪积物(Q_3^{al+pl})，岩性为褐黄色砂卵砾石，局部夹有漂(块)石或砾砂、粉细砂透镜体，局部呈钙质、泥质的微胶结—强胶结，具一定的分选性，砾石具一定的定向排列特征，母岩成分以花岗岩、玄武岩为主。漂(块)石含量<5%；卵石含量 0~21. 3%，磨圆度呈次棱角—次圆状，块径一般 6~15 cm；砾石含量 20. 5%~69. 5%，磨圆度以次圆状为主；砂含量 20. 5%~65. 4%。钻孔揭露此层厚度 8. 6~67. 0 m，底板高程 3 182. 7~3 240. 5 m。由钻孔资料分析，此层分布连续较好的两层夹砂层，上面一层主要在左岸钻孔出露(NSZK02、NSZK201、NSZK204、NSZK205-1)，厚 0. 15~1. 5 m，出露高程 3 234. 58~3 235. 399 m；下面一层左右岸钻孔均有出露，厚 0. 1~2. 1 m，出露高程 3 215. 02 ~3218. 599 m。坝址区河流岸边陡坎实测剖面显示，此层砂卵砾石位于河边多呈钙质及泥质胶结，局部夹有微胶结的砂卵砾石、含砾砂、砂透镜体，实测断面上常见河水及洪水冲刷成的冲坑，其顺河向延伸一般小于 30 m，向实测壁面内部(横河方向)深度一般小于 5. 0 m，厚度一般小于 2. 5 m。

第③层：全新统洪积物(Q_4^{pl})，岩性为含砾细砂夹砂砾石(呈角砾状为主)。本层夹一分布范围较广的砂砾石透镜体，本次勘察主要在钻孔 NSZK201 及探坑 STK08 和 STK12 中有揭露，具体揭露情况见表 9-12。

表9-12　第③层砂砾石夹层统计

钻孔编号	孔口高程(m)	夹砂砾石层深度(m)		夹砂砾石层高程(m)		野外定名
		起	止	起	止	
NSZK201	3 275.992	14.00	16.20	3 261.992	3 259.792	砂砾石
STK08	3 274.839	13.67	15.97	3 261.169	3 258.869	砂砾石
STK12	3 270.038	10.85	12.05	3 259.188	3 257.938	砂砾石

由表9-12可以看出,此含砾细砂透镜体厚1.25~2.30 m,出露高程3 261.992~3 259.188 m。出露范围:顺河向长约330 m,横河向长约150 m。

第④层:全新统洪积物(Q_4^{pl}),岩性为砂砾石(呈角砾状为主)夹含砾细砂层透镜体,层底高程3 259.508~3 269.891 m。本层夹一层分布范围较广的含砾细砂透镜体,勘察主要在NSZK201、STK08、STK09、STK12、STK06中有揭露(见表9-13)。此含砾细砂透镜体厚0.91~4.20 m,出露高程3 267.937~3 273.492 m,出露范围在顺河向长约400 m,横河向长约240 m,且在含砾细砂透镜体中局部还夹有砂砾石透镜体。

表9-13　上坝址第④层夹砂层特征

钻孔编号	孔口高程(m)	夹砂层深度(m)		夹砂层高程(m)		野外定名	备注
		起	止	起	止		
NSZK201	3 275.992	2.5	4.9	3 273.492	3 271.092	含砾粉细砂	两层之间为砂砾石透镜体
	3 275.992	5.7	6.7	3 270.292	3 269.292	含砾砂	
STK06	3 276.671	4.57	6.53	3 272.101	3 270.141	含砾细砂	局部夹有砂砾石透镜体
STK08	3 274.839	4.36	5.81	3 270.479	3 269.029	含砾细砂	
STK09	3 271.197	2.42	2.9	3 268.777	3 268.297	含砾细砂	两层之间为砂砾石透镜体
	3 271.197	3.31	4.38	3 266.817	3 267.887		
STK12	3 270.038	0	2.25	3 270.038	3 267.788	含砾粉细砂	
STK13	3 267.937	0	0.91	3 267.937	3 267.027	含砾细砂	

第⑤层:全新统河流冲洪积物下段(Q_4^{al+pl}),岩性为灰黄色、褐色含砂砾的卵漂(块)石,磨圆度以次棱角—次圆状为主,分选性较差,大小粒径混杂,无胶结,母岩成分以花岗岩、玄武岩等硬质岩为主。漂(块)石含量22.8%~57.2%卵石含量13.5%~16.9%,粒径6~20 cm;砾石含量17.0%~42.3%。钻孔揭露及地表调查显示,此层厚度为3.0~6.9 m,底板分布高程3 248.9~3 249.7 m。

第⑥层:全新统河流冲洪积物上段(Q_4^{al+pl}),岩性为灰黄色、褐色含砂砾的卵漂(块)

石,磨圆度以次棱角—次圆状为主,分选性较差,大小粒径混杂。钻孔揭露此层厚度为5.3~29.0 m,底板高程3 216.2~3 237.7 m。钻孔 NSZK203、NSZK206 揭露此层含有夹砂层,具体分布见表9-14,由于其物质组成及成因与第⑤层相似,其物理力学性质参考第⑤层。

表9-14　上坝址坝基覆盖层第⑥层钻孔夹砂层分布

层位	夹砂层分布				
	钻孔编号	标高		厚度(m)	野外定名
		顶(m)	底(m)		
④-2	NSZK203	3 232.536	3 226.236	6.3	含砾中细砂
		3 222.536	3 222.236	0.3	粉细砂
	NSZK206	3 228.31	3 228.11	0.2	中细砂

9.4.3　冰水堆积物性质

9.4.3.1　坝基冰水堆积物土体透水性

为查明坝基冰水堆积物土体的透水性,可行性研究阶段在冰水堆积物中开展了钻孔注水试验和钻孔抽水试验,现场开展了试坑渗水试验,同时在探坑、探槽中取样在室内按现场颗分及密度控制进行了室内渗透试验。试验成果见表9-15~表9-18。

表9-15　钻孔注水试验渗透系数分层统计

层位	渗透系数(×10^{-4} cm/s)				
	统计组数	最大值	最小值	平均值	大值平均值
②	17	15	0.15	5	12
①	16	25	0.047	3.5	7.7

表9-16　现场试坑渗水试验成果分层统计

层位	渗透系数(×10^{-4} cm/s)			
	统计组数	最大值	最小值	平均值
⑤	3	16.1	14.6	15.2
④	4	8.6	7	7.7
③	6	53	67	60
②	6	294	222	250

表 9-17　室内配比样渗透变形试验成果

层位		比重	等量替代	制样密度 (g/cm^3)	制样相对密度	孔隙比	渗透系数 ($\times10^{-4}$ cm/s)
②	上包线	2. 69	替代前级配	2. 10	0. 75	0. 281	9. 93
			替代后级配	2. 10	0. 75	0. 281	15. 3
	平均线	2. 69	替代前级配	2. 10	0. 79	0. 281	17. 3
			替代后级配	2. 10	0. 79	0. 281	21
	下包线	2. 7	替代前级配	2. 10	0. 81	0. 286	47
			替代后级配	2. 10	0. 81	0. 286	29. 5
④	上包线	2. 74	替代前级配	2. 14	0. 81	0. 279	1. 1
			替代后级配	2. 14	0. 81	0. 279	4. 62
	平均线	2. 73	替代前级配	2. 14	0. 79	0. 274	18
			替代后级配	2. 14	0. 79	0. 274	12. 5
	下包线	2. 73	替代前级配	2. 10	0. 78	0. 300	740
			替代后级配	2. 10	0. 78	0. 300	1 060

表 9-18　钻孔抽水试验成果

层位	钻孔编号	抽水试验类型	降深 (m)	渗透系数 ($\times10^{-4}$ cm/s)	备注
①+②	NSZK205	多孔完整井抽水	4. 73	45. 5	泵影响范围内 第①层厚 20. 6 m; 第②层厚 9. 1 m
			12. 16	36. 4	
			18. 06	39. 6	
②	NSZK202	单孔非完整井抽水	5. 07	67. 5	泵影响范围内 第②层厚 27 m
			10. 68	65. 8	
			14. 81	62. 0	

各种试验方法的渗透系数以现场试坑试验最大,钻孔抽水试验次之,室内配比试验再次之,钻孔注水试验最小。第①层钻孔抽水试验成果为 3.5×10^{-3}cm/s(根据表 9-18 成果采用最大渗透系数反算),钻孔注水试验成果,平均值为 3.5×10^{-4}cm/s,大值平均值为 7.7×10^{-4}cm/s;第②层渗透系数各种试验方法成果多在 1.2×10^{-3} ~ 2.5×10^{-2}cm/s;第③层渗透系数为 5.3×10^{-3} ~ 6.7×10^{-3}cm/s;第④层渗透系数各种试验方法成果多在 7×10^{-4} ~ 7.4×10^{-2}cm/s;第⑤层仅有现场试坑试验成果,渗透系数为 1.46×10^{-3} ~ 1.61×10^{-3}cm/s。另外,在现场钻进过程中出现多处漏浆情况,具体分布高程见表 9-19。

表 9-19 钻孔漏浆深度统计 （单位：m）

钻孔编号	孔口高程	冰水堆积物厚度	漏浆段		层位
			深度	高程	
NSZK201	3 275.992	74.0	72.5	3 203.492	②
NSZK204	3 271.699	105.4	47.5	3 224.199	②
			91.9	3 179.799	①
			92.6	3 179.099	①
			93.3	3 178.399	①
NSZK205-1	3 268.777	140.88	104.5~106	3 164.277~3 162.777	①
NSZK206	3 241.71	114.85	110.0	3 131.71	①

9.4.3.2 坝基冰水堆积物物理特征

本阶段为了查明坝基冰水堆积物的颗粒组成特征，利用坑槽及钻孔（孔径 91 mm）取样进行了现场颗分试验和天然密度试验，天然密度试验统计成果见表 9-20。颗分试验成果分析如下：

表 9-20 坝基冰水堆积物天然密度现场试验成果统计

层位	岩性	统计组数	统计项目	天然密度（g/cm³）
①	含砂砾石漂（块）碎石	6	最大值	2.48
			最小值	2.17
			平均值	2.30
②	砂卵砾石	6	最大值	2.13
			最小值	2.08
			平均值	2.10
③	含砾细砂夹砂砾石	6	最大值	1.88
			最小值	1.77
			平均值	1.83
④	砂砾石夹含砾细砂层	4	最大值	2.32
			最小值	2.29
			平均值	2.31
⑤	含砂砾石卵漂（块）石	3	最大值	2.33
			最小值	2.30
			平均值	2.32

注：第⑤层统计时砂夹层未计入。

第①层:粒径>200 mm 的漂石含量 8%~40.9%,平均为 22.8%;粒径 200~60 mm 的卵石含量 9.3%~40.6%,平均为 24.4%;粒径 60~2 mm 的砾石含量 25%~58.5%,平均为 36.8%;粒径 2~0.075 mm 的砂含量 9%~23.9%,平均为 15.1%;粒径<0.075 mm 的粉粒及黏粒含量 0.5%~1.8%,平均为 1%;不均匀系数为 53.7~350,平均为 159.4。

第②层:粒径 200~60 mm 的卵石含量 0~21.3%,平均为 7.1%;粒径 60~2 mm 的砾石含量 20.5%~69.5%,平均为 47.4%;粒径 2~0.075 mm 的砂含量 20.5%~65.4%,平均为 41.7%;粒径<0.075 mm 的粉粒及黏粒含量 0.8%~9.0%,平均为 3.9%;不均匀系数为 11.1~223.5,平均为 59.7。

第③层:粒径 60~2 mm 的砾石含量 9.2%~26.8%,平均为 18.3%;粒径 2~0.075 mm 的砂含量 70.2%~88%,平均为 78%;粒径<0.075 mm 的粉粒及黏粒含量 2.8%~5.5%,平均为 3.7%;不均匀系数为 2.3~3.3,平均为 2.7。

第④层:粒径>200 mm 的块石含量 0~14.6%,平均为 1.5%;粒径 200~60 mm 的碎石含量 4.8%~20.1%,平均为 13.1%;粒径 60~2 mm 的砾石含量 30.1%~73.2%,平均为 59.3%;粒径 2~0.075 mm 的砂含量 9.7%~27.8%,平均为 18.6%;粒径<0.075 mm 的粉粒及黏粒含量 1.4%~24.2%,平均为 7.6%;不均匀系数为 44~500,平均为 145.1。

第⑤层:粒径>200 mm 的漂石含量 22.8%~57.2%,平均为 40.1%;粒径 200~60 mm 的卵石含量 13.5%~16.9%,平均为 14.8%;粒径 60~2 mm 的砾石含量 17.0%~42.3%,平均为 27.6%;粒径 2~0.075 mm 的砂含量 7.3%~16.9%,平均为 12.6%;粒径<0.075 mm 的粉粒及黏粒含量 0.5%~9.1%,平均为 5.0%;不均匀系数为 142.9~966.7,平均为 580.3。

盖层各层探坑及钻孔样天然密度试验成果见表 9-20,第①层天然密度 2.17~2.48 g/cm^3,平均为 2.30 g/cm^3;第②层天然密度 2.08~2.13 g/cm^3,平均为 2.10 g/cm^3;第③层天然密度 1.77~1.88 g/cm^3,平均为 1.83 g/cm^3;第④层天然密度 2.29~2.32 g/cm^3,平均为 2.31 g/cm^3;第⑤层天然密度 2.30~2.33 g/cm^3,平均为 2.32 g/cm^3。

9.4.3.3　坝基冰水堆积物力学性质

本阶段为了查明坝基冰水堆积物的力学性质,开展了钻孔内超重型圆锥动力触探试验、旁压试验、相对密度试验及室内的配比剪切试验等。

1. 超重型圆锥动力触探试验

超重型圆锥动力触探试验针对获得的触探击数按坝基冰水堆积物岩组进行分层统计。统计过程中,触探击数需要进行杆长修正,其修正系数按如下原则:$L<20$ m,修正系数 α 按工程地质手册有关内容取值;$L\geqslant 20$ m,系数采用经验公式 $\alpha=0.8-0.004L$。坝基冰水堆积物超重型动力触探试验触探击数分岩组统计结果如表 9-21 所列。利用触探击数确定的上坝址坝基冰水堆积物各层的物理力学参数见表 9-22。

2. 钻孔旁压试验

在钻孔 NSZK02 和钻孔 NSZK204 内布置了旁压试验,以查明坝基冰水堆积物的地基承载力和变形参数,其试验成果统计见表 9-23。

表 9-21　坝基冰水堆积物触探击数(修正后)分岩组统计成果

层位	地层岩性	统计		触探击数
		试验点数	统计项目	
①	含砂砾石漂(块)卵(碎)石	39	最小值	5.3
			最大值	23.5
			平均值	12.9
②	砂卵砾石	102	最小值	4.7
			最大值	31.4
			平均值	16.6
③	含砾细砂夹砂砾石	5	最小值	4.2
			最大值	13.4
			平均值	9.2
④	砂砾石夹含砾细砂	7	最小值	5.5
			最大值	28.4
			平均值	11.5

表 9-22　上坝址坝基冰水堆积物触探击数确定的经验参数

层位	地层岩性	密实度	承载力标准值(kPa)	变形模量(MPa)
①	含砂砾石漂(块)卵(碎)石	密实	820	61
②	砂卵砾石	密实	900	65
③	含砾细砂夹砂砾石	中密	680	47.5
④	砂砾石夹含砾细砂	中密—密实	720	56

表 9-23　钻孔 NSZK02 和 NSZK204 旁压试验成果统计

钻孔编号	层位	岩性	统计		承载力特征值(kPa)	变形模量(MPa)	备注
			试验点数	统计项目			
NSZK02	②	砂卵砾石	14	最小值	936	42.5	试验点深度为：14.3~62.2 m
				最大值	1 371	87.1	
				平均值	1 143	59.8	
	③	含砾细砂夹砂砾石层	1	最小值	646	31.1	
				最大值	646	31.1	
				平均值	646	31.1	
	④	砂砾石夹含砾细砂层	2	最小值	940	48.8	
				最大值	1 151	59.6	
				平均值	1 045	54.2	

续表 9-23

钻孔编号	层位	岩性	统计		承载力特征值(kPa)	变形模量(MPa)	备注
			试验点数	统计项目			
NSZK204	①	含砂砾石漂(块)碎石	4	最小值		70.8	试验点深度为:65.5~90.4 m
				最大值		96.8	
				平均值		86.0	
	②	砂卵砾石	13	最小值		67.4	试验点深度为:49.1~61.0 m
				最大值		79.7	
				平均值		74.0	
	③	砂砾石夹含砾细砂层	1	最小值		29.6	
				最大值		29.6	
				平均值		29.6	

3. 相对密度试验

针对坝基冰水堆积物第②层、第③层和第④层开展了现场密度及相对密度试验,成果见表 9-24。

表 9-24　上坝址坝基冰水堆积物现场密度及相对密度成果

层位	样品编号	取样深度(m)	湿密度(g/cm^3)	干密度(g/cm^3)	最小密度(g/cm^3)	最大密度(g/cm^3)	相对密度	密实度
②	TC4-1	8.0~8.6	2.10	2.09	1.82	2.17	0.80	密实
	TC4-2	8.4~9.0	2.13	2.12	1.85	2.22	0.76	
	TC4-3	9.6~10.2	2.11	2.10	1.84	2.20	0.76	
	TC4-4	9.5~10.1	2.12	2.11	1.83	2.21	0.77	
	TC5-1	11.0~11.6	2.08	2.07	1.80	2.16	0.78	
	TC5-2	11.3~11.9	2.08	2.07	1.79	2.17	0.77	
③	TK8-2	7.2~7.6	1.82	1.70	1.59	1.88	0.42	中密
	TK8-3	7.4~7.8	1.83	1.73	1.56	1.90	0.55	
	TK9-2	8.0~8.4	1.77	1.66	1.44	1.91	0.54	
	TK9-3	8.1~8.5	1.79	1.69	1.44	1.89	0.62	
	TK6-1	7.0~7.4	1.86	1.75	1.61	1.90	0.52	
	TK6-3	7.4-7.8	1.88	1.77	1.62	1.91	0.56	
④	TK8-1	1.5~2.1	2.32	2.24	1.83	2.24	1.00	密实
	TK9-1	0.3~0.9	2.30	2.22	1.84	2.23	0.98	
	TK13-2	6.0~6.6	2.29	2.23	1.84	2.22	1.02*	
	TK6-2	4.0~4.6	2.32	2.22	1.81	2.20	1.04*	

注:* 表示是试验误差引起。

由表 9-24 可以得知，第②层和第④层呈密实状态；第③层呈中密状态。

4. 室内配比剪切试验

针对第②层、第③层、第④层现场取样，室内对大于 60 mm 的进行等量代换并控制干密度进行了固结、饱和快剪、三轴 CD 剪等试验，试验成果见表 9-25 和表 9-26。

由表 9-25 和表 9-26 可以得出，第②层压缩系数 a_{1-2} 为 0.017～0.021 MPa^{-1}，第④层压缩系数 a_{1-2} 为 0.028～0.035 MPa^{-1}，两者的压缩系数 a_{1-2} 均小于 0.1 MPa^{-1}，属于低压缩性土。第②层三轴 CD 抗剪强度内摩擦角 φ 为 38.0°～38.9°；第④层三轴 CD 抗剪强度内摩擦角 φ 为 40.9°～41.6°；第③层三轴 CD 抗剪强度内摩擦角 φ 为 35.3°～38.2°，饱和固结快剪抗剪强度内摩擦角 φ 为 25.5°～29.0°。

表 9-25　坝基冰水堆积物固结试验成果

层位		等量替代	制样密度 (g/cm^3)	制样相对密度	固结试验	
					压缩系数 (MPa^{-1})	压缩模量 (MPa)
②	上包线	替代前级配	2.10	0.75	0.021	61.31
		替代后级配	2.10	0.75	0.021	60.98
	平均线	替代前级配	2.10	0.79	0.020	65.58
		替代后级配	2.10	0.79	0.020	63.65
	下包线	替代前级配	2.10	0.81	0.017	75.22
		替代后级配	2.10	0.81	0.018	70.21
④	上包线	替代前级配	2.14	0.81	0.028	45.97
		替代后级配	2.14	0.81	0.030	42.74
	平均线	替代前级配	2.14	0.79	0.030	42.21
		替代后级配	2.14	0.79	0.032	39.37
	下包线	替代前级配	2.10	0.78	0.035	37.56
		替代后级配	2.10	0.78	0.035	37.06

表 9-26　坝基冰水堆积物剪切试验成果

层位		干密度 (g/cm^3)	试验干密度 (g/cm^3)	剪切强度			
				三轴 CD		饱和快剪	
				凝聚力 c(kPa)	内摩擦角 φ(°)	凝聚力 c(kPa)	内摩擦角 φ(°)
②	上包线	2.07～2.12	2.10	36.16	38.0		
	平均线 1			15.88	38.1		
	平均线 2			6.77	38.9		
	下包线			52.79	38.4		

续表 9-26

层位		干密度 (g/cm³)	试验干密度 (g/cm³)	剪切强度			
				三轴 CD		饱和快剪	
				凝聚力 c(kPa)	内摩擦角 φ(°)	凝聚力 c(kPa)	内摩擦角 φ(°)
③	TK8-2	1.7	1.7	19.28	35.8	3.25	28.3
	TK8-3	1.73	1.73	5.33	36.5	10.77	27.7
	TK9-2	1.66	1.66	20.53	35.3	2.37	28.8
	TK9-3	1.69	1.69	11.20	37.1	12.47	25.5
	TK6-1	1.75	1.75	38.80	37.4	16.58	29.0
	TK6-3	1.77	1.77	17.60	38.2	10.91	28.9
④	上包线	2.22~2.24	2.20	103.92	41.1		
	平均线 1			242.28	40.9		
	平均线 2			173.02	41.6		
	下包线			244.00	41.0		

5. 物理力学参数建议值

根据坝基冰水堆积物的工程地质特性，基于现场及室内试验成果，结合已建工程经验类比分析，提出各层物理力学参数建议值（见表 9-27），鉴于坝基冰水堆积物第⑤层和第⑥层物质组成及成因基本一致，其物理力学参数取为相同（表中的第⑤层）。

表 9-27　坝址坝基覆盖层物理力学性质指标建议值

层位	地层岩性	天然密度	承载及变性指标		抗剪强度（三轴 CD）		渗透及渗透变性指标		开挖坡比	
		ρ (g/cm³)	允许承载力〔R〕(MPa)	变形模量 E_0 (MPa)	凝聚力 c (MPa)	内摩擦角 φ(°)	允许坡降 J	渗透系数 K (cm/s)	水上	水下
①	含砂砾石的漂（块）卵（碎）石	2.2~2.4	0.80~0.85	55~60	0	36~38	0.15~0.20	1×10^{-2}~5×10^{-3}	1∶1.25~1∶1.50	1∶1.5~1∶1.75
②	砂卵砾石	2.05~2.15	0.80~0.90	60~65	0	38~40	0.15~0.20	2×10^{-2}~5×10^{-3}	1∶1.25~1∶1.50	(1.5~1)∶1.75
③	含砾细砂夹砂砾石	1.75~1.85	0.34~0.40	20~35	0	35~37	0.25~0.30	1×10^{-2}~5×10^{-3}		
④	砂砾石夹含砾细砂层	2.29~2.32	0.40~0.60	45~50	0	39~41	0.10~0.20	5×10^{-2}~5×10^{-3}	1∶1.5~1∶1.75	1∶1.75~1∶2.0
⑤	含砂砾石的漂卵石	2.25~2.35	0.60~0.70	50~55	0	36~38	0.10~0.20	10^{-1}~10^{-2}	1∶1.5~1∶1.75	1∶1.75~1∶2.0

9.4.4 坝址主要工程地质问题评价

9.4.4.1 坝基渗漏及渗透变形稳定

据现有钻孔揭露,坝基冰水堆积物厚 65~140.88 m,层次结构较复杂,坝基冰水堆积物渗透系数 $K=1.0\times10^{-3}\sim1.0\times10^{-1}$ cm/s,具中等透水性—强透水性,建坝蓄水后,在无防渗设施情况下,将构成坝基渗漏的主要途径。

坝基冰水堆积物第①层局部呈泥质或钙质的微胶结—弱胶结,其中的泥钙质胶结物不仅使骨架孔隙直径变小,孔隙连通性变差,同时还将许多细小颗粒连结成为粗一级的大颗粒,其直径多大于骨架孔径直径,因此坝基冰水堆积物第①层发生管涌的可能性较小。第②层为砂卵砾石,第④层为砂砾石夹含砾细砂层透镜体,第⑤层和第⑥层为含砂砾的卵漂(块)石,以上各层渗透变形类型以管涌为主,第③层为含砾细砂夹砂砾石,且 C_u 为 2.3~3.3,其渗透变形类型以流土为主。

综上所述,坝基冰水堆积物深厚,渗透性较强,需进行有效的防渗工程处理。建议结合抗渗需要,采用全断面防渗墙方案,以削减渗漏量,确保抗渗稳定性。垂直防渗墙深度建议伸入 5 Lu 防渗标准线以下 3~5 m。

9.4.4.2 坝基沉降变形

冰水堆积物第①层、第②层局部呈现不同程度胶结状态,第⑤层组成物质为以粗颗粒为主的含砂砾的卵漂(块)石,允许承载力一般为 0.60~0.90 MPa,变形模量为 50~65 MPa,其承载力和变形指标基本满足堆石坝要求。坝基冰水堆积物第③层组成结构及厚度不均匀,允许承载力和变形模量都相对较低,建坝后可能导致坝基不均匀沉降,需进行沉降变形验算,并采取相应的地基处理措施。坝基冰水堆积物第④层组成结构及厚度不均匀,且其中还夹有厚度不均的含砾细砂夹层,建坝后可能导致坝基不均匀沉降,需进行沉降变形验算,并采取相应的地基处理措施。

坝基冰水堆积物第⑥层组成物质为以粗颗粒为主的含砂砾的卵漂(块)石,但在钻孔 NSZK203 中揭露有 6.3 m 厚的夹砂层,而钻孔 NSZK206 中未揭露,故可知第⑥层中存在厚薄不均的砂透镜体。建坝后可能导致坝基不均匀沉降,需进行沉降变形验算,并采取相应的地基处理措施。

9.4.4.3 地震液化

坝基冰水堆积物第①、②层中的夹砂层均为零星的透镜状或鸡窝状分布,延伸长度不大,且多包裹在透水性较好的砂砾石中,孔隙水压力容易消散,且坝基冰水堆积物第①、②层分别为第四系中更新统(Q_2)及上更新统(Q_3)的堆积物,为不液化土层。

坝基冰水堆积物第③层现场颗分资料显示,粒径小于 5 mm 颗粒含量为 85.5%~99%,大于 30%,且其粒径小于 0.075 mm 的颗粒含量为 2.8%~5.5%,小于地震动峰值加速度为 0.10g 时对应的粒径小于 0.005 mm 的颗粒含量 16%的标准,且坝基冰水堆积物第③层相对密度试验成果(见表 9-28)显示,第③层相对密度为 42%~62%,小于峰值加速度 0.10g 时液化临界相对密度 70%的标准,故其在Ⅶ度地震条件下存在液化可能性。

表 9-28　冰水堆积物第③层相对密度试验成果

试验点	取样深度(m)	岩性	干密度(g/cm^3)	最小干密度 ρ_{dmin}(g/cm^3)	最大干密度 ρ_{dmax}(g/cm^3)	相对密度
TK8-2	7.2~7.6	含砾细砂	1.70	1.59	1.88	0.42
TK8-3	7.4~7.8		1.73	1.56	1.90	0.55
TK9-2	8.0~8.4		1.66	1.44	1.91	0.54
TK9-3	8.1~8.5		1.69	1.44	1.89	0.62
TK6-1	7.0~7.4		1.75	1.61	1.90	0.52
TK6-3	7.4~7.8		1.77	1.62	1.91	0.56

坝基冰水堆积物第⑤层坑探 STK01、STK02、STK03 颗分资料显示，粒径小于 5 mm 颗粒含量的质量百分率为 11.9%~17.3%，可判为不液化土。

坝基冰水堆积物第⑥层在钻孔 NSZK203 中揭露有厚 6.3 m 的中细砂层，其标贯击数修正后为 7.0~10.6 击，液化判别标贯临界锤击数为 9.2 击，在Ⅶ度地震条件下存在液化可能性。

9.4.4.4　**坝基抗滑稳定**

坝基冰水堆积物第③层为含砾细砂夹砂砾石透镜体，上下游连续，出露位置较高，其饱和快剪强度较低(内摩擦角 25.5°~29.0°)，建坝饱和后存在抗滑稳定问题，建议进行坝基抗滑稳定验算，必要时采取相应的处理措施。

9.4.4.5　**冰水堆积物对防渗墙施工的影响**

坝基冰水堆积物第②层局部存在钙质胶结的砂砾石层，经取样进行室内强度测试，试验成果见表 9-29，其干抗压强度为 4.49~7.86 MPa，饱和抗压强度为 2.23~8.81 MPa；第①层漂卵石含量平均可达 47.2%，漂石最大可达 90 cm，以上两者对于防渗墙的施工存在一定的影响，在实际的防渗墙施工中需给予考虑。

表 9-29　坝基冰水堆积物第②层室内试验成果

样品岩性	统计特征	干抗压强度(MPa)	饱和抗压强度(MPa)
钙质胶结砂砾石	试验组数	11	12
	最大值	7.86	8.81
	最小值	4.49	2.23
	平均值	6.53	4.37

为了初步查明坝基冰水堆积物的力学性质，在坝基冰水堆积物钻孔内进行了超重型

圆锥动力触探试验。针对获得的触探击数按坝基冰水堆积物岩组进行分层统计。统计过程中,触探击数需要进行杆长修正,其修正系数按如下原则:$L<20$ m,修正系数 α 按工程地质手册有关内容取值;$L\geqslant 20$ m,修正系数采用经验公式 $\alpha=0.8-0.004L$。另外,由于触探试验是分段进行的,故不需要进行触探杆侧壁摩擦修正。坝基冰水堆积物超重型动力触探试验触探击数分岩组统计结果如表 9-30 所列。利用触探击数确定的下坝址冰水堆积物各层的物理力学参数见表 9-31。

表 9-30 坝基冰水堆积物触探击数(修正后)分岩组统计成果

层位及代号	地层岩性	统计		触探击数
		试验点数	范围值	
①	含砂砾石的块碎石	77	最小值	6.5
			最大值	25.7
			平均值	16.0
②	砂卵砾石	62	最小值	7.4
			最大值	28.0
			平均值	18.0
④-1	漂(块)石及砂卵砾石	15	最小值	7.2
			最大值	22.3
			平均值	14.0

表 9-31 坝基冰水堆积物根据触探击数确定的经验参数

岩组	地层岩性	密实度	承载力标准值(kPa)	变形模量(MPa)
①	含砂砾石的块碎石	极密	875	62.5
②	砂卵砾石	极密	900	65
④-1	漂(块)石及砂卵砾石	密实	825	60

9.4.5 坝型工程地质比较

坝址坝基冰水堆积物深厚,最深 140.88 m,且坝顶高程处河谷长 670 m,两岸地形不对称,不适宜采用混凝土坝。本阶段开展了混凝土面板堆石坝、沥青混凝土心墙堆石坝和黏土心墙堆石坝坝型方案比较。

坝基河床部位和趾板均建于深厚冰水堆积物上,层次结构较复杂,坝基冰水堆积物第①层、第②层承载力和变形指标基本满足坝基要求,但为中等透水性,存在渗漏问题;坝基冰水堆积物第③、第④层、第⑥层存在渗漏及渗透变形、不均匀沉降、地震液化等问题,不宜直接作为地基。均需进行有效的工程处理,方能满足壤土心墙堆石坝和沥青混凝土心墙堆石坝的要求;混凝土面板堆石坝除以上工程地质问题外,其趾板对坝基要求较高,建于深厚冰水堆积物时,会由于冰水堆积物的变形而拉裂趾板及混凝土面板,因此还需对趾板基础采取固结灌浆等措施以增加基础抗变形能力,减少基础变形量;另外,壤土心墙堆石坝所需防渗土料运距分别为 90 km 和 230 km,地下水位埋深浅,土料有用层中含有植物根系,开采条件较差,沥青混凝土心墙堆石坝沥青需外购,骨料料场距离坝址区直线距离约 12 km,块石料及混凝土骨料料场分布在坝址下游约 1 km 范围内。坝型的选择还需经地质、施工、水工、概算等专业的综合比较确定。

9.4.6　推荐坝型主坝工程地质条件

沥青混凝土心墙坝坝顶高程 3 308.00 m,最大坝高 78 m,心墙基础距坝顶 58 m,坝顶长 676 m,坝顶宽 10 m。上游坝坡为 1∶1.9,下游坝坡 1∶1.75。

沥青混凝土心墙坝坝基主要位于深厚冰水堆积物上,最深达 140.88 m。坝基冰水堆积物第①层、第②层承载力和变形指标基本满足坝基要求,但为中等透水性,存在渗漏问题,需进行工程处理,建议结合抗渗需要,采用全断面防渗墙方案,以削减渗漏量,确保抗渗稳定性;坝基冰水堆积物第③层存在渗漏及渗透变形、不均匀沉降、地震液化及抗滑稳定等问题,不宜直接作为坝基地基,但由于其埋深较深,完全清除不太合理,可考虑采取有效的处理措施;第④层存在渗漏及渗透变形、不均匀沉降等问题,不宜直接作为坝基地基,需要采取有效的处理措施;第⑤层存在渗漏及渗透变形且其在地表出露,厚度也不大,建议清除;第⑥层存在渗漏及渗透变形、不均匀沉降等问题,不宜直接作为坝基地基,需要采取有效的处理措施。另外,表层广泛分布的风积砂呈松散状态,厚度较薄,建议清除,清除厚度可按风积砂最厚厚度 3 m 控制;坝基冰水堆积物第①层漂卵石含量平均可达 47.2%,漂石最大可达 90 cm(此仅为钻孔揭露漂石长度),坝基冰水堆积物第②层局部存在钙质胶结的砂砾石层,经取样进行室内强度测试,其干抗压强度为 4.49~7.86 MPa,饱和抗压强度为 2.23~8.81 MPa,以上两者对于防渗墙的施工存在一定的影响,在实际的防渗墙施工中需给予考虑。

9.5　温泉水库冰水堆积物工程处理措施

温泉水库位于青海省格尔木市南 137 km 的格尔木河支流雪水河上,是青海省地方水利工程中库容最大的水库,是格尔木河水电梯级开发的龙头水库,担负着下游大干沟、小干沟、乃吉里、南山口一二级等 6 座水电站的径流调节任务,同时对下游格尔木市以及青藏铁路、109 国道、格—拉输油管道、兰—西—拉通信电缆等国家重点基础设施起到重要的防洪作用。

温泉水库为多年调节水库,属Ⅱ等大(2)型工程,工程任务是防洪和发电(为下游梯级电站供水,提高电站保证出力)。水库枢纽由大坝、放水洞、溢洪道三大主要建筑物组成,均为 2 级,次要建筑物为 3 级。水库校核洪水位为 3 958.1 m,总库容 2.55 亿 m^3,其中调洪库容 0. 93 亿 m^3(与兴利库容重叠 0. 16 亿 m^3),兴利库容 1. 5 亿 m^3;设计洪水位 3 957. 32 m,相应库容 2. 15 亿 m^3;正常高水位 3 956. 4 m,相应库容 1. 8 亿 m^3;死水位 3 951. 7 m,相应库容 0. 3 亿 m^3。水库原设计为 100 年一遇洪水设计,2 000 年一遇洪水校核。地震设防烈度为Ⅷ度。

9. 5. 1　区域构造稳定及地震烈度复核

根据新的中国地震区划分中对全国地震区带的划分结果,青海温泉水库所处区域为青藏高原地震区中、北部的昆仑山地震亚区内,主要跨越了柴达木地震带、巴颜喀拉山地震带和金沙江地震带。

青海省地震局 1995 年所做的《青海温泉水库坝区活动断裂鉴定及地震安全评价报告》中所得结果为:在中国地震烈度区划图(1990)坝址位于Ⅷ度区边缘,根据其报告研究所的的地震危险性分析计算结果,温泉水库坝址区基本烈度为Ⅷ度,50 年超越概率 10% 水平的基岩水平峰值加速度为 243 gal,且均属近场地震影响。

9. 5. 2　冰水堆积物工程地质条件

0+50. 6~0+206 上覆 6. 5 m 的坡洪积大理岩碎块。向右过渡洪积冲积的砂砾石。渗透性 K=5. 2~1. 2 m/d,渗透性好。下伏 2. 5~3 m 含砾亚砂土,松散。再下为 6 m 厚黄红或灰黑色的亚黏土和黏土,层位稳定含砾,渗透性差。天然密度 ρ=2 014 g/cm^3,干密度 ρ_d=1. 615 g/cm^3,液性指数 I=0. 21,防渗墙应置于该层中。6. 5 m 厚为冲积砂砾石层,渗透系数 K=3. 4 m/d。下部为冰水沉积的砾质土。

0+206~0+590 上覆 3. 5~4. 5 m 粉质壤土和重粉质砂壤土,岩性不均,松散,干密度 ρ_d=1. 296~1. 397 g/cm^3。据标贯试验属于液化土,应清除。下伏 5. 4~6 m 的轻亚黏土、亚黏土及黏土层,除夹有 10~15 cm 的砂砾石外,层位稳定,含水量高,液性指数小于 0. 75,属不液化层,属低中压缩性土。允许承载力 R=0. 3~0. 45 MPa,内摩擦角 φ=16°~20°,内聚力 c=72~80 kPa,渗透性差,为坝基的较好持力层和防渗层,可将齿墙嵌于该层中。以下 6~7 m 为冲积的砂卵砾石层,渗透系数 K=3~5 m/d,下伏 55~125 m 厚的冰水沉积的砾质土,一般较密实,渗透性差,地下水埋深 2. 5~5 m,属承压非自流。ZK2 号孔高出地面 1. 69 m。

0+590~0+700 为现代河床段,上覆 0~3. 5 m 现代河流冲积的粉细砂层,松散。据标贯试验为易液化层,应清除。下伏 5~5. 5 m 粉质黏土和亚黏土,该层中含有 10~15 cm 的砂砾石层,整个层位稳定,液性指数 I<0. 75,一般天然含水量接近塑限,多在 23%~25%,干密度 ρ_d=1. 635~1. 731 g/cm^3,压缩系数 a=0. 003~0. 005 MPa,φ=14°~18°,c=0. 144~0. 517 kPa,渗透性差,建议防渗齿墙嵌入该层中,以下 8. 5 m 为亚砂土、砂砾石和黏土,渗透系数 K=0. 22~1. 54 m/d,不均匀系数大于 10,属不液化土,下至 1. 3 m 深为冰水沉积的砾质土。

0+700~0+877 上覆洪积砂砾石和粉细砂层,厚约 6. 5 m,松散。天然密度 ρ=1. 734~2 g/cm^3,干密度 ρ_d = 1. 432 ~ 1. 71 g/cm^3,不均匀系数小于 10,渗透系数 K = 0. 24~2. 52 m/d。据标贯试验属于液化性土,应清除。其下为含砾的亚砂土和含砾的中粗砂。细砂一般较密实,天然密度 ρ=2 g/cm^3,ρ_d=1. 617~1. 738 g/cm^3,不均匀系数大于

10。据标贯试验均不属于液化土,可作坝基。但渗透性好,防渗墙应切穿该层。下至 16 m 深为 9~12.5 m 厚的黑色含砾的淤泥质亚黏土、黏土,密实。天然含水量为 17.4%~18.1%,天然密度 ρ=2.13~2.176 g/cm^3,ρ_d=1.815~1.842 g/cm^3,黏粒含量在 18%左右,可作相对隔水层,建议将齿墙嵌入该层内,下层厚 4.5 m 的密实细砂层和冰水沉积的砾质土。在 ZK21 号孔处有两条裂隙,可视为地震产生,上宽下窄呈楔形,为半充填状态,清除,并与坝肩衔接。

9.5.3　冰水堆积物坝基开挖及处理

(1)该段(0+50.6~0+850)为现代河床及高级阶地。坝基土表层 2.5~5.5 m 范围是冲积、洪积与湖积边缘混合相堆积的轻亚黏土。亚砂土和粉细砂层,干容重低,允许承载力小,属于液化土,施工中进行了振冲处理,防渗采用了高压喷射注浆法造防渗墙,防渗墙底部位于黄红或灰黑色的亚黏土和黏土层中,层位处夹有 10~15 cm 的砾砂石外,层位稳定,渗透性差,属不液化层,中低压缩性土,允许承载力[R]=0.3~0.45 MPa,内摩擦角 φ=16°~20°,黏聚力 c=72~80 kPa,其下部为厚层冰水沉积的砾质土,一般较密实,渗透性差。

(2)混凝土防渗墙沿上坝脚线布置,共造孔 418 个,平均深度 9.2 m,进尺 5 472.4 m,防渗墙面积 8 449 m^2,水泥用量 1 718 t,根据局部大开挖检查,其墙体外表形体较完整,喷射流纹路清晰可见,且连续,摆动角度符合设计要求,墙体最大厚度 60 cm,最小厚度 20 cm,各项指标均符合设计要求,但存在 0+100~0+110 处防渗墙深入基岩深度不够的问题。同时在局部地段进行了常水头注水试验,K 值达到 10^{-9} cm/s,总的来讲,高喷混凝土防渗墙施工质量基本符合质量要求。

9.5.4　坝基冰水堆积物工程处理措施

对坝基一般采用挖除表土(0.30~0.50 m)后用振动平碾静压(一般为 6 遍)处理。大坝龙口段,河床厚 0.50~2.5 m 的淤泥,采用高压水冲、人工开挖及抛填块石挤淤法施工,填筑一层厚块石、碎石混合料。整个坝基铺设了 0.50 m 的厚碎石,碎石最大粒径约为 50 mm。

坝基河床处理质量基本满足要求。坝基 0+510~0+570 段,因先期施工的振冲桩穿透了第一层承压水,造成“橡皮土”现象,处理时将翻浆部分清除,然后铺碎石筑坝。没有论证能否保护覆盖层细颗粒不发生接触流失。另外,龙口段回填大量块石、碎石,若该范围位于高喷墙处,且高喷墙施工过程中,不做清理,无法保证高喷墙的质量和连续性。

坝基 0+050~0+400 和 0+680~0+850 将表土挖除后用振动平碾静压 6~8 遍,其干密度为 1.30~1.40 g/cm^3。

0+400~0+570 段地下水埋藏较浅,此段用块石、碎石置换原来基土 30~50 cm 厚,在用振动平碾静压 6 遍。

0+510~0+570 段,因振冲桩穿透了第一层承压水,致使坝基含水量增大,机械碾压时呈“橡皮”状,最后挖除全部橡皮土(深 30~50 cm),碎石置换后振动平碾静压 6 遍。

0+570~0+660 段属原河道一部分,该段因振冲加固需要与 1992 年 7 月间填筑了厚

1.0~2.5 m 的轻亚黏土，加固完成后与 1993 年 6 月该段下游回填土全部挖除，上游部分挖除，挖深 1.0~1.5 m 经环刀法测试其干密度为 1.66~1.79 g/cm^3。非振冲区，碾压时采用减薄碾压处理，总厚 60 cm，并每隔 10 m 长设一深 60 cm、宽 60 cm 的砾石排水沟，与上下游振冲桩上的垫层相连通。

0+660~0+710 为大坝龙口段，河床厚达 50~250 cm 的淤泥，含水量大，清除困难，后采用高压水冲、人工开挖及抛填块石挤淤法施工，填筑一层厚块石、碎石混合料。块石粒径 D=800~1 000 mm，共填筑块石长 35 m、宽 28 m，平均深 1.90 m，方量 2 066 m^3；碎石长 32 m、宽 8 m，深平均 0.6 m 方量 161 m^3；挖淤泥深 0.3~1.1 m，方量 151 m^3。在河床部分清至粉细砂层。

0+710~0+857 段为右岸锈红色洪积砂砾石，清除表层含植物根系部分后开始坝体填筑。

整个坝基铺设了 50 cm 厚碎石，碎石最大粒径 50 mm。这样大大提高了基础强度，减小了坝基孔隙水压力，降低了大坝浸润线，对坝基排水也大有益处。

9.6 哇沿水库防渗方案选择

拟建的哇沿水库位于都兰县东南部热水乡境内的察汗乌苏河中游段，主要建筑物有挡水坝、溢洪道及导流洞等，拟建坝高 30 m，正常蓄水位 3 397 m，水库回水长度 2.85 km，相应总库容 3 573 万 m^3，兴利库容 1 608 万 m^3，死库容 800 万 m^3，工程规模为中型。

工程区位于察汗乌苏河中下游，区内以剥蚀堆积地貌为主，两岸山体高大陡峻，多为尖脊状山，少量低山呈浑圆状，山体基岩裸露，两岸基岩坡体边坡较陡，多在 40°~50°，局部为陡崖。山地与河谷交汇处以洪积扇和坡积裙为主。

9.6.1 基本地质条件

9.6.1.1 冰水堆积物特性

第四系地层主要分布于河谷、部分冲沟及山前，成因类型主要为坡积、坡洪积、冲洪积和冲积等。全新统冲积砾石层，分布于工程区Ⅰ、Ⅱ级阶地及河床部位，层厚在 25~70 m，结构稍密—中密，分选性较差，磨圆较差，多呈次棱角状，最大粒径 50 cm，以砾石为主，砾、卵石成分以花岗岩、安山岩为主；全新统洪积砂碎石层，主要分布于河谷两侧各冲沟内及沟口，以砂、碎石为主，含泥量较高，结构稍密—中密，分选及磨圆较差，碎石多呈棱角、次棱角状，最大粒径 20 cm；全新统坡洪积碎石土层，主要分布于山前坡脚处，结构松散，厚度变化较大。

9.6.1.2 水文地质特征

工程区地下水按其赋存形式及介质类型可分为基岩裂隙水与第四系孔隙潜水两类。

基岩裂隙水主要分布于察汗乌苏河两岸的基岩山体中，由大气降水补给，呈脉络状分布,无稳定地下水位,总体水量小,水量随季节变化较大,径流流程较短,多以泉水形式排泄于地表河流或直接补给于第四系孔隙潜水。

第四系孔隙潜水主要分布于现代河谷内,含水层厚度为 30~80 m,含水层为第四系冲洪积砂砾卵石层。河漫滩地下水位埋深在 0.8~1.5 m,阶地中地下水位埋深一般为 6~20 m。地下水受大气降水与基岩裂隙水补给,沿河谷向下游径流。沿坝轴线施工有 6 个勘探孔,全部进行了岩芯采取率统计,在 4 个钻孔中进行了分层抽水或压水试验,依据这两组数据可将坝基剖面自上而下分为五层:第①层底板埋深为 8~10 m, 渗透系数为 5~10 m/d;第②层底板埋深为 16~22 m,渗透系数为 20~65 m/d;第③层底板埋深为 32~36 m,渗透系数为 12~23 m/d;第④层底板埋深为 62 m 左右,渗透系数为 4~9 m/d;第⑤层底板埋深在 80 m 左右,渗透系数约 20 m/d。根据水质资料,地下水矿化度为 0.56 g/L,水质较好,可以饮用、灌溉。

9.6.2　坝基渗漏数值模拟

9.6.2.1　水文地质条件概化

1. 模拟计算区域

模拟计算区域以大坝轴线为基准,向上推 800 m, 向下推 400 m,沿河流长 1 200 m。由于河流在不同位置宽度的差异,模拟的宽度取 600 m,各个部位实际宽度不统一,实际模拟面积 524 800 m^2。

2. 含水层概化

1)含水层结构概化

根据钻孔揭露,坝基主要岩性为卵、砾石层,最大厚度 84.4 m 左右,从上到下分为 5 层,各砾石层均属强透水层,但各层之间由于密实度及成因不同,在透水性上存在一定差异, 同一层水平方向与垂直方向的渗透性也存在差异,因此含水层为非均质各向异性。

当水库蓄水后,水库正常蓄水位 3 397 m,渗流区内无源汇项,地下水渗流将形成稳定流,因此将地下水流概化为稳定渗流。考虑到坝基的防渗问题,地下水绕坝基防渗墙流动,将形成三维流,因此将地下水流概化为三维流。

2)边界条件概化

库区松散堆积物在两侧和底部均与安山岩接触,由于安山岩裂隙不发育,将两侧与底部边界概化为隔水边界;上游边界根据水库蓄水位的高低,取水库正常设计水位作为该边界的定水头边界;下游边界取地面高程作为定水头边界;顶部边界,在库区内取水库正常设计水位为定水头边界;大坝下游的顶部边界设置为零流量边界。

哇沿水库正常设计水位 3 397 m,因此库区内第一模拟层定水头和上游各层定水头边界地下水位取 3 397 m。下游边界处各层地下水位接近地表,设置为定水头边界,地下水位取 3 372 m。

3. 水文地质概念模型

经过对水文地质条件概化处理, 计算区水文地质概念模型为非均质各向异性的松散岩类含水层组成的具有一、二类边界三维稳定流模型。

9.6.2.2 数学模型

描述坝基渗漏地下水渗流的数学模型为

$$\frac{\partial}{\partial x}\left(K_h \frac{\partial H}{\partial x}\right) + \frac{\partial}{\partial y}\left(K_h \frac{\partial H}{\partial y}\right) + \frac{\partial}{\partial z}\left(K_z \frac{\partial H}{\partial z}\right) = 0 \qquad (x,y,z) \in G$$

$$H(x,y,z)\Big|_{\Gamma_2} = H_1(x,y,z) \qquad (x,y,z) \in \Gamma_1$$

$$\frac{\partial H}{\partial n}\Big|_{\Gamma_2} = 0 \qquad (x,y,z) \in \Gamma_2$$

式中：H 为含水层地下水位；H_1 为渗流区域一类边界地下水水位；K_h 为含水层水平渗透系数；K_z 为含水层垂直渗透系数；n 为边界外法线；G 为计算区域；Γ_1 为第一类边界；Γ_2 为第二类边界。

9.6.2.3 计算区域剖分

选用长方体网格对模拟区域进行剖分。沿河流方向网格长 40 m，剖分 30 列；垂直河流方向网格长 20 m，剖分 30 列。含水层垂直方向分为 8 层，每层厚 10 m，将模拟计算区域剖分成 7 200 个单元，其中有效单元 3 770 个，第一层网格剖分见图 9-8，坝轴线垂直剖面剖分见图 9-9。

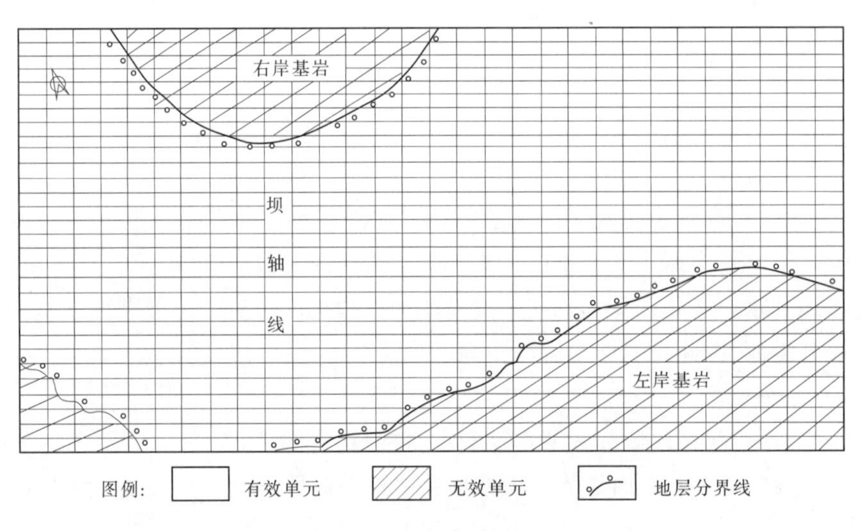

图 9-8　第一层网格剖分

9.6.2.4 模型参数确定

依据水文地质勘探资料和水文地质条件概化，在垂向上离散的 8 个模型层中，第 4、5、6 层渗透性接近，第 7、8 层渗透性也接近。模型各层参数取值，见表 9-32。

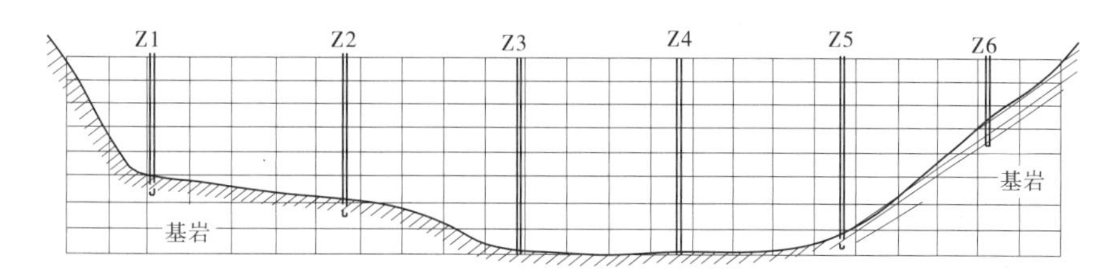

图 9-9　坝轴线垂直剖面剖分

表 9-32　模型各层渗透系数

模型层	水平渗透系数(m/d)	垂向渗透系数(m/d)
1	8. 0	1. 6
2	47. 5	9. 5
3	17. 8	3. 6
4	6. 4	1. 3
5	6. 4	1. 3
6	6. 4	1. 3
7	20. 0	4. 0
8	20. 0	4. 0

9. 6. 2. 5　渗漏量模拟结果

根据以上模型概化和参数设置,对坝基渗漏进行模拟,模拟结果见表 9-33。

表 9-33　渗漏量模拟结果

防渗墙深度(m)	0	10	20	30	40	50	60
模拟渗漏量(m^3/d)	71 908	65 417	40 967	24 046	15 299	12 012	9 309

9. 6. 3　坝基渗透稳定分析

根据青海省水利水电勘测设计研究院对都兰县察汗乌苏河哇沿水库工程地质勘察,坝基砾石允许水力坡降为 0. 13。

坝基各部位水力坡降的大小是不同的。坝前入渗段和坝后出溢段的水力坡降比坝底板以下径流段的水力坡降大。水力坡降随着距坝脚距离的增大而减小,随着距坝底板的深度增大而减小。因此,坝后实际水力坡降最大处位于坝脚处近地表的地层。

哇沿水库最上层地层厚度为 10 m, 坝底宽度为 160 m,拟设防渗墙距坝后坝脚 95 m,设置不同深度的防渗墙进行模拟,计算出最上层底板和顶板水位,从而计算坝后坝脚处近地表地层的出溢段水力坡降,见表 9-34。

表 9-34　坝后出逸段水力坡降

防渗墙深度(m)	0	10	20	30	40	50	60
坝后出逸段水力坡降	0. 164	0. 155	0. 149	0. 138	0. 132	0. 128	0. 123

根据以上计算分析,为防止哇沿水库发生渗透变形,防渗墙深度应大于 50 m。

9. 6. 4　防渗墙深度的选择

通过模拟计算分析,得出以下结论,并提出哇沿水库防渗墙深度方案为:

(1)应用三维地下水流数值模拟计算哇沿水库坝基渗漏量和分析渗透稳定, 较好地解决了周边与底面边界的不规则问题和垂向上地层的非均质问题, 提高了计算精度。

(2)当不设置防渗墙时,模拟渗漏量为 71 908 m^3/d。当防渗墙设置深度为 20 m 时,模拟渗漏量为 40 967 m^3/d。当防渗墙设置深度为 40 m 时,模拟渗漏量为 15 299 m^3/d。当防渗墙设置深度为 50 m 时,模拟渗漏量为 12 012 m^3/d。

(3)为防止哇沿水库发生渗透变形和减小水库渗漏量,应设置防渗墙,深度应大于 50 m。

第 10 章　总结与展望

本书系统总结归纳了半个世纪以来深厚冰水堆积物勘察技术的发展现状与研究成就。可以看出,我国在深厚冰水堆积物勘察技术、测试试验技术、工程地质分析技术等方面的发展是与国际上出现的新技术紧密衔接的,是在不断引进、消化吸收、创新中发展的。但由于深厚冰水堆积物的复杂性和筑坝技术要求,仍需对勘察新技术、新方法进行深入研究,对可能的发展方向进行加强探索。

1. 深厚冰水堆积物的勘探存在的问题难度

1)勘探的老设备工艺应该淘汰。

冰水堆积物勘探的老设备、老工艺只能得到一个堆积物的深度,浪费资源、浪费时间,资料的可利用程度不高。

2)取样质量的难度

冰水堆积物是一种松散岩体,颗粒间无相联关系,并存在空隙甚至架空层,受外力作用容易发生位移,加之河床又多为含水层,在普通钻探工艺过程中,小颗粒容易流失、大颗粒容易颠倒,以致岩样分选、样品严重失真、采取率很低,地质描述难以进行清晰的判断和鉴定。

3)钻探深度的难度

砂卵石层的松散性,软硬不均性,使其颗粒随同钻具的回转而滚动,因此钻进过程振动强烈,容易造成孔内故障和机械故障等,加之繁重的起下套管,均使钻探效率低下。

另外,在松散的堆积物中钻出一个裸孔后,破坏了原岩体的静态平衡,所以一旦钻杆钻具提出钻孔,孔壁即会坍塌。因此,要完成一个深厚冰水堆积物钻孔不得不设置多层套管,对于一个百米以上的堆积物深孔钻探需要很长时间。

4)钻探深度与护壁的难度

深厚冰水堆积物勘探如果能用泥浆护壁,或者是 SM 植物胶护壁,将节省很多起下钻工序和起下套管的时间,不但可提高钻探质量,又可提高钻探效率。但在水利水电工程地质勘探中,不同的护壁措施会影响堆积物的颗粒级配;影响水文地质测试与试验。

5)水文地质试验的难度

在堆积物水文地质试验中采用最多的是抽水试验方法。由于勘探孔孔径小,过滤管管径也不大,一般为 ϕ127 mm×4.5 mm 与 ϕ108 mm×4.5 mm。而多数情况下堆积物的渗透系数较大,小直径的滤管只能选用小直径的多级深井泵进行抽水,难以做出三个降深,只能得到降深很小的全孔抽水资料。所以,进行水利水电工程深厚冰水堆积物抽水试验时应设计专门的抽水孔,尽量避免在小口径勘探孔中进行抽水试验。

2. 革新钻探设备和提高钻探技术水平

目前,由于钻探设备、钻探方法、取样方法对了解堆积物物质组成、结构以及水文地质试验等影响较大,常规钻探设备、工艺远远不能满足要求,因此研发适宜于深厚冰水堆积物钻探及取样相适应的钻探新设备、新技术等是急需解决的问题。

1)超深孔取芯钻探设备研制

现阶段深厚冰水堆积物主要采用金刚石钻进技术、金刚石套钻取芯技术、“VPRH”空气反循环钻机等,可以获得不扰动的原状岩芯,可解决一般河床深厚冰水堆积物岩芯质量的技术难题。

绳索取芯技术、钻孔配套动力技术是超深孔堆积物取芯钻探设备研制发展方向。金刚石绳索取芯钻探技术及应用、潜孔锤绳索取芯钻探技术及应用、绳索取芯钻探中新材料应用及孔斜控制是超深孔堆积物取芯钻探设备研制和研究内容。

2)完善现有堆积物金刚石钻具系列

增加金刚石口径系列,如 ϕ110 mm 金刚石双管钻具、内管镀铬金刚石钻具、三层半合管金刚石钻具、双层半合管金刚石钻具等。对不同级配组成的深厚冰水堆积物,便于有更多的金刚石系列的钻具供选择。

3)开发新的冲洗液种类

由于水电探勘在堆积物中要测定岩土分层、颗粒级配、抽(注)水等水文地质试验和参数测试,根据不同地质要求,可选择使用清水、泥浆、无固相冲洗液、植物胶等。新型复合胶无黏土冲洗液性能与 SM 植物胶相仿,重点解决了冲洗液的提黏和降失水问题,在冲洗液的黏弹性和成膜作用对岩芯的保护方面与 SM 植物胶相当,润滑减阻性能好,有利于金刚石钻头高转速钻进。

植物胶类冲洗液适用于堆积物,但遇承压水或地下水丰富、流速快的含水层时,优势减弱。可研究一些比重大、不易被稀释、流动性好、薄膜有一定强度的新型冲流液。

面对堆积物深厚、架空骨架大、冲洗液漏失严重、回收利用效率差等现状,应研究环保、低廉、生产简单、使用安全、可回收利用、便于运输的新型冲洗液浆材或化学材料,满足深厚冰水堆积物勘探及取样的需要。

4)钻具技术革新

深厚冰水堆积物勘探中,可采用新型的钻具,对已有的钻具进行革新,满足水电行业深厚冰水堆积物勘探质量的需要。如母子钻探技术、五翼倒口钻头、新三翼钻头、直孔器等,探索应用声频振动取芯新设备、新技术。

5)加强对深厚冰水堆积物钻孔结构的研究

深厚冰水堆积物勘探如何优质、高效地施工,要进行合理的钻孔结构设计,制定科学的钻进工艺,改变水利水电钻探没有钻孔结构设计的随意施工状况。

6)研究双介质堆积物钻进

以贯通式潜孔锤勘探深厚冰水堆积物,即用空气潜孔锤实现高效,以贯通式的中心孔取芯,用泥浆实现护壁。两种钻进介质同时使用,不失是一种理想中的优质高效钻进方法,值得探索与研究的。

7)大孔径钻进

SM 植物胶金刚石钻探口径不可能太大;否则,钻进困难。为满足设计与地质需要,也可采用大口径(600 mm 以上)金刚石钻探、试坑、浅井、沉井等方法,来弥补深厚冰水堆积物的勘探不足。

3. 大力发展深厚冰水堆积物地球物理勘探技术

不同的物探方法需要具备不同的物性条件、地形条件和工作场地，因此不同物探方法的应用存在局限性、条件性和多解性。在应用物探技术进行深厚冰水堆积物探测时，需要充分发挥综合物探的作用，以便通过多种物探方法成果综合分析，克服单一方法的局限性，并消除推断解释中的多解性。

1）双源大地电磁测深系统技术

对于埋深 100 m 以上深厚冰水堆积物，可研究采用 EH4 双源大地电磁测深系统技术手段。该设备是美国 Geometrics 公司和 EM4 公司联合研制的新一代电磁测深系统。在满足地球物理条件的前题下，可有效地探测几十米至数百米范围内堆积物的地电信息。

2）地质雷达探测技术

地质雷达（频率 1～100 MHz）探测技术，是目前分辨率最高的物探方法，对深厚冰水堆积物 20 m 范围内的地层结构进行分层探测，具有较高的辨识能力。但受仪器限制，对于超深厚冰水堆积物，应进一步研究不同仪器设备的适宜性，研制新的探测、解译技术和方法。

3）高分辨率地球物理勘探技术

小波长物探解析技术与方法、勘探深度与分辨率的配比是深厚冰水堆积物物探技术的发展方向。高分辨率大地电磁成像技术、多次波压制技术、小波分析技术、工程三维地震成像和面波勘探新技术是深厚冰水堆积物物探技术研究内容。

4. 提高试验测试技术水平

为了满足深厚冰水堆积物原位测试技术的需要，在试验和原位测试方面可重点研究应用的新技术、新方法有：

1）旁压试验

旁压试验是现代原位测试方法之一，可以直接在土层中进行，具有原位、准确、测试深度大等特点。

2）气动标贯器

工作原理是靠压缩气体推动活塞运动，实现标贯锤工作，依靠控制阀，可以调节活塞运动速度，藉此来完成孔内自动原位试验。

3）自振法测定岩土渗透系数

该试验方法具有设备轻便、操作简单、省工省时、不受堆积物深度限制等优点，当常规抽水试验受限制时，可试用自振法试验，确定堆积物渗透性参数。

4）渗透系数同位素测试

同位素测井技术的具体方法包括单孔稀释法、单孔和多孔测井技术法。

5）深厚冰水堆积物的取样新设备和技术

可深入研究深厚冰水堆积物粗砾土和细粒土Ⅰ、Ⅱ级试样的采取问题，研究相应的取样、取砂、取土器等设备，以满足原状样试验的要求。

5. 发展堆积物动力特性测试和试验技术

（1）开展复杂应力路径下堆积物土体动态特性的试验研究。

（2）开展地震液化和液化后强度减低及剪切大变形等特性试验研究。

(3)进一步深入开展现场及室内岩土体动力特性试验和测试设备的试制研究。

(4)进一步开展振动荷载条件下岩土体动力特性的试验研究。

6. 提高地质分析研究技术

(1)对深厚冰水堆积物岩组的划分应具有工程地质意义,岩组的定名不应单一化,应采用综合定名,以保证结果可靠,便于工程应用。

(2)在深厚冰水堆积物岩芯地质编录方面,可研究使用钻孔岩芯扫描仪或采用三维激光扫描技术,实现数据编录、三维表达、无纸办公等。不但实现堆积物岩芯现场高清扫描、数字化永久保存,况且能完成颗粒分布检测(筛分曲线)。可建立数字化岩芯资料存储,全球可在线读取岩芯图像等。

(3)GIS 应用综合应用。建立基于 GIS 平台的地形、地质、水利工程布置图形和属性空间数据库;GIS(地理信息系统)技术作为地质空间信息采集、存储、管理、分析的平台是深厚冰水堆积物三维地质模型的发展方向。

(4)三维地质模型建立。大力推广计算机,研究开发三维地质建模技术,满足三维协同设计的需要。基于三维地质模型的水利工程布置三维可视化;三维地质平切图和剖面图的自动切割;三维地质模型及水利工程布置三维动态显示和漫游是深厚冰水堆积物三维地质模型的研究内容。

参考文献

[1] 中华人民共和国建设部. 岩土工程勘察规范(2009 年版):GB 50021—2001[S]. 北京:中国建筑工业出版社,2009.
[2] 中华人民共和国住房和城乡建设部,中华人民共和国国家质量监督检验检疫总局. 水利水电工程地质勘察规范:GB 50487—2008[S]. 北京:中国计划出版社,2009.
[3] 中华人民共和国住房和城乡建设部. 水力发电工程地质勘察规范:GB 50287—2016[S]. 北京:中国计划出版社出版,2017.
[4] 中华人民共和国住房和城乡建设部,中华人民共和国国家质量监督检验检疫总局. 建筑抗震设计规范(附条文说明)(2016 年版):GB 50011—2010[S]. 北京,中国建筑工业出版社,2010.
[5] 中华人民共和国建设部. 土的工程分类标准:GB/T 50145—2007[S]. 北京:中国计划出版社,2008.
[6] 中华人民共和国住房和城乡建设部. 建筑地基基础设计规范:GB 50007—2011[S]. 北京:中国建筑工业出版社,2011.
[7] 中华人民共和国国家发展和改革委员会. 水电水利工程物探规程:DL/T 5010—2005[S]. 北京:中国电力出版社,2005.
[8] 中华人民共和国国家发展和改革委员会. 水电水利工程钻探规程:DL/T 5013—2005[S]. 北京:中国电力出版社,2006.
[9] 中华人民共和国国家发展和改革委员会. 水电水利工程钻孔压水试验规程:DL/T 5331—2005[S]. 北京:中国电力出版社,2006.
[10] 中华人民共和国国家发展和改革委员会. 水电水利工程钻孔抽水试验规程:DL/T 5213—2005[S]. 北京:中国电力出版社,2005.
[11] 中华人民共和国国家发展和改革委员会. 水电水利工程土工试验规程:DL/T 5355—2006[S]. 北京:中国电力出版社,2007.
[12] 中华人民共和国国家发展和改革委员会. 水电水利工程粗粒土试验规程:DL/T 5356—2006[S]. 北京,中国电力出版社,2007.
[13] 中华人民共和国国家发展和改革委员会. 碾压式土石坝设计规范:DL/T 5395—2007[S]. 北京,中国电力出版社,2008.
[14] 国家能源局. 水电工程区域构造稳定性勘察规程:NB/T 35098—2017[S]. 北京,中国水利水电出版社,2018.
[15] 国家铁路局. 铁路工程地质原位测试规程:TB 10018—2018[S]. 北京:中国铁道出版社,2018.
[16] 陈晓平. 土力学与基础工程[M]. 北京:中国水利水电出版社,2008.
[17] 傅良魁. 应用地球物理教程[M]. 北京:地质出版社,1991.
[18] 傅淑芳,刘宝诚,李文艺. 地震学教程[M]. 北京,地震出版社,1980.
[19] 刘尧光,陈建生. 同位素示踪测井[M]. 南京:江苏科学技术出版社,1999.
[20] 石金良. 砂砾石地基工程地质[M]. 北京:水利电力出版社,1991.
[21] 宋玉才,等. 砂砾石地基垂直防渗[M]. 北京:中国水利水电出版社,2009.
[22] 王恒纯. 同位素水文地质概论[M]. 北京:地质出版社,1991.
[23] 彭土标,袁建新,王惠明. 水力发电工程地质手册[M]. 北京:中国水利水电出版社,2011.
[24] 工程地质手册编委会. 工程地质手册[M]. 5 版. 北京:中国建筑工业出版社,2018.

[25] 中国水力发电工程学会水工及水电站建筑物专业委员会. 利用覆盖层建坝的实践与发展[M]. 北京:中国水利水电出版社,2009.
[26] 赵志祥,李常虎. 深厚冰水堆积物工程特性与勘察技术研究. 中国水力发电科学技术发展报告[M]. 北京:中国电力出版社,2012.
[27] 雷宛,肖宏跃,邓一谦. 工程与环境物探教程[M]. 北京:地质出版社,2007.
[28] 青海省引大济湟工程建设管理局. 黑泉水库工程技术文集[C]. 北京:中国水利水电出版社,2004.
[29] 白云. 青海省海西州都兰县哇沿水库初步设计阶段工程地质勘察报告[R]. 西宁:青海省水利水电勘测设计研究院, 2014.
[30] 李铎. 青海省都兰县察汗乌苏河哇沿水库坝基渗漏量分析报告[R]. 石家庄:石家庄经济学院, 2010.
[31] 中国水利电力物探科技信息网. 工程物探手册[M] . 北京:中国水利水电出版社,2011.
[32] 王振东. 浅层地震勘探应用技术[M]. 北京:地质出版社,1994.
[33] 易朝路,崔之久,熊黑钢. 中国第四纪冰期数值年表初步划分[J]. 第四纪研究,2005,25(5):609-619.
[34] 彭建兵,马润勇,卢全中,等. 青藏高原隆升的地质灾害效应[J]. 地球科学进展,2004,19(3):457-466.
[35] 胡金山,曲海珠,甘霖. 大埋深粗粒土勘察及物理力学特性试验研究[J]. 人民长江,2016,47(9):41-47.
[36] 屈智炯,刘双光,刘开明. 冰碛土作高土石坝防渗体材料的试验研究[J]. 成都科技大学学报,1989,43(1):1-8.
[37] 范适生. 冶勒盆地半胶结岩土层的物理性质[J]. 四川水利发电,1998,17(2):27-29.
[38] 范适生. 冶勒电站坝基半胶结砾石层的力学性质[J]. 四川水利发电,1997,16(2):44-49.
[39] 金仁祥. 某水库坝基渗透稳定性研究[J]. 岩土力学,2004,25(1):157-159.
[40] 于洪翔,许蕴宝,谢福志. 旁多坝址冰水沉积层水文地质特征[J]. 东北水利水电,2007,25(275):69-70.
[41] 袁广祥,尚彦军,林达明. 帕隆藏布流域堆积体边坡的工程地质特征及稳定性评价[J]. 工程地质学报,2009,17(2):188-194.
[42] 木勋,马伟杰,刘宏. 西南某机场冰碛土工程特性研究[J]. 水利科技与经济,2016,22(1):18-20.
[43] 王琦,冯文凯,黄家华,等. 岷江上游欢喜坡冰水堆积体原位大剪试验研究[J]. 科学技术与工程,2016,16(8):254-260.
[44] 徐文杰,胡瑞林,曾如意. 水下土石混合体的原位大型水平推剪试验研究[J]. 岩土工程学报,2006,28(7):300-311.
[45] 王彪,陈剑杰,黄裕雄. 西北某地第四纪冰川堆积物工程地质特性分析[J]. 工程地质学报,2011,19(1):35-38.
[46] 周家文,徐卫亚,孙怀昆. 古水水电站工程区域堆积体边坡工程地质分析[J]. 工程地质学报,2009,17(4):489-495.
[47] 安彦勇,王保田,汪莹鹤. 梨园水电站下咱日堆积体稳定性分析[J]. 水利水电科技进展,2008,28(5):45-48.
[48] 杨彬. 西藏林芝地区冰水堆积物隧道开挖及支护[D]. 成都:成都理工大学,2017.
[49] 王献礼. 西南山区冰川堆积物的工程地质特性及灾害效应研究[D]. 北京:中国地质科学院,2009.
[50] 王自高,胡瑞林,张瑞,等. 大型堆积体岩土力学特性研究[J]. 岩石力学与工程学报,2013(S2):3836-3843.

[51] 吕大伟.冰水堆积物特性及其路用性状研究[D].长沙:中南大学,2009.
[52] 高才坤.堆积体的综合物探方法研究与应用[D].长沙:中南大学,2009.
[53] 林宗元.岩土工程试验监测手册[M].北京:中国建筑工业出版社,2005.
[54] 王兴泰.工程环境与物探新方法新技术[M].北京:地质出版社,1996.
[55] 陆基孟.地震勘探原理[M].北京:石油大学出版社,1993.
[56] 陈乐寿,王光愕.大地电磁测深法[M].北京:地质出版社,1990.
[57] 皮开荣,张高萍,文豪军.连续电导率剖面法在探测堆积体的应用效果[J].工程地球物理学报,2006,3(4):261-264.
[58] 皮开荣,谭天元,文豪军.连续电导率剖面法在探测堆积体中的应用效果[J].物探装备,2005,16(2):138-140.
[59] 郭守忠.水利水电工程勘探与岩土工程施工技术[M].北京:中国水利水电出版社,2003.
[60] 熊德全,王昆.其宗水电站深厚覆盖层钻进取芯及孔内原位测试综述[C]//中国水力发电工程学会地质及勘探专业委员会第二次学术交流会论文集,2010:300-304.
[61] 肖冬顺,张辉,黄炎普,等.雅鲁藏布江深厚砂卵砾石覆盖层钻探工艺[J].探矿工程,2014,41(8):21-25.
[62] 黄建强,张云龙.S122 绳索取芯钻具在水文地质勘探孔中的应用[J].西部探矿工程,2017(10):61-64.
[63] 姚伦治.绳索取芯钻进技术在良家矿区的应用[J].西部探矿工程,2011(1):51-54.
[64] 李世忠.钻探工业学(上、下)[M].北京:地质出版社,1992.
[65] 张志平.SM 植物胶在水电工程中的实践总结[J].四川水力发电,2003,22(2):47 -48.
[66] 梁宗仁.甘肃九甸峡水利枢纽深厚覆盖层工程特性[J] .水利规划与设计,2007(3):28-30.
[67] 胡继春.同位素示踪法在地下水渗流场测定中的应用[J] .应用技术与管理,2006(6):25-27.
[68] 刘光尧,陈建生.同位素示踪测井[M] .南京:江苏科学技术出版社,1999.
[69] 陈建生,赵维炳.单孔示踪方法测定裂隙岩体渗透性研究[J].河海大学学报,2000,28(3):44-50.
[70] 李平宏,薛效斌.不同物性条件下瞬态瑞波勘探的应用效果[J].工程物探,2006(1):11-16.
[71] 薛云峰,王旭明.瞬变电磁测深在工程勘察中的应用[J].工程物探,1995(2):62-63.
[72] 黄衍农.地质雷达探测成果与分析[J].工程物探,2002(1):7-10.
[73] 王振东.面波勘探技术要点与最新进展[J].物探与化探,2006,30(1):1-6.
[74] 林万顺.多道瞬态面波技术在水利及岩土工程勘察中的应用[J].工程勘察,2000(4):1-4.